# PHP程序设计

孙玉强　主　编
乔永峰　王慧敏　副主编

電子工業出版社
Publishing House of Electronics Industry
北京•BEIJING

## 内容简介

本书全面介绍了 PHP 程序设计语言的基础知识。全书共有 13 章，所有内容符合 1+X 证书的要求，采用集成化服务器软件 XAMPP 作为服务器，使用的代码编辑器为 HBuilder，使用的浏览器为 Chrome。本书内容主要包括 PHP 入门与环境搭建、PHP 开发基础、运算符和表达式、流程控制语句、函数、数组与数据结构、PHP 与 Web 的页面交互、字符串处理、MySQL 数据库、PHP 操作 MySQL 数据库、PHP 会话控制、面向对象编程、正则表达式。全书知识点与实例紧密结合，有助于提高读者理解 PHP 知识的能力和应用 PHP 的技术。此外，书中部分实例还体现了课程素养的要求。本书的所有程序案例都经过作者实例检测成功。

本书适合作为高等职业院校计算机应用技术专业、软件工程专业的专业教材，也可作为网页后端开发设计人员的参考用书。



**图书在版编目（CIP）数据**

PHP 程序设计/孙玉强主编. —北京：电子工业出版社，2023.7
ISBN 978-7-121-46108-8

Ⅰ. ①P… Ⅱ. ①孙… Ⅲ. ①PHP 语言—程序设计—高等学校—教材 Ⅳ. ①TP312

中国国家版本馆 CIP 数据核字（2023）第 152629 号

责任编辑：康静
印　　刷：北京盛通数码印刷有限公司
装　　订：北京盛通数码印刷有限公司
出版发行：电子工业出版社
　　　　　北京市海淀区万寿路 173 信箱　邮编：100036
开　　本：787×1092　1/16　　印张：17　字数：432 千字
版　　次：2023 年 7 月第 1 版
印　　次：2025 年 2 月第 4 次印刷
定　　价：49.00 元

凡所购买电子工业出版社图书有缺损问题，请向购买书店调换。若书店售缺，请与本社发行部联系，联系及邮购电话：（010）88254888，88258888。

质量投诉请发邮件至 zlts@phei.com.cn，盗版侵权举报请发邮件至 dbqq@phei.com.cn。

本书咨询联系方式：（010）88254173 或 qiurj@phei.com.cn。

# 前　言

PHP 是一种开源、免费的开发语言，具有开发速度快、运行速度快、技术学习快等特点，无疑是当今 Web 开发中最佳的编程语言。特别是 Linux、Apache、MySQL 与 PHP 的组合（LAMP），更是成了 Web 开发的一种标准。与 JSP 和 ASP 相比，PHP 具有较高的简易性、安全性，以及执行灵活等优点，使用 PHP 开发的 Web 项目，可使软件投资成本较低、软件运行更稳定。因此，现在越来越多的供应商、用户和企业投资者日益发现，使用 PHP 开发的各种商业应用和协作构建各种网络应用程序会更具有竞争力，更加吸引客户。无论是从性能、质量还是价格上看，PHP 都具有一定优势，因此 PHP 将成为企业和政府信息化的首选开发语言之一。

本书所有内容都是当今 Web 项目开发的必用内容，涵盖了 PHP 的绝大多数知识点。在当前的教育体系下，实例教学是计算机语言教学的最有效的方法之一。本书内容从 PHP 的基础知识展开，将 PHP 知识和实用的实例结合起来，全书跟踪 PHP 语言的发展，适应市场需求，精心选择内容，突出重点、强调实用，同时知识与案例相结合的方法可以让学生更快地接受 PHP 知识。另外本书还提供了上机指导和习题，方便学生实践和思考，既增强了学生的动手能力，也提高了其对 PHP 语言的认识。

全书内容是作者及其教学团队在多年教学中的经验总结，本书不仅采用 1+X 证书所要求的考试环境作为教学基础，还参考了国内部分优秀教材。本书由孙玉强教授担任主编，乔永峰、王慧敏任副主编。孙玉强教授编写了本书的第 6 章到第 9 章，王慧敏编写了本书的第 1 章到第 5 章，乔永峰编写了本书的第 10 章到第 13 章，全书由孙玉强教授统稿汇总。

本书配套完整的教学资源，如教学课件、教学大纲、教学日历、试题及答案，请有需要的读者登录华信教育资源网（www.hxedu.com.cn）注册后免费下载。

编　者

# 目　　录


第 1 章　PHP 入门与环境搭建 ………… 1
1.1　PHP 概述 ………… 1
1.1.1　什么是 PHP ………… 1
1.1.2　PHP 的发展 ………… 1
1.1.3　PHP 的优势 ………… 2
1.1.4　PHP 的用途 ………… 2
1.2　Web 的工作原理 ………… 3
1.2.1　情景 1：无 PHP 预处理器和数据库的服务器 ………… 3
1.2.2　情景 2：带 PHP 预处理器的 Web 服务器 ………… 4
1.2.3　情景 3：浏览器访问服务器端的数据库 ………… 5
1.3　PHP 开发环境构建 ………… 5
1.3.1　PHP 开发环境的安装 ………… 6
1.3.2　服务器的启动与停止 ………… 8
1.3.3　PHP 开发环境的关键配置 ………… 8
1.4　第一个 PHP 程序 ………… 10
小结 ………… 13
上机指导 ………… 13
作业 ………… 14
第 2 章　PHP 开发基础 ………… 15
2.1　PHP 基本语法 ………… 15
2.1.1　PHP 标记符 ………… 15
2.1.2　PHP 注释 ………… 16
2.1.3　PHP 语句和语句块 ………… 17
2.2　PHP 数据类型 ………… 18
2.2.1　标量数据类型 ………… 18
2.2.2　复合数据类型 ………… 22
2.2.3　特殊数据类型 ………… 23
2.2.4　检测数据类型 ………… 24
2.3　PHP 数据的输出 ………… 25
2.3.1　四种输出方法 ………… 25
2.3.2　输出运算符（<?= ?>） ………… 27

2.4 PHP 编码规范 …… 28
2.4.1 什么是编码规范 …… 28
2.4.2 PHP 编码规范 …… 28
2.4.3 PHP 命名规则 …… 29
小结 …… 30
上机指导 …… 30
作业 …… 31
第 3 章 运算符和表达式 …… 32
3.1 常量 …… 32
3.1.1 自定义常量 …… 32
3.1.2 预定义常量 …… 34
3.2 变量 …… 35
3.2.1 变量的概念 …… 35
3.2.2 变量的命名和定义 …… 35
3.2.3 变量的赋值方式 …… 36
3.2.4 可变变量 …… 37
3.2.5 预定义变量 …… 38
3.3 运算符 …… 39
3.3.1 算术运算符 …… 40
3.3.2 字符串运算符 …… 41
3.3.3 赋值运算符 …… 41
3.3.4 位运算符 …… 42
3.3.5 递增或递减运算符 …… 43
3.3.6 逻辑运算符 …… 44
3.3.7 比较运算符 …… 45
3.3.8 条件运算符 …… 45
3.3.9 运算符优先级 …… 46
3.4 表达式 …… 47
3.5 数据类型的转换 …… 47
3.5.1 自动转换 …… 47
3.5.2 强制转换 …… 49
小结 …… 51
上机指导 …… 51
作业 …… 52
第 4 章 流程控制语句 …… 53
4.1 条件判断语句 …… 53
4.1.1 单分支结构 if 语句 …… 53
4.1.2 双分支结构 if-else 语句 …… 54

4.1.3 多分支结构 if-elseif 语句……56
4.1.4 多分支结构 switch 语句……57
4.2 循环控制语句……59
4.2.1 while 循环语句……59
4.2.2 do-while 循环语句……60
4.2.3 for 循环语句……61
4.2.4 循环结构的应用……62
4.3 特殊的流程控制语句……63
4.3.1 break 语句……63
4.3.2 continue 语句……64
4.3.3 exit 语句……65
小结……66
上机指导……66
作业……67
第 5 章 函数……68
5.1 函数简介……68
5.1.1 什么是函数……68
5.1.2 函数的分类……68
5.2 自定义函数……69
5.2.1 自定义函数的定义……69
5.2.2 自定义函数的调用……69
5.2.3 自定义函数的参数……70
5.2.4 自定义函数的返回值……72
5.2.5 变量的作用域……73
5.3 PHP 文件的引用……75
5.3.1 include 语句……75
5.3.2 require 语句……75
5.3.3 对比 include 语句和 require 语句……76
5.3.4 include_once 语句和 require_once 语句……76
5.4 数字操作函数……77
5.4.1 极值函数……77
5.4.2 取整函数……78
5.4.3 取余函数……79
5.4.4 随机数函数……80
5.4.5 绝对值函数……81
5.4.6 幂运算函数……81
5.5 时间和日期操作函数……82
5.5.1 设置系统时区的函数……83

5.5.2 获取时间戳的函数……83
5.5.3 将时间戳转换成日期和时间的函数……84
小结……86
上机指导……86
作业……86
第 6 章 数组与数据结构……87
6.1 数组的分类……87
6.2 数组的定义……88
6.2.1 使用直接赋值的方式声明数组……89
6.2.2 使用 array()语句结构新建数组……93
6.2.3 多维数组的声明……93
6.3 数组的遍历……95
6.3.1 使用 for 循环语句遍历数组……95
6.3.2 使用 foreach 语句遍历数组……97
小结……99
上机指导……99
作业……100
第 7 章 PHP 与 Web 的页面交互……101
7.1 解析 PHP 的执行过程……101
7.2 Web 表单……102
7.2.1 表单标签……103
7.2.2 表单元素……103
7.2.3 使用数组提交表单数据……107
7.2.4 表单综合应用……108
7.3 表单数据的提交……110
7.3.1 使用 GET 方法提交表单数据……111
7.3.2 使用 POST 方法提交表单数据……111
7.3.3 POST 方法与 GET 方法的区别……112
7.4 应用 PHP 全局变量获得表单数据……112
7.4.1 $_POST[]全局变量……112
7.4.2 $_GET[]全局变量……113
7.5 文件上传……114
7.5.1 上传文件相关配置……114
7.5.2 $_FILES 全局变量……114
7.5.3 实现 PHP 文件上传……116
7.6 服务器获取数据的其他方法……117
7.6.1 $_REQUEST[]全局变量……117
7.6.2 $_SERVER[]全局变量……117

小结 …… 118
上机指导 …… 119
作业 …… 121
**第 8 章　字符串处理** …… 122
8.1　字符串的定义方法 …… 122
8.1.1　使用单引号或双引号定义字符串 …… 122
8.1.2　使用定界符定义字符串 …… 123
8.2　字符串处理函数 …… 124
8.2.1　转义和还原字符串 …… 124
8.2.2　获取字符串长度 …… 127
8.2.3　截取字符串 …… 128
8.2.4　比较字符串 …… 130
8.2.5　检索字符串 …… 133
8.2.6　替换字符串 …… 134
8.2.7　去掉字符串首尾空白字符和特殊字符 …… 136
8.2.8　格式化字符串 …… 139
8.2.9　分割、合成字符串 …… 140
8.2.10　字符串与 HTML 转义字符串转换 …… 141
8.2.11　其他常用字符串函数 …… 143
小结 …… 144
上机指导 …… 144
作业 …… 145
**第 9 章　MySQL 数据库** …… 146
9.1　MySQL 数据库简介 …… 146
9.1.1　什么是 MySQL 数据库 …… 146
9.1.2　MySQL 数据库的特点 …… 146
9.1.3　MySQL 5 支持的特性 …… 147
9.2　启动和关闭 MySQL 服务器 …… 148
9.2.1　启动 MySQL 服务器 …… 148
9.2.2　连接和断开 MySQL 服务器 …… 148
9.3　操作 MySQL 数据库 …… 149
9.3.1　创建数据库 …… 149
9.3.2　选择数据库 …… 151
9.3.3　查看数据库 …… 151
9.3.4　删除数据库 …… 152
9.4　MySQL 数据类型 …… 152
9.4.1　数字类型 …… 152
9.4.2　字符串类型 …… 153

9.4.3 日期和时间类型……154
9.5 操作数据表……155
9.5.1 创建数据表……155
9.5.2 查看表结构……156
9.5.3 修改表结构……157
9.5.4 重命名数据表……158
9.5.5 删除数据表……158
9.6 数据表记录的更新操作……159
9.6.1 数据表记录的添加……159
9.6.2 数据表记录的修改……160
9.6.3 数据表记录的删除……160
9.7 数据表记录的查询操作……160
9.8 MySQL 中的特殊字符……164
9.9 MySQL 数据库的备份与还原……165
9.9.1 备份数据库……165
9.9.2 还原数据库……166
小结……167
上机指导……167
作业……168
第 10 章 PHP 操作 MySQL 数据库……169
10.1 PHP 操作 MySQL 数据库的方法……169
10.1.1 连接 MySQL 服务器……169
10.1.2 选择 MySQL 数据库……170
10.1.3 执行 SQL 语句……172
10.1.4 将结果集返回数组中……173
10.1.5 使用面向对象操作 MySQL 数据库……177
10.1.6 mysqli_result 的指针……179
10.1.7 释放内存……180
10.1.8 关闭连接……180
10.2 管理 MySQL 数据库中的数据……181
10.2.1 添加数据……181
10.2.2 编辑数据……183
10.2.3 删除数据……185
10.2.4 批量删除数据……186
10.3 PDO 概述……189
10.3.1 配置 PDO……189
10.3.2 访问数据库……190
10.3.3 exec()方法……191

10.3.4 query()方法 ……191
小结 ……192
上机指导 ……192
作业 ……194
第 11 章　PHP 会话控制 ……195
11.1　会话机制 ……195
11.2　Cookie 的操作 ……195
11.2.1 浏览器中的 Cookie 设置 ……196
11.2.2 创建 Cookie ……196
11.2.3 读取 Cookie ……197
11.2.4 删除 Cookie ……198
11.2.5 创建 Cookie 数组 ……198
11.3　Session 的操作 ……199
11.3.1 启动 Session ……199
11.3.2 存储 Session ……200
11.3.3 注册 Session ……200
11.3.4 使用 Session ……200
11.3.5 删除 Session ……202
11.3.6 Session 的应用 ……202
11.4　Session 和 Cookie 的区别 ……204
小结 ……205
上机指导 ……205
作业 ……208
第 12 章　面向对象编程 ……209
12.1　面向对象概述 ……209
12.2　类与对象 ……210
12.2.1 类的定义 ……210
12.2.2 对象的创建 ……211
12.2.3 类的封装 ……212
12.2.4 特殊的$this ……216
12.3　构造方法和析构方法 ……217
12.3.1 构造方法 ……217
12.3.2 析构方法 ……218
12.4　类常量和静态成员 ……219
12.4.1 类常量 ……219
12.4.2 静态成员 ……221
12.5　面向对象特性——继承 ……223
12.5.1 extends 关键字 ……223

12.5.2 final 关键字 ……224
12.6 面向对象特性——多态 ……224
12.7 抽象类 ……225
12.8 接口 ……226
12.9 对象的使用 ……227
12.9.1 引用对象和克隆对象 ……227
12.9.2 比较对象 ……228
12.9.3 对象的类型 ……229
12.10 魔术方法 ……230
12.10.1 _ _set()方法和_ _get()方法……231
12.10.2 _ _call()方法 ……231
12.10.3 _ _toString()方法……231
12.10.4 _ _autoload()方法 ……232
小结 ……233
上机指导 ……233
作业 ……235
第 13 章 正则表达式 ……236
13.1 正则表达式概述 ……236
13.2 正则表达式语法规则 ……237
13.2.1 定位符（^、$、\b、\B） ……237
13.2.2 字符类（[]） ……238
13.2.3 选择字符（|） ……238
13.2.4 连字符（-） ……239
13.2.5 反义字符（[^]） ……239
13.2.6 限定符（?*+{nm}） ……239
13.2.7 点字符（.） ……240
13.2.8 转义符（\） ……240
13.2.9 反斜线（\） ……240
13.2.10 括号字符（()） ……241
13.3 PCRE 兼容正则表达式函数……242
13.3.1 preg_grep()函数 ……242
13.3.2 preg_match()函数 ……243
13.3.3 preg_match_all()函数……244
13.3.4 preg_replace()函数 ……245
13.3.5 preg_split()函数 ……246
13.4 正则表达式应用案例 ……247
13.4.1 验证电子邮箱格式 ……247
13.4.2 验证手机号码格式 ……249

13.4.3 验证 QQ 号码格式 ……250
13.4.4 验证网址 URL 格式 ……251
13.4.5 验证身份证号码格式 ……252
小结 ……254
上机指导 ……254
作业 ……255

# 第 1 章　PHP 入门与环境搭建

**本章要点**

- PHP 的发展历程
- Web 的工作原理
- PHP 开发环境构建

PHP 是一种被广泛应用的开放源代码的多用途脚本语言，它可嵌入到 HTML 中，尤其适合 Web 开发。

## 1.1　PHP 概述

### 1.1.1　什么是 PHP

PHP（Hypertext Preprocessor，超文本预处理器）是一种运行在服务器端的、被广泛应用的、开放源代码的多用途脚本语言。在融合了现代编程语言的一些最佳特性后，PHP、Apache 和 MySQL 的组合已经成为 Web 服务器的一种配置标准。

在学习 PHP 之前，需要对 HTML、CSS 和 JavaScript 有一定的了解，因为 PHP 文件可包含多种编程语言代码，PHP 文件的后缀名默认为“.php”。

### 1.1.2　PHP 的发展

PHP 是在 1994 年由 Rasmus Lerdorf 创建的，并于 1995 年对外发布了第一个版本 Personal Home Page Tools（PHP Tools）。在这个早期的版本中，提供了访客留言本、访客计数器等简单的功能。随后在新的成员加入开发行列之后，第二版的 PHP 问市。第二版的 PHP 被命名为 PHP/FI（Form Interpreter）。PHP/FI 加入了数据库访问功能，这为 PHP 在动态网页开发上的影响力奠定了基础。1996 年年底，有一万五千个 Web 网站使用了 PHP/FI；1997 年，使用 PHP/FI 的 Web 网站超过了五万个。目前，PHP 技术在 Web 开发的各个方面应用得非常广泛，很多知名网站的创作开发都是通过 PHP 语言完成的，如搜狐、网易和百度等。PHP 的发展时间如表 1-1 所示。

表 1-1 PHP 的发展时间

| 版本 | 发布时间 |
|---|---|
| PHP 1.0 | 1995 年初 |
| PHP 2.0 | 1995 年 6 月 |
| PHP 3.0 | 1998 年 6 月 |
| PHP 4.0 | 2000 年 5 月 |
| PHP 5.0 | 2004 年 7 月 |
| PHP 7.0 | 2015 年 12 月 |
| PHP 8.0 | 2020 年 11 月 |

### 1.1.3 PHP 的优势

- 易学。它的语法融合了 C 语言、Java 语言和 Perl 语言的特点。对于有一定开发语言基础的工程师来说，该语言比较容易学习，可以很快掌握。
- 开源。所有人都可以看到源代码，开源代码具有较强的可靠性和安全性。
- 跨平台。PHP 可以支持所有的服务器操作系统，如 Windows、Linux 等系统。
- 面向对象。具有所有面向对象的特点，如易维护、效率高、易扩展等。
- 免费。“Linux + Apache + MySQL Community Server +PHP”组合是免费的，可为企业减少很大一笔开支，目前这个组合有一个专有名称，该名称由每一个成员的首字母组成：LAMP。
- PHP 可以同时使用多个数据库，PHP 和 MySQL 搭配最佳。
- 速度快。PHP 是一种强大的 CGI 脚本语言，其执行网页速度比 Perl、ASP 等的速度更快，占用的系统资源更少。

### 1.1.4 PHP 的用途

- PHP 可以生成动态页面内容。
- PHP 可以创建、打开、读取、写入、关闭服务器上的文件。
- PHP 可以收集表单数据。
- PHP 可以发送和接收 Cookies。
- PHP 可以添加、删除、修改数据库中的数据。
- PHP 可以限制用户访问网站上的某一些页面。
- PHP 可以加密数据。
- PHP 可以不再受限于只输出 HTML，还可以输出文本、图像、PDF 文件，甚至可以输出 Flash 影片。

# 1.2　Web 的工作原理

网站是客户端/服务器之间的会话，是由客户端向服务器发起的连接，而服务器并不会主动联系客户端或要求与客户端建立连接。在 WWW（World Wide Web）中，“客户端”与“服务器”是一个相对的概念，只存在于一个特定的连接期间。以 LAMP 开发平台为例，客户端请求服务器的过程如图 1-1 所示。

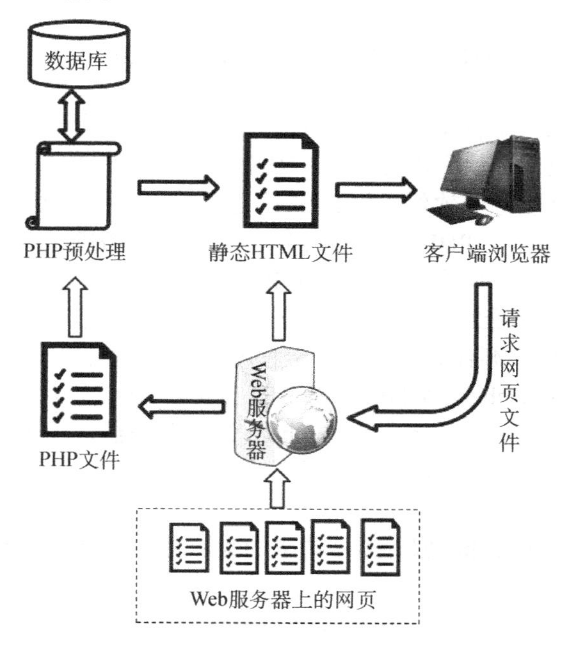


图 1-1　客户端请求服务器的过程

## 1.2.1　情景 1：无 PHP 预处理器和数据库的服务器

有一个 Web 网站服务器，服务器软件是 Apache，主机为 www.zzdl.com，使用默认端口 80。网页文件（index.html）的存放目录为 Apache 服务器的根目录。如何访问此网页呢？步骤如下。

第一步：打开浏览器，在地址栏中输入 URL“http://www.zzdl.com/index.html”请求 Web 服务器。

第二步：让客户端连接上主机为 www.zzdl.com 的服务器，通过默认端口 80 请求到 Apache 服务器上，并请求该服务器根目录下的 index.html 文件。

第三步：Apache 服务器收到客户端的请求后，在它管理的文档根目录下寻找 index.html，并把用户请求的 index.html 文件打开，将文件中的 HTML 代码响应给客户端发起请求的浏览器。

第四步：浏览器收到 Web 服务器的响应，并接收服务器端的 HTML 代码，同时逐条进行解释，显示出图文并茂的页面给用户，如图 1-2 所示。

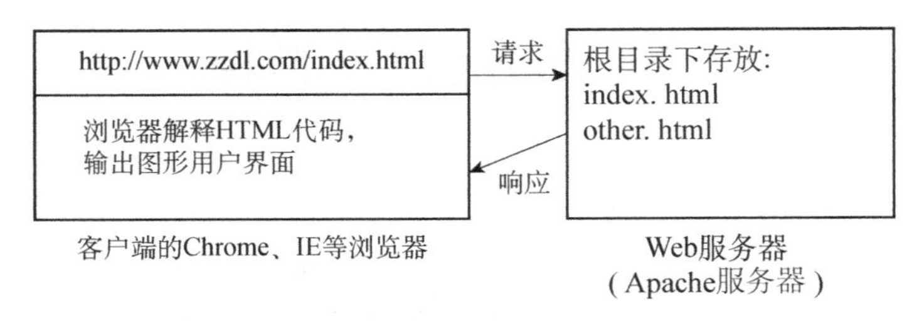


图 1-2　客户端访问服务器端的 HTML 文件的过程

### 1.2.2　情景 2：带 PHP 预处理器的 Web 服务器

当用户向服务器请求一个脚本程序（如 PHP 文件）时，因为 Web 服务器本身是不能解析这个脚本程序的，那么服务器除了要安装 Web 服务器（Apache 服务器）之外，还要安装可以解析脚本程序的应用程序服务器软件（如 PHP 预处理器），用户就可以在服务器端使用 PHP 预处理器来解析 PHP 程序了。PHP 预处理器会理解并解释 PHP 代码的含义，因此服务器就可以根据用户不同的请求进行操作，也就是将 PHP 程序的动态处理解释成不同的 HTML 静态代码响应发给用户。而返回给客户端浏览器的只是单纯的静态 HTML 网页，这说明动态网站的用户是看不到 PHP 程序源代码的，在一定程度上起到了保护代码的作用。

例如，用户如果请求 Web 服务器根目录下的 index.php 文件，则可在客户端浏览器的地址栏中输入 URL“http://www.zzdl.com/index.php”请求服务器，步骤如下。

第一步：和访问静态网页一样，用户打开浏览器，在地址栏中输入一个 URL 去请求 Web 服务器。

第二步：客户端连接 Apache 服务器，请求的是服务器根目录下的一个 index.php 动态语言脚本文件。

第三步：这时 Apache 服务器会寻找 PHP 预处理器并委托它来进行处理，把用户请求的 index.php 文件交给 PHP 预处理器，而不是直接将文件返回给客户端。

第四步：PHP 预处理器接收到 Apache 服务器的委托后会打开 index.php 文件，然后根据 PHP 脚本中的代码逐条解释并翻译成用户需要的 HTML 代码，再交还给 Apache 服务器响应给浏览器。

第五步：浏览器收到 Web 服务器的响应后，开始接收 HTML 静态代码，同时逐条进行解释，并输出图形用户界面，如图 1-3 所示。

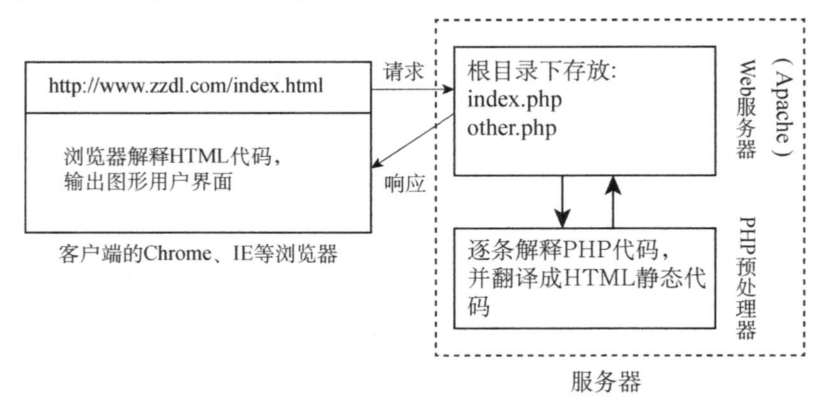


图 1-3　客户端访问服务器端的 PHP 文件的过程

### 1.2.3　情景 3：浏览器访问服务器端的数据库

如果网站运行过程中的相关数据需要保存在服务器端的数据库中，则还需要为服务器安装数据库管理系统。MySQL 服务器和 Apache 服务器既可以安装在同一台计算机上，也可以分开来安装。由于 Apache 服务器是无法直接连接和操作 MySQL 服务器的，所以要安装 PHP 应用服务器。Apache 服务器可以委托 PHP 应用服务器解释 PHP 脚本程序，以此完成数据库连接和操作，完成用户的请求。

例如，如果用户需要获得服务器端的数据库数据，并在自己的浏览器中显示出来，同样通过输入“http://www.zzdl.com/index.html”请求 Apache 服务器，并通过 PHP 文件操作数据库获取动态网页的操作结果，即在情景 2 中的第四步中多了一项对数据库的操作：获取数据库中的数据，再通过 PHP 程序将数据生成 HTML 静态代码，最后还给 Apache 服务器，输出到客户端浏览器，如图 1-4 所示。

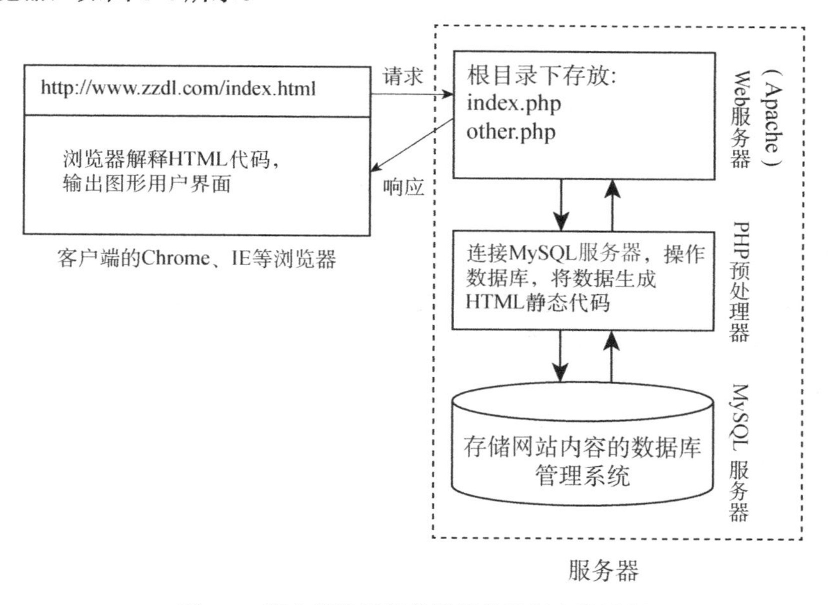


图 1-4　客户端访问服务器端的数据库的过程

## 1.3　PHP 开发环境构建

“LAMP”组合是由四个技术名称的英文首字母组成的，这四个技术名称分别是 Linux 操作系统、Apache 网页服务器、MySQL 数据库管理系统和 PHP 程序模块，它们共同组成了一个强大的 Web 应用程序平台。如果是刚刚开始学习 PHP 的新手，可以选择 Windows 作为服务器操作系统，同时可以选择本章介绍的集成化安装包进行安装，快速搭建可供学习的 PHP 工作环境。

目前比较常用的集成开发环境有 WampServer、AppServ 和 XAMPP，它们都集成了 Apache、PHP 和 MySQL。本节以 XAMPP 为例介绍 PHP 开发环境的构建。

### 1.3.1 PHP 开发环境的安装

#### 1. 安装前的准备工作

安装之前应从 XAMPP 官方网站上下载安装程序。目前比较新的 XAMPP 版本是 XAMPP 8.0.6，如图 1-5 所示。

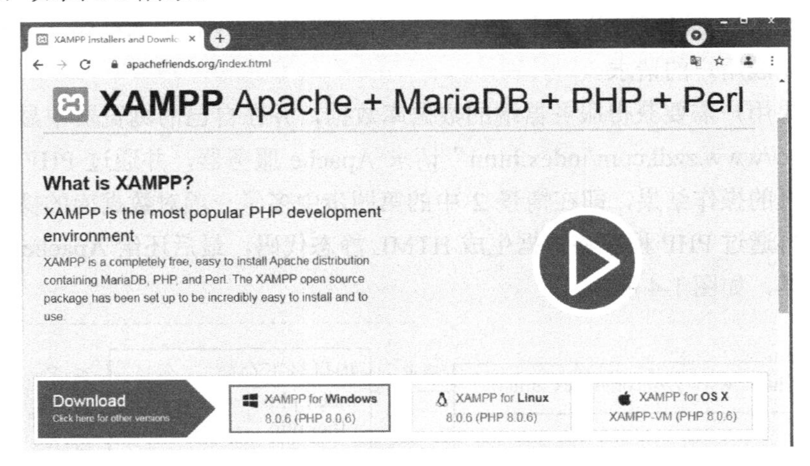


图 1-5　XAMPP 8.0.6

#### 2. XAMPP 的安装

使用 XAMPP 集成化安装包搭建 PHP 开发环境的具体操作步骤如下。

① 打开 XAMPP 的欢迎安装界面，如图 1-6 所示。

② 单击图 1-6 中的“Next>”按钮，打开 XAMPP 选择组件对话框，如图 1-7 所示。

图 1-6　XAMPP 的欢迎安装界面

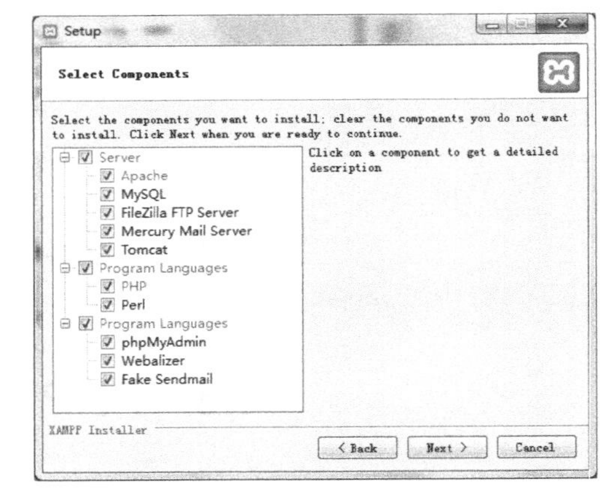


图 1-7　XAMPP 选择组件对话框

③ 单击图 1-7 中的“Next>”按钮，打开如图 1-8 所示的安装路径选择对话框（默认安装路径为 C:\xampp），这里将安装路径设置为“D:\xampp”。

④ 单击图 1-8 中的“Next>”按钮，打开如图 1-9 所示的 Bitnami 信息介绍对话框。在该对话框中可以取消勾选“Learn more about Bitnami for XAMPP”，单击“Next>”按钮，以便绕过 Bitnami 官网，快速进行 XAMPP 的安装。

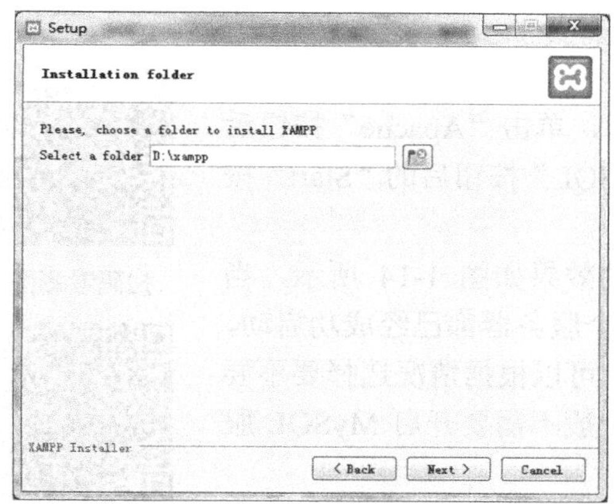


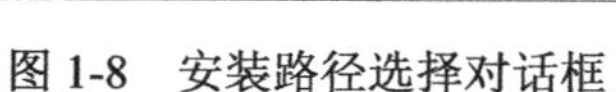
图 1-8　安装路径选择对话框

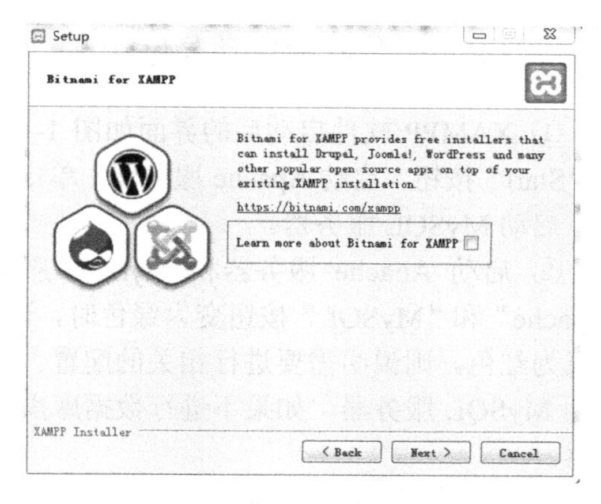


图 1-9　Bitnami 信息介绍对话框

⑤ 单击如图 1-10 所示的准备安装对话框中的“Next>”按钮开始安装。

⑥ 等待几分钟，即可完成安装，安装对话框如图 1-11 所示。

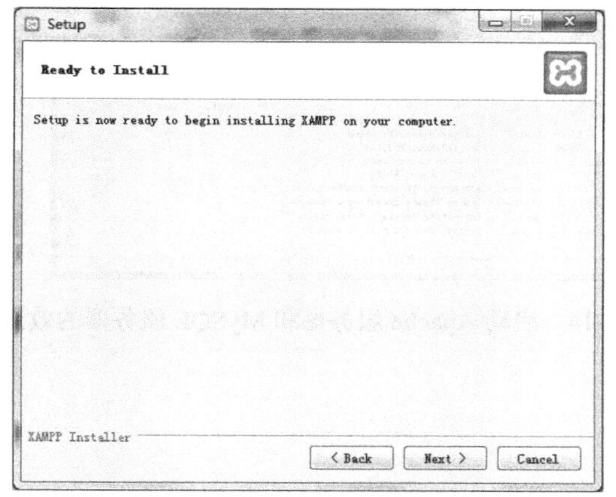


图 1-10　准备安装对话框

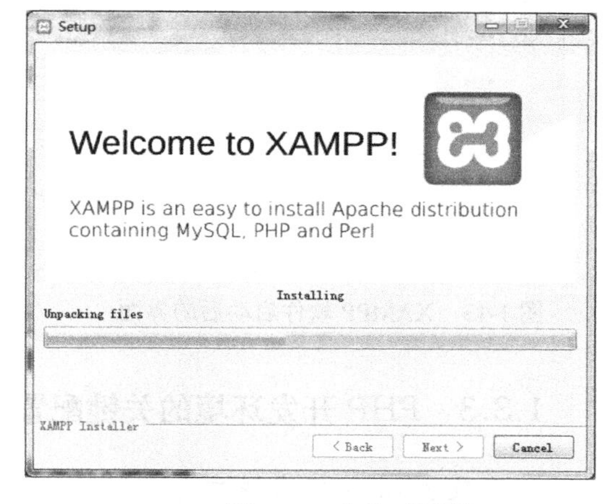


图 1-11　安装对话框

⑦ 打开如图 1-12 所示的完成安装对话框，单击“Finish”按钮结束安装，并启动 XAMPP 软件。

图 1-12　完成安装对话框

### 1.3.2 服务器的启动与停止

扫码看彩图

① XAMPP 软件启动后的界面如图 1-13 所示，单击“Apache”按钮后的“Start”按钮，启动 Apache 服务器；单击“MySQL”按钮后的“Start”按钮，启动 MySQL 服务器。

② 启动 Apache 服务器和 MySQL 服务器的效果如图 1-14 所示，当“Apache”和“MySQL”按钮变为绿色时，说明两个服务器都已经成功启动，如果为红色，则说明需要进行相关的配置。另外，可以根据情况选择要不要启动 MySQL 服务器。如果不进行数据库操作，一般不需要开启 MySQL 服务器。

扫码看彩图

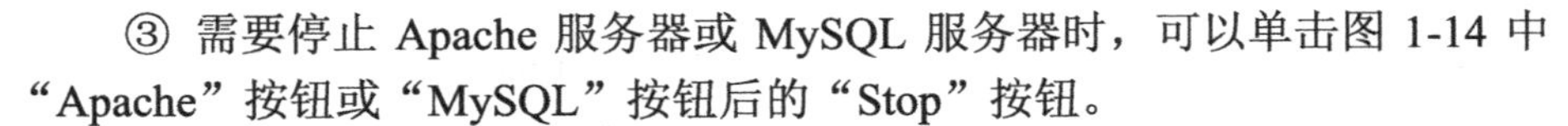

③ 需要停止 Apache 服务器或 MySQL 服务器时，可以单击图 1-14 中“Apache”按钮或“MySQL”按钮后的“Stop”按钮。

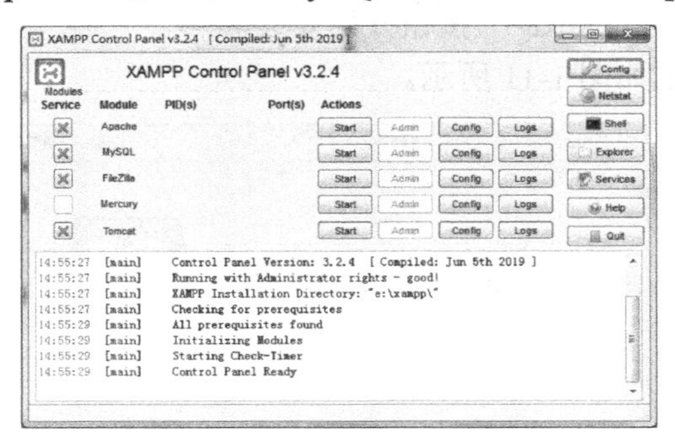

图 1-13 XAMPP 软件启动后的界面

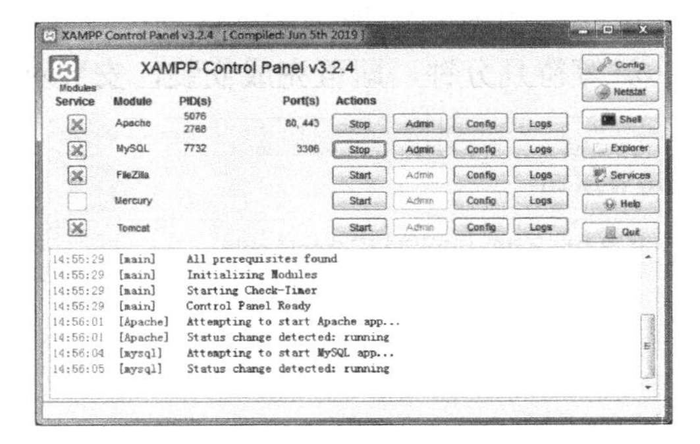

图 1-14 启动 Apache 服务器和 MySQL 服务器的效果

### 1.3.3 PHP 开发环境的关键配置

#### 1. 修改 Apache 服务端口号

XAMPP 安装完成后，Apache 服务端口号默认为 80。如果要修改 Apache 服务端口号，可以通过以下步骤进行。

① 单击图 1-15 中的“Apache”按钮后的“Config”按钮，选择“Apache（httpd.conf）”选项，打开 httpd.conf 配置文件。

② 在图 1-16 所示的 httpd.conf 配置文件中，按下 Ctrl+F 组合键查找关键字“listen”。将默认端口号 80 修改为其他端口号（如 8080），保存 httpd.conf 配置文件。

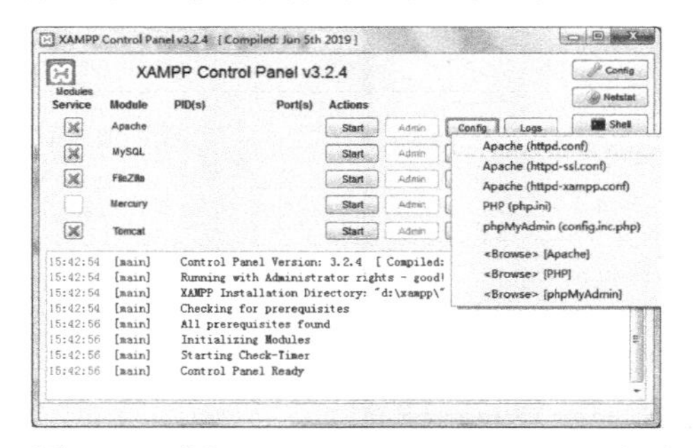

图 1-15 选择“Apache（httpd.conf）”选项

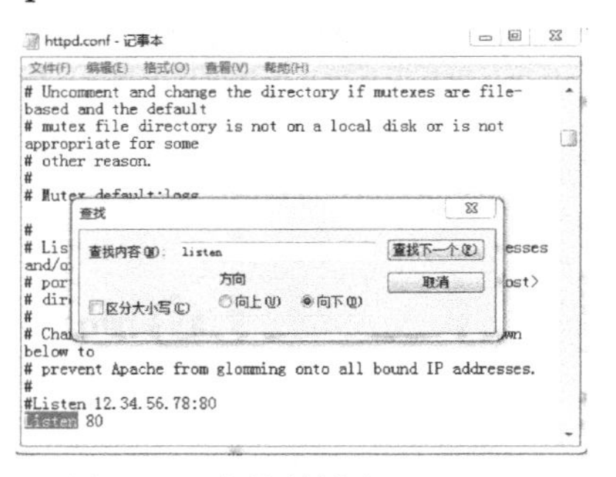

图 1-16 查找关键字“listen”

③ 重新启动 Apache 服务器，使新的配置生效。此后，在访问 Apache 服务器时，需要在浏览器地址栏中加上 Apache 服务端口号（如 http://localhost:8080/）。

### 2. 设置 Apache 服务器主目录

XAMPP 安装完成后，浏览器在默认情况下访问的是“D:/xampp/htdocs”目录下的文件，此目录被称为 Apache 服务器的主目录。例如，在浏览器地址栏中输入“http://localhost/test.php”，访问的就是 xampp 目录下的 htdocs 中的 test.php 文件。此时，用户也可以自定义 Apache 服务器的主目录，方法如下。

① 打开 httpd.conf 配置文件，查找关键字“DocumentRoot”，如图 1- 17 所示。

② 修改 httpd.conf 配置文件。例如，设置目录“D:/xampp/htdocs/php”为 Apache 服务器的主目录，如图 1-18 所示。

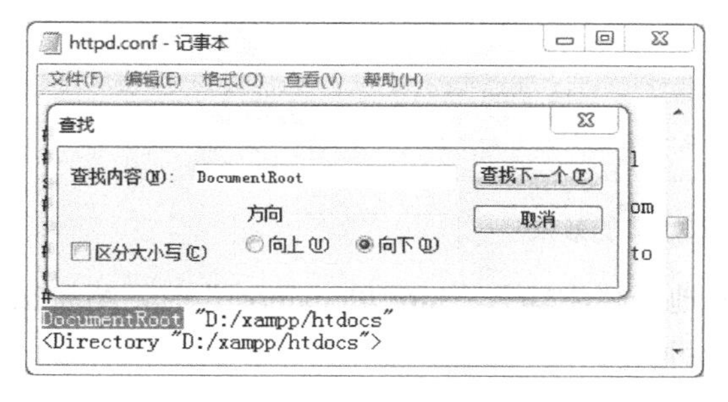


图 1- 17　查找关键字“DocumentRoot”

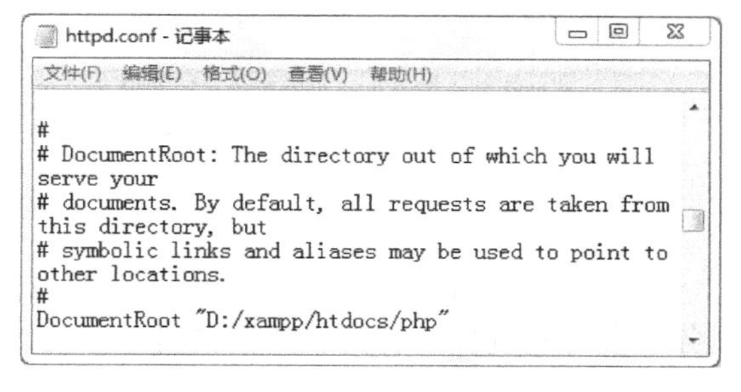


图 1-18　修改主目录

③ 重新启动 Apache 服务器，使新的配置生效。此时，在浏览器地址栏中输入“http://localhost/test.php”，访问的就是 Apache 服务器主目录“D:/xampp/htdocs/php”下的 test.php 文件。

### 3. 设置网站起始页及其优先级

Apache 服务器允许用户自定义网站的起始页及其优先级，方法如下。

打开 httpd.conf 配置文件，查找关键字“DirectoryIndex”，在 DirectoryIndex 的后面就是按优先级排列的网站的起始页，如图 1-19 所示。

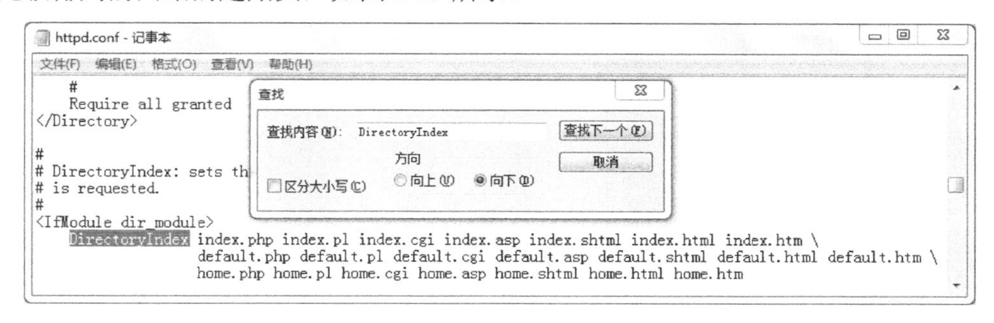


图 1-19　查找关键字“DirectoryIndex”

由图 1-19 可知，XAMPP 安装完成后，默认按优先级由高到低排列的网站起始页为：index.php、index.pl、index.cgi、index.asp、index.shtml、index.html、index.htm、default.php、default.pl、default.cgi、default.asp、default.shtml、default.html、default.htm、home.php、home.pl、 home.cgi、home.asp、home.shtml、home.html、home.htm。Apache 服务器默认显示的优先级最高的起始页为 index .php，因此在浏览器地址栏中输入“http://localhost”时，Apache 服务器会首先查找并访问服务器主目录下的 index.php 文件。如果文件不存在，则依次查找、访问 index.pl、index.cgi 等文件。

如果要设置其他的网页文件为优先级最高的起始页，只需在“DirectoryIndex”的后面添加文件名即可。例如，将文件 login.php 设置为网站默认访问的起始页，则将“login.php”放在“DirectoryIndex”与“index.php”之间即可。设置网站起始页的效果如图 1-20 所示。

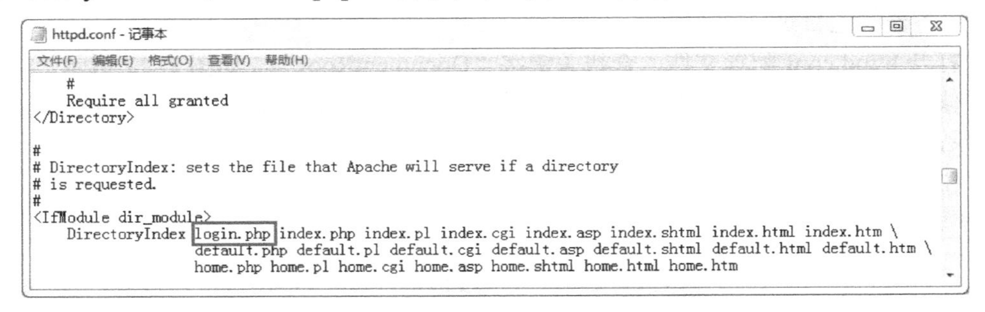


图 1-20　设置网站起始页的效果

修改后重启 Apache 服务器，此后，在浏览器地址栏中输入“http://localhost”时，Apache 服务器会首先查找、访问服务器主目录下的 login.php 文件。

## 1.4　第一个 PHP 程序

**【例 1-1】** 编写第一个 PHP 程序，使其在浏览器上输出“Hello PHP!”。

在本例中，使用 HBuilder 编辑器开发一个最简单的 PHP 程序，操作步骤如下。

① 启动 HBuilder，依次选择“文件”→“打开目录”菜单命令，如图 1-21 所示。

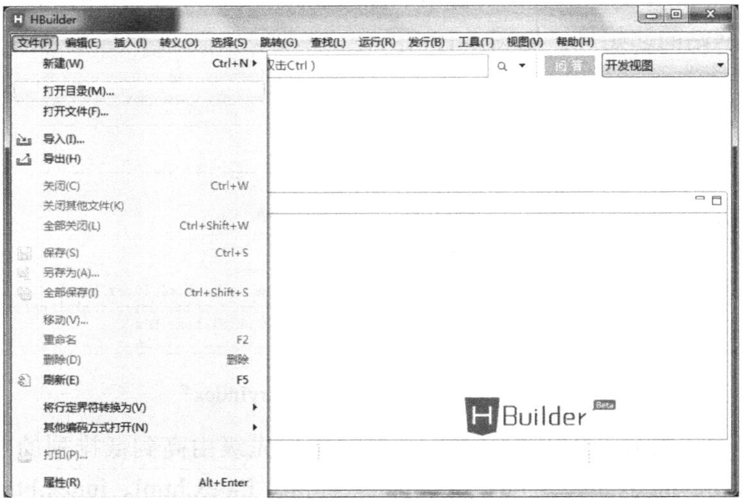

图 1-21　依次选择“文件”→“打开目录”菜单命令

② 进入打开目录对话框中，如图 1-22 所示，单击“浏览”按钮，选择 Apache 服务器主目录，单击“完成”按钮，以将文件保存在主目录中。载入 htdocs 项目后的效果如图 1-23 所示。

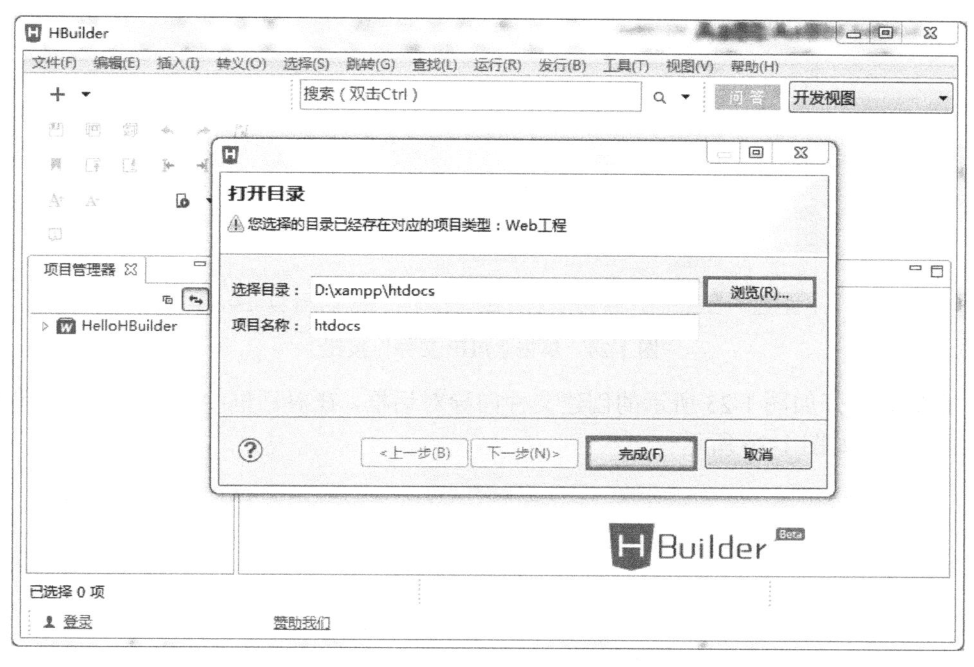


图 1-22 选择 Apache 服务器主目录

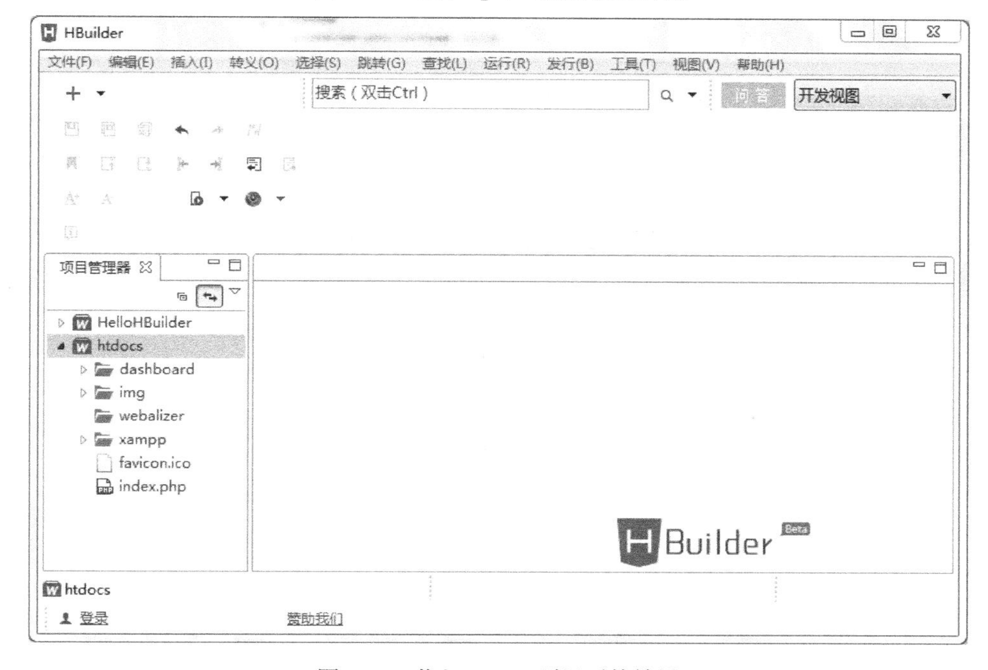


图 1-23 载入 htdocs 项目后的效果

③ 在图 1-23 中的“htdocs”项目上单击鼠标右键，在弹出的快捷菜单中选择“新建”选项打开子菜单，然后单击“PHP 文件”按钮，如图 1-24 所示。

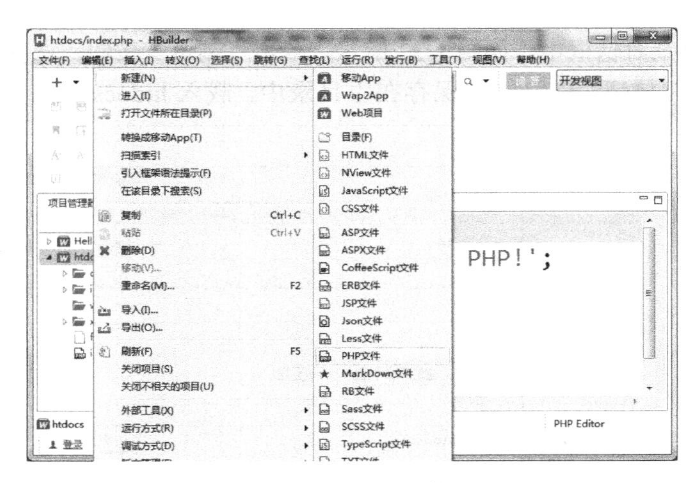

图 1-24　单击“PHP 文件”按钮

④ 此时，打开如图 1-25 所示的创建文件向导对话框，在对话框中输入文件名，单击“完成”按钮，效果如图 1-26 所示。

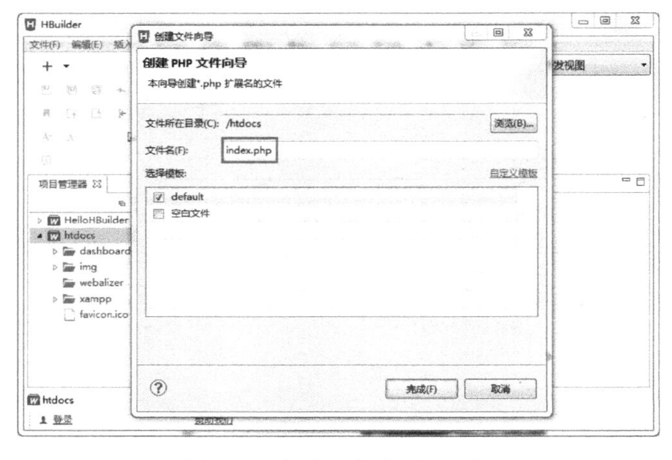

图 1-25　创建文件向导对话框

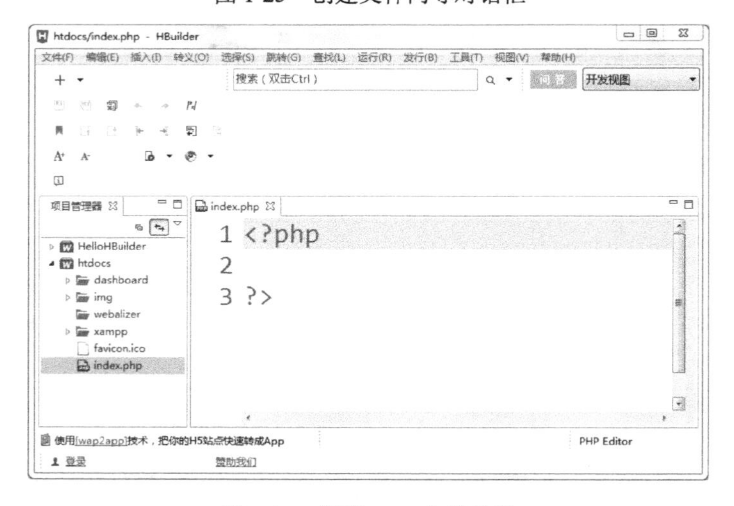

图 1-26　新建 PHP 文件效果

⑤ 在新创建的 PHP 文件中，将光标定位在代码的开始标记和结束标记之间，即可开始编写 PHP 代码，如图 1-27 所示。

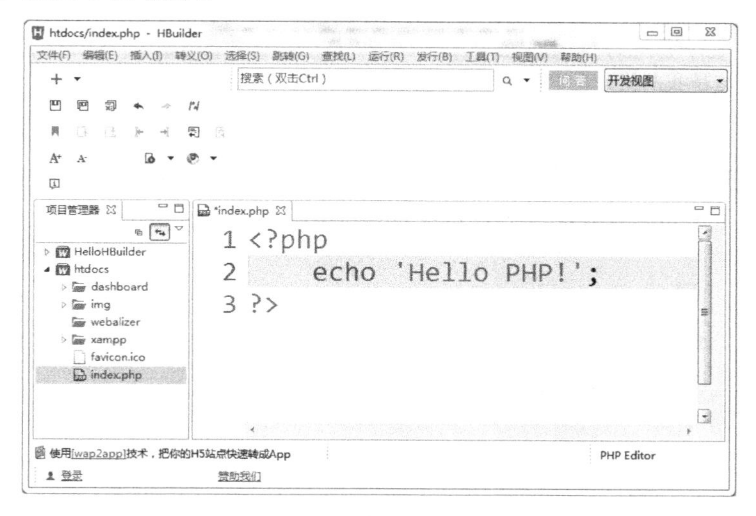


图 1-27　编写 PHP 代码

⑥ 单击“文件”菜单中的“保存”命令保存文件。

⑦ 打开外部浏览器，在地址栏中输入“http://localhost”，按下 Enter 键后即可查看 index.php 文件的运行结果，如图 1-28 所示。

图 1-28　输出“Hello PHP!”

# 小　　结

本章主要介绍了 PHP 的基础知识及其工作原理，讲解了用 XAMPP 构建 PHP 开发环境的过程，并介绍了编辑和运行 PHP 程序的方法，让学生对 PHP 有了一个初步的认识。

# 上机指导

访问 Apache 服务器主目录下的 first.php 文件，具体操作步骤如下。

① 在 Apache 服务器的主目录下创建一个文件 first.php。

② 打开 first.php 文件，编写 PHP 脚本程序，代码如下。

```
<?php
    echo  '这是我的第一个 PHP 程序！';
?>
```

③ 打开浏览器，在地址栏中输入 URL“http://localhost/first.php”或“http://127.0.0.1/first.php”，并按下 Enter 键运行，运行结果如图 1-29 所示。

图 1-29　运行结果

# 作　　业

1. 简述 PHP 的工作原理。
2. Apache 服务器的主目录是什么？
3. 怎样修改 Apache 服务端口号？

# 第 2 章　PHP 开发基础

**本章要点**

- PHP 基本语法
- PHP 数据类型
- PHP 数据的输出
- PHP 编码规范

无论学习何种编程语言，我们都要先学习这门编程语言的基本语法。PHP 语法基础知识点包括 PHP 基本语法、PHP 数据类型、PHP 数据的输出和 PHP 编码规范，学好这些知识，才能在以后的开发过程中如鱼得水。

## 2.1　PHP 基本语法

### 2.1.1　PHP 标记符

在很多情况下，PHP 代码都是跟 HTML 代码混杂在一起的。为了使 Web 服务器能够识别 PHP 代码，需要将 PHP 代码放到特殊的标记符内，PHP 代码的开始标记符和结束标记符用于告诉 Web 服务器，PHP 代码何时开始和结束，两个标记符之间的所有内容都会被解释为 PHP 代码，而标记符之外的任何内容都会被认为是普通的 HTML 代码，这就是 PHP 标记符的作用。PHP 支持 4 种标记风格，分别如下。

1. XML 风格

```
<?php
echo  "这是 XML 风格的标记";
?>
```

XML 风格是 PHP 默认的标记风格，本书使用的就是这种标记风格，也是推荐大家使用的标记风格。

2. 脚本风格

```
<script language="php">
echo  "这是脚本风格的标记";
</script>
```

可以在 XHTML 或者 XML 中使用这种标记风格，此种风格可以在任何情况使用，但由于它与 JavaScript 风格的嵌入方式类似，因此不建议使用。

3. 简短风格

```
<?
echo '这是简短风格的标记';
?>
```

这种标记风格最为简单，输入字符最少。由于新版本的 PHP 默认不是使用简短风格，因此要使用它，就必须更改 PHP 配置文件 php.ini，将文件中的“short_open_tag”设置为“on”。一般不推荐使用这种风格。

4. ASP 风格

```
<%
echo '这是 ASP 风格的标记';
%>
```

这种标记风格和 ASP 相同，默认不使用此种风格，因此要使用它，就必须更改 PHP 配置文件 php.ini，将文件中的“asp_tag”设置为“on”。一般不推荐使用这种风格。

**注意：**

① 如果使用简短风格“<?　?>”和 ASP 风格“<%　%>”，就需要在配置文件 php.ini 中进行设置，然后重新启动 Apache 服务器，即可支持这两种风格。

② 开始标记符与结束标记符中的关键字不区分字母大小写，如“<?php”和“<?PHP”是一样的。

## 2.1.2 PHP 注释

注释在写代码的过程中非常重要，PHP 注释可以理解为代码的解释和说明，一般添加到代码的上方或代码的尾部。使用注释不仅能够提高程序的可读性，而且有利于开发人员之间的沟通和程序的后期维护。在执行代码时，注释会被解释器忽略，因此注释不会影响程序的执行。

PHP 支持以下 3 种风格的注释。

1. 单行注释（//）

```
<?php
    echo 'Hello PHP!';        //单行注释内容，不被输出
?>
```

2. 多行注释（/*…*/）

```
<?php
/*
```

```
多行注释内容，
不被输出
*/
echo 'Hello PHP!';
?>
```

当添加的注释非常多时，往往需要将其分成多行显示，这时就需要用到多行注释。

3. Shell 风格的注释（#）

```
<?php
echo 'Hello PHP!';              #这里的内容是看不到的
?>
```

**注意：**在单行注释里的内容不要出现 PHP 的结束标记符“?>”，因为解释器会认为它是 PHP 脚本结束的标记符，而去执行注释中的“?>”后面的代码。如下实例可以验证上述内容。

```
<?php
    echo  '这是我的第一个 PHP 程序！';     //不会显示?>会显示
?>
```

显示注释的运行结果如图 2-1 所示。

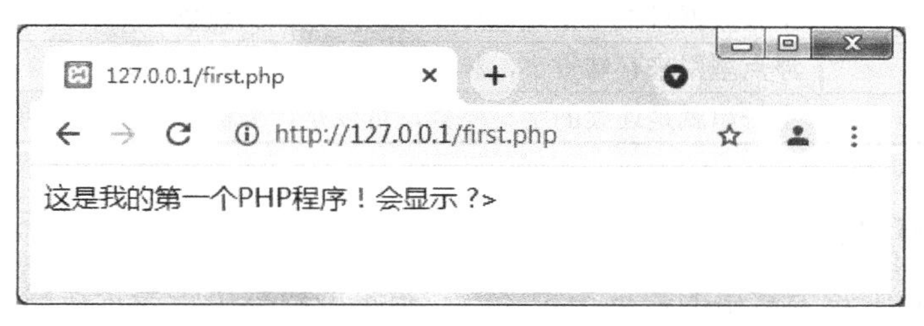


图 2-1 显示注释的运行结果

### 2.1.3 PHP 语句和语句块

PHP 程序由一条或多条 PHP 语句构成，每条语句都以英文状态的分号“;”结束。在写 PHP 代码的时候，一条 PHP 语句一般占用一行。虽然一行写多条语句或者一条语句占多行是没有语法错误的，但是会使代码的可读性变差，所以不推荐这样做。

语句块也称符合语句。如果多条 PHP 语句之间存在着某种联系，可以使用“{”和“}”将这些 PHP 语句包起来形成一个语句块。语句块一般不会单独使用，往往和条件控制语句（如 if）、循环语句（如 while 和 for）、函数等一起使用，示例代码如下。

```
<?php
    if  (true)
    {
        echo 'Hello ';
        echo 'PHP!';
```

```
    }
?>
```

# 2.2 PHP 数据类型

在程序开发过程中，经常需要操作数据。每一个数据都有各自的数据类型，最终运算时操作的数据必须是同一种类型的。

PHP 的数据类型可以分成三大类，即标量数据类型、复合数据类型和特殊数据类型。

## 2.2.1 标量数据类型

标量数据类型是数据结构中最基本的单元，只能存储一个数据。PHP 中的标量数据类型包括 4 种，如表 2-1 所示。

**表 2-1 标量数据类型**

| 类 型 | 说 明 |
|---|---|
| boolean（布尔型） | 这是最简单的类型，只有两个值：真值（True）和假值（False） |
| integer（整型） | 整型数据只能是整数，可以是正整数或负整数 |
| float（浮点型） | 浮点型用来存储数字，和整型不同的是，它有小数位 |
| string（字符串型） | 字符串就是连续的字符序列，可以是计算机能表示的一切字符的集合 |

1. boolean（布尔型）

布尔型是 PHP 中较为常用的数据类型之一。布尔型数据用于表示逻辑的“真”或“假”，对应的两种取值分别为真值（True）或者假值（False）。在使用“True”和“False”时不区分字母大小写。

**【例 2-1】**布尔型变量通常都应用在包含条件或循环语句的表达式中。下面判断 if 条件语句中的变量$x 的值是否为 True，如果为 True，则输出“I like PHP!”，否则输出“出错!”。

```
<?php
    $x = true;                    //将布尔型的值（True）赋值给变量$x
    if ($x)                       //判断变量的值是否为真
        echo 'I like PHP!';       //如果为真，则输出'I like PHP!'
    else
        echo '出错!';              //如果为假，则输出'出错!'
?>
```

运行结果如图 2-2 所示。

图 2-2　运行结果

**注意：**在 PHP 中，不是只有 False 才代表假值。在一些特殊情况下，如 0、0.0、"0"、空白字符串（""）、只声明但没有赋值的数组等，也被认为是 False。

2. integer（整型）

整型数据只能包含整数。在 32 位操作系统中，整型数据的有效范围是−2147483648～+2147483647。整型数据可以用十进制数、八进制数和十六进制数来表示，如果用八进制数，则需要在数字前面加“0”；如果用十六进制数，则需要加“0x”。

**【例 2-2】**分别以十进制数、八进制数和十六进制数输出整型数据。

```
<?php
    $a = 345;     //十进制正数
    $b = -345;    //十进制负数
    $c = 0345;    //八进制数
    $d = 0x345;        //十六进制数
    echo  "数字不同进制的输出结果：<p>";
    echo  "十进制正数的结果是： $a<br>";
    echo  "十进制负数的结果是： $b<br>";
    echo  "八进制数的结果是： $c<br>";
    echo  "十六进制数的结果是： $d";
?>
```

运行结果如图 2-3 所示。

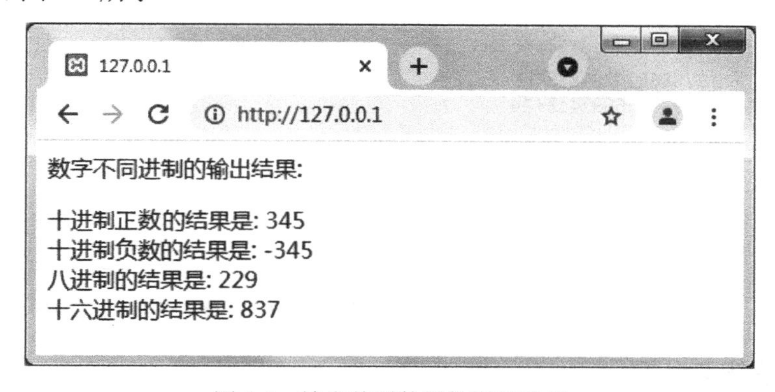


图 2-3　输出整型数据的运行结果

在上述代码中，如果给定的数值超出了系统环境中整型所能表示的最大范围时，会发生数据溢出，此时的数值会被当作浮点型数据处理。

3. float（浮点型）

浮点型数据可以用来保存整数，也可以用来保存小数。它提供的精度比整型高得多。在 32 位操作系统中，其有效范围是 1.7E-308～1.7E+308。在 PHP4.0 以前的版本中，浮点型的标志为 double，也叫双精度浮点型，两者没任何区别。

浮点型数据默认有两种书写格式。

① 标准格式。

例如：3.1415926、0.123、−100.8

② 科学记数法格式。

例如：3.14E1、689.35E-3

**【例 2-3】** 输出浮点型数据。

```
<?php
    echo 3.1415789954895546;                              //输出标准格式的浮点数
    echo '<br>';
    echo 0.0000000000036788652478985 44;
    echo '<br>';
    echo 456987456987412.0000023544896;
    echo '<br>';
    echo 2.4E3;
    echo '<br>';
    echo 8e-2;
    echo '<br>';
    echo 8e-5;                                            //输出科学计数法格式的浮点数
?>
```

运行结果如图 2-4 所示。

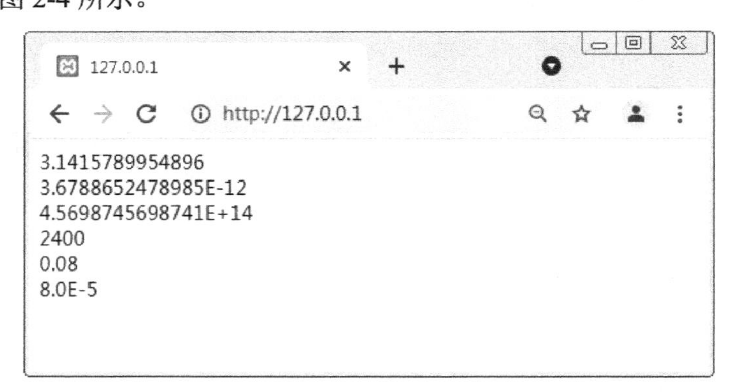


图 2-4　输出浮点型数据的运行结果

4. string（字符串型）

字符串是一个连续的字符序列，由数字、字母和符号组成。例如，一个人的名字、家庭住址，或一本书的名字、一篇文章等，都可以定义为一个字符串。字符串中的每个字符只占用 1 字节。在 PHP 中，有以下 3 种定义字符串的方式。

- 单引号（'）；
- 双引号（"）；
- 定界符（<<<）。

单引号和双引号是经常使用的定义字符串的方式，具体定义方式如下所示。

用单引号定义字符串：$a='abcde123';

用双引号定义字符串：$a="abcde123";

如果用单引号和双引号定义的字符串中包含同一个变量名，那么它们的输出结果是不一样的。双引号中包含的变量名会被自动替换成变量的值，而单引号中包含的变量名则按普通字符串输出。

**【例 2-4】** 分别用单引号和双引号输出同一个变量，其输出的结果完全不同，双引号输出的是变量的值，而单引号输出的是字符串，示例代码如下。

```
<?php
    $str = "你好，我是一个字符串！";
    echo  "<h3>$str</h3>";                    //用双引号输出
    echo  '<h4>$str</h4>';                    //用单引号输出
?>
```

运行结果如图 2-5 所示。

图 2-5　单引号与双引号的运行结果

**注意：**

① 在用单引号（双引号）引起来的字符串中不能再出现单引号（双引号），否则会发生单引号（双引号）配对错误的情况。如果真的需要在单引号（双引号）中使用单引号（双引号），则需要用反斜线（\）进行转义，如：'My name is \'Lily\'!'。

② 如果在单引号（双引号）之前或字符串结尾需要出现一个反斜线，则需要用两个反斜线来表示，如：'D：\xampp\htdocs\\'。

③ 在定义简单的字符串时，使用单引号是更加合适的方式。如果使用双引号，则 PHP 将花费一些时间来处理字符串的转义和变量的解析。因此，在定义字符串时，如果没有特别需求，则建议使用单引号。

定界符用于定义较长的字符串，通常用于大段的输出文档。

定界符格式如下。

```
<<<str
```

```
    字符串
str;
```

其中，符号“<<<”是关键字。标记符用于表明字符串的开始和结束，前后的标记符名称必须完全相同。

【例 2-5】使用定界符定义字符串并输出字符串。

```
<?php
$i='Lily';
//定界符开始标记符 str
echo <<<str
        My name is $i!<p>
        I like php!
str;
//定界符结束标记符 str
?>
```

运行结果如图 2-6 所示。

图 2-6　使用定界符定义字符串并输出字符串的运行结果

**注意：**开始标记符的后面不能出现任何的字符（包括空格）；结束标记符必须从某一行的第一列开始，并且后面除了分号不能出现任何字符（包括空格）。同时，必须遵循 PHP 标记的命名规则，即只能包含字母、数字、下画线，而且必须以非数字字符开始。

## 2.2.2　复合数据类型

复合数据类型可将多个简单数据类型组合在一起，并存储在一个变量中，其包括 2 种类型（数组和对象），如表 2-2 所示。

**表 2-2　复合数据类型**

| 类型 | 说明 |
|---|---|
| 数组（array） | 一组数据的集合 |
| 对象（object） | 对象是类的实例，使用关键字 new 来创建 |

1. 数组（array）

数组是一组数据的集合，它把一系列数据组织起来，形成一个可操作的整体。数组可以包括很多数据，如标量数据、数组、对象、资源，以及 PHP 支持的其他语法结构等。

数组中的每个数据都被称为元素，元素包括索引（键名）和值两部分。元素的索引可以由数字或者字符串组成，元素的值可以是多种数据类型的。

**【例 2-6】** PHP 数组的下标既可以是数字，也可以是字符串。在下面的实例中创建一个数组$arr，并使用数字和字符串作为数组的下标，最后输出数组中的值。

（1）定义变量名为$arr 的数组并给该数组赋值。

（2）输出数组内容。实例代码如下。

```
<?php
    $arr=array (0=>2021, 'php'=>"php 程序设计") ;              //定义数组
    //输出数组中的第一个元素。由于数组下标是从 0 开始计数的，因此第一个元素的下标是 0
     echo  $arr[0];
     echo  "<br>";
     echo  $arr['php'];
?>
```

2. 对象（object）

编程语言用到的方法有两种：面向过程和面向对象。在 PHP 中，用户可以自由使用这两种方法。一个对象是由一组属性值和一组方法组成的。有关面向对象的技术将在后面的章节进行详细介绍。

### 2.2.3　特殊数据类型

特殊数据类型包括两种：资源和空值，如表 2-3 所示。

**表 2-3　特殊数据类型**

| 类型 | 说明 |
| --- | --- |
| 资源（resource） | 又叫“句柄”，通过专门的函数来建立和使用 |
| 空值（null） | 特殊的值，表示变量没有具有意义的值，唯一的值就是 null |

1. 资源（resource）

资源（resource）是一种特殊数据类型，由专门的函数来建立和使用。在使用资源时要及时地释放不需要的资源，如果忘记释放资源，系统会自动启用垃圾回收机制，避免内存消耗殆尽。虽然用户无法获知某个资源的细节，但某些函数必须引用相应的资源才能工作。

2. 空值（null）

空值（null）表示没有为该变量设置任何值。null 不表示空格，不表示零，也不表示空字符串，而是表示一个变量的值为空。另外，null 不区分字母大小写，使用 null 和使用 NULL 是一样的。一个变量的值被认为是 null 主要有以下 3 种情况。

- 变量直接被赋值为 null;
- 变量没有被赋予任何值;
- 被 unset()函数处理过的变量。

下面对这 3 种情况举例说明，具体代码如下。

```
<?php
    $a=null;                    //被赋空值的变量
    $b=6;
    unset ($b) ;                //使用 unset()函数释放变量$b 的值
    var_dump ($a) ;
    var_dump ($b) ;
    var_dump ($c) ;             //没有赋值的变量$c 的值为 null
?>
```

### 2.2.4 检测数据类型

PHP 还内置了检测数据类型的函数，可以对不同类型的数据进行检测，判断其是否属于某个数据类型。检测数据类型的函数如表 2-4 所示。

**表 2-4 检测数据类型的函数**

| 函数 | 检测类型 |
| --- | --- |
| is_bool() | 检测变量是否为布尔型 |
| is_string() | 检测变量是否为字符串型 |
| is_float/is_double() | 检测变量是否为浮点型 |
| Is_integer/is_int() | 检测变量是否为整型 |
| is_null() | 检测变量是否为 null |
| is_array() | 检测变量是否为数组类型 |
| is_object() | 检测变量是否为对象类型 |
| is_numeric() | 检测变量是否为数字或由数字组成的字符串 |
| gettype() | 检测变量是何种数据类型 |

**【例 2-7】**下面选用几个函数来检测变量的数据类型，具体代码如下。

```
<?php
    $a = true;
    $b = "你好 PHP";
    $c = 6;
    echo is_bool ($a) ."<br>";        //检测变量是否为布尔型
    echo is_string ($b) ."<br>";      //检测变量是否为字符串型
    echo is_int ($c) ."<br>";         //检测变量是否为整型
    echo is_float ($c) ."<br>";       //检测变量是否为浮点型
    echo gettype ($c) ;               //检测变量是何种数据类型
?>
```

运行结果如图 2-7 所示。

图 2-7　检测数据类型的运行结果

**注意**：在使用“is_float($c)”时，由于变量$c 不是浮点型的，因此第 4 个输出值为空。

# 2.3　PHP 数据的输出

在 PHP 中，几乎每个程序都需要输出，因此程序的运行结果才能被用户看到。输出数据的方法有很多，下面分别对输出方法和输出运算符进行介绍。

## 2.3.1　四种输出方法

1.echo

echo 的作用是向浏览器输出一个或多个数据，多个数据之间用逗号隔开，其语法格式如下。

```
echo arg1, arg2, …, arg3;
```

**【例 2-8】**用 echo 输出数据。

```
<?php
    $a = 3.14;
    echo $a;                //输出一个变量
    echo '<br>';            //输出一个字符串
    echo $a, 'hello';       //输出一个变量和一个字符串
?>
```

运行结果如图 2-8 所示。

图 2-8　用 echo 输出数据的运行结果

2. print

print 的作用与 echo 一样，但是只能向浏览器输出一个数据，而且运行速度比 echo 稍慢，其语法格式如下。

```
print arg;
```

或

```
print (arg);
```

**【例 2-9】** 用 print 输出数据。

```
<?php
    $a = 3.14;
    print $a;    //输出一个数据
    print ('hello');
?>
```

运行结果如图 2-9 所示。

图 2-9　用 print 输出数据的运行结果

**注意：** print 和 echo 都只能输出简单数据。它们的不同之处在于 print 有返回值，返回值为 1，而 echo 没有返回值。

3. print_r()

print_r()是一个函数，它可以输出各种类型的数据。如果输出的参数是简单数据，该函数将会直接输出这个简单数据。如果输出的参数是一个数组，则会输出一个格式化后的数组。其语法格式如下。

```
bool print_r ( mixed arg)
```

**【例 2-10】** 用 print_r()输出数据。

```
<?php
    $a = 3.14;
    $array = array (12, 23);
    print_r ($a);         //输出一个变量
    echo '<br>';
    print_r ($array);  //输出一个数组
```

```
?>
```

运行结果如图 2-10 所示。

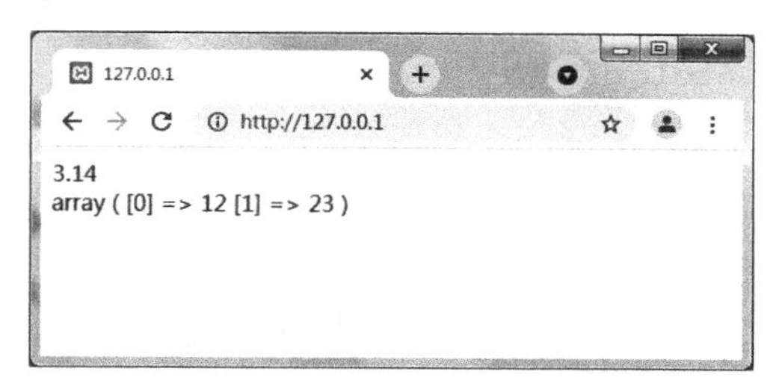


图 2-10　用 print_r()输出数据的运行结果

4. var_dump()

var_dump()也是一个函数，其功能与 print_r()函数类似，但是它不仅可以输出数据，还可以输出数据的结构化信息，包括数据类型、长度等，其语法格式如下。

```
bool print_r  ( mixed arg)
```

**【例 2-11】** 用 var_dump()输出数据。

```
<?php
    $a = 3.14;
    $array = array  (12, 23) ;
    var_dump ($a) ;  //输出一个变量
    echo '<br>';
    var_dump ($array) ;  //输出一个数组
?>
```

运行结果如图 2-11 所示。

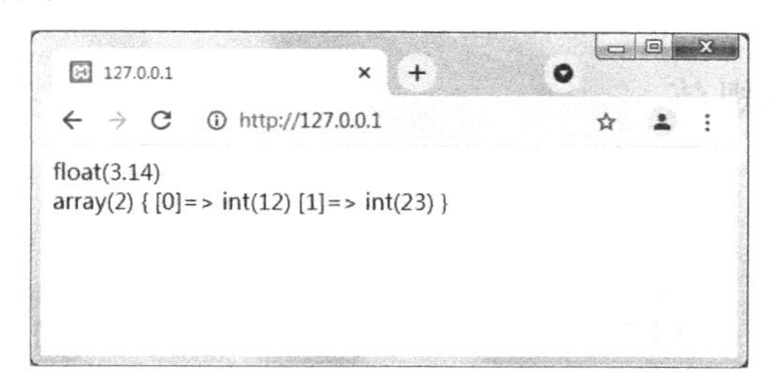


图 2-11　用 var_dump()输出数据的运行结果

## 2.3.2　输出运算符（<?= ?>）

如果在某些情况下，只需在 HTML 代码中嵌入一条 PHP 输出语句，则可以使用 PHP 提供的另一种便捷的方法来输出数据，即使用输出运算符“<?= ?>”。输出运算符的功能与 echo 的功能一样。例如，将页面的背景颜色设置为某种颜色。为了增加程序的灵活性，可以设置一个表示颜色的变量$color，代码如下。

```
<?php
    $color = 'red';
?>
<body bgcolor="<?= $color ?>">
</body>
```

# 2.4 PHP 编码规范

在实际的项目开发中，一个 Web 项目往往需要很多人一起完成，因此使用相同的编码规范是非常重要的。

## 2.4.1 什么是编码规范

以 PHP 开发为例，编码规范就是融合开发人员长时间积累下来的经验，形成了一种良好、统一的编程风格，这种良好、统一的编程风格会在团队开发或二次开发时起到事半功倍的效果。编码规范是一种总结性的说明和介绍，并不是强制性的规则，但是从项目长远的发展及团队的效率来考虑，遵守编码规范是十分必要的。

遵守编码规范有以下四个好处。

- 编码规范是对团队开发成员的基本要求，有助于开发人员养成良好的习惯。
- 提高了程序的可读性，有利于相关开发人员交流，大大提高软件质量。
- 有助于程序的维护，降低软件成本。
- 有利于团队管理，实现团队后备资源的可重用。

## 2.4.2 PHP 编码规范

### 1. 指令分隔符（;）

在 PHP 程序中，执行某些特定功能的语句也称指令，每一个 PHP 指令都是以英文分号“;”结尾的，此规范用于告诉 PHP 要执行此语句。PHP 代码片段的最后一行，即 PHP 的结束标记符前可以不用分号表示结束。

### 2. 缩进

缩进是指调整文本与页面边界之间的距离。使用制表符（Tab 键）缩进，缩进单位一般为 4 个空格。不同的开发工具默认的缩进单位可能不一样。

### 3. 花括号（{}）

花括号的放置规则有两种。

- 将花括号放到关键字的下方，且与关键字同列。

```
 if ($expr)
{
....
}
```

● 花括号的首括号与关键字同行，花括号的尾括号与关键字同列。

```
if ($expr) {
…
}
```

在执行程序时，两者并没有差别，但很多人习惯选择第一种。

4. 空格与空行

● 不能把圆括号和关键字紧贴在一起，要用空格隔开，示例如下。

```
 if  ($expr)                    //if 和“（”之间有一个空格
{
…
}
```

● 圆括号和函数要贴在一起，以便区分关键字和函数，示例如下。

```
print_r ($array)                //print_r 和“（”之间没有空格
```

● 运算符与数据之间有一个空格（一元运算除外），示例如下。

```
 while  ($a <= 100)             //$a 和“<=”、“<=”和 100 之间都有一个空格
{
…
}
```

为提高程序的可读性，一般在函数的参数列表中的逗号后面插入空格；在两个函数声明之间用空行；在函数内的局部变量和函数的第一条语句之间用空行；在多行注释或单行注释之前用空行；在两个代码片段之间用空行。

### 2.4.3 PHP 命名规则

通常，应该让代码阅读者轻松地从类、函数和变量的名字中知道代码的作用，因此要避免使用模棱两可的命名。

1. 常量命名

在给常量命名时，所有字母都应该使用大写英文字母，单词之间用“_”分割，示例如下。

```
 define ('SCORE_AVE', 90) ;
```

```
define ('BOOK_NAME', 'PHP 程序设计');
```

2. 变量命名

- 所有字母都使用小写英文字母。
- 使用“_”作为单词间的分界，如$user_name、$chk_pwd 等。

3. 数组命名

数组是一组数据的集合，它是一个可以存储多个数据的容器。因此在对数组进行命名时，应尽量使用单词的复数形式，如 $names、$books 等。

4. 函数命名

函数的命名规则和变量的命名规则相同。所有的名称都使用小写英文字母，多个单词使用“_”分隔。函数的命名越详细越好，且要能够描述清楚该函数的功能，示例如下。

```
function score_average ( ) {
…
}
```

5. 类命名

- 使用大写英文字母作为分隔，其他的字母均使用小写英文字母。
- 名字的首字母使用大写英文字母。
- 不要使用下画线（_），正确的命名如 Name、StudentScore 等。

# 小　　结

本章主要介绍了 PHP 基本语法、PHP 数据类型、PHP 数据的输出及 PHP 编码规范。掌握了 PHP 基本语法，才能更好地扩展到下一步学习中。通过本章的学习，学生可以从整体上对 PHP 的各组成部分有一个基本的认识。

# 上机指导

首先定义 4 个变量：$a、$b、$c 和$bool，分三行输出变量$a、$b、$c，然后检测变量$bool 为何种类型。程序运行结果如图 2-12 所示。

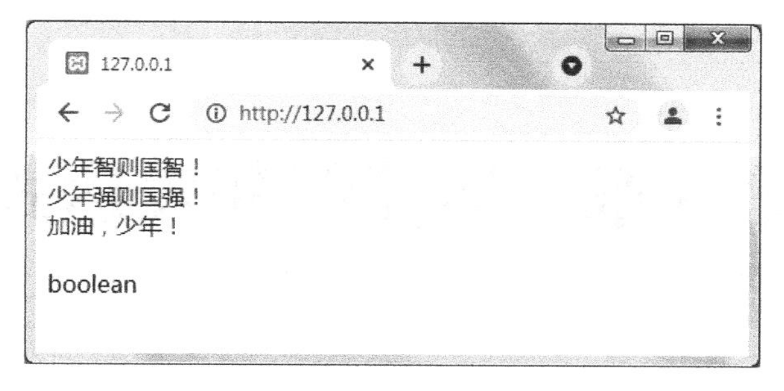


图 2-12　程序运行结果

参考代码如下。

```
<?php
    $a = '少年智则国智！';           //定义变量$a
    $b = '少年强则国强！';           //定义变量$b
    $c = '加油，少年！';             //定义变量$c
    $d = false;                      //定义变量$d
    echo $a;                         //输出变量$a
    echo '<br>';                     //换行
    echo $b;                         //输出变量$b
    echo '<br>';
    echo $c;                         //输出变量$c
    echo '<br>';
    echo is_int ($d) ;               //检测变量$d 是否为整型
    echo '<br>';
    echo gettype ($d) ;              //检测变量$d 为何种类型
?>
```

# 作　　业

1. PHP 的标记符支持哪几种标记风格?
2. PHP 的数据类型主要有哪几种?
3. echo、print_r()和 var_dump()的区别是什么?

# 第3章　运算符和表达式

**本章要点**

- 常量与变量
- 运算符与表达式
- 数据类型的转换

运算符是用来对变量和数值进行某种运算的符号，常量与变量代表了运算所需要的各种值，程序通过常量与变量对各种值进行访问和运算。本章将对 PHP 中的常量、变量、运算符、表达式和数据类型的转换进行详细讲解。

## 3.1　常　　量

常量用于储存不发生改变的固定数值。常量是一个简单值的标识符，一旦被定义，就不能再改变或取消，并且它的作用域是全局的，可以在脚本的任何位置声明和访问常量。从是否需要用户定义来看，PHP 中的常量可分为自定义常量和预定义常量。

### 3.1.1　自定义常量

1. 使用 define()函数声明常量

在 PHP 中使用 define()函数声明常量，语法如下。

```
define (string constant_name, mixed value[, case_sensitive=true])
```

define()函数的参数说明如表 3-1 所示。

**表 3-1　define()函数的参数说明**

| 参数 | 说明 |
| --- | --- |
| constant _name | 必选参数，常量名称即标识符 |
| value | 必选参数，常量的值，只能是标量数据类型 |
| case_sensitive | 可选参数，指定是否区分字母大小写，参数值默认为 False，表示区分字母大小写；如果将其设置为 True，则不区分字母大小写 |

**注意：** mixed 是指混合类型，它不单纯指一种数据类型，而是 PHP 对各种类型的一种通用表示形式。

2. 使用 constant()函数获取常量的值

可以用 constant()函数获取指定常量的值并使用，也可以直接通过常量名使用常量的值。constant()函数可以动态地输出不同的常量，要灵活、方便得多。constant()函数的语法如下。

```
mixed constant (string constant_name)
```

参数 constant_name 为要获取的常量的名称。如果获取成功，则返回常量的值；如果获取失败，则输出警告信息：Use of undefined constant xx，即“使用了未定义的常量 xx”。

3. 使用 defined()函数判断常量是否已经被定义

defined()函数的语法如下。

```
bool defined ( string constant _name) ;
```

参数 constant_name 为常量的名称，若该常量已经被定义，则返回 True，否则返回 False。

**【例 3-1】** 首先使用 define()函数定义两个常量，然后使用 constant()函数获取该常量的值，最后使用 defined()函数判断常量是否已经被定义，代码如下。

```
<?php
    define ('CON_PI', 3.14159) ;            //定义常量 CON_PI
    echo constant ('CON_PI') ;              //用函数获取常量 CON_PI 的值，并输出
    echo '<br>';
    echo CON_PI;                            //输出常量 CON_PI 的值
    echo '<br>';
    echo Con_pi;                            //输出常量的值
    echo '<br>';
    echo con_pi;                            //输出常量的值
    echo '<br>';

    define ('CON_STR', 'hello world', true) ; //定义常量 CON_STR
    echo constant ('CON_STR') ;                //用函数获取常量 CON_STR 的值，并输出
    echo '<br>';
    echo CON_STR;                              //输出常量 CON_STR 的值
    echo '<br>';
    echo Con_str;                              //输出常量的值
    echo '<br>';
    echo con_str;                              //输出常量的值
    echo '<br>';
    echo defined ('con_pi') ;                  //判断常量 con_pi 是否已经被定义
    echo '<br>';
    echo defined ('con_str') ;                 //判断常量 con_str 是否已经被定义
```

```
?>
```

运行结果如 3-1 所示。

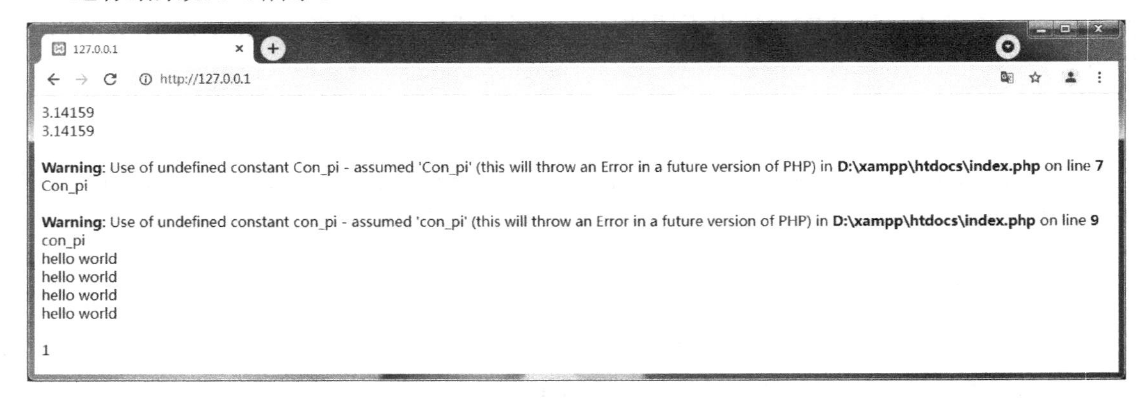


图 3-1　输出常量的值的运行结果

### 3.1.2　预定义常量

预定义常量是 PHP 系统已经定义过的，不需要用户定义即可使用的一类常量。可以使用预定义常量获取 PHP 中的信息，但不能任意更改常量的值。预定义常量名及其作用如表 3-2 所示。

表 3-2　预定义常量名及其作用

| 常量名 | 功能 |
|---|---|
| __FILE__ | 存储当前 PHP 文件的完整路径和文件名 |
| __LINE__ | 存储该常量在当前程序中的行号 |
| PHP_VERSION | 当前 PHP 的版本号 |
| PHP_OS | 执行 PHP 解析器的操作系统 |
| TRUE | 常量值是一个真值（True） |
| FALSE | 常量值是一个假值（False） |
| NULL | 一个空值 |
| E_ERROR | 这个常量指到最近的错误处 |
| E_WARNING | 这个常量指到最近的警告处 |
| E_PARSE | 这个常量指到解析语法有潜在问题处 |
| E_NOTICE | 这个常量表示程序发生了不寻常，但不一定是错误 |

**注意：** __FILE__和__LINE__中的“__”是 2 条下画线而不是 1 条。表 3-2 中以 E 开头的预定义常量是 PHP 的错误调试部分。如需详细了解，请参考 error_reporting()函数。

**【例 3-2】** 使用预定义常量输出 PHP 中的一些信息，代码如下。

```
<?php
echo "当前文件路径为： ".__FILE__ ;  //获取当前文件绝对路径
echo "<br>";
echo "当前行数为： ".__LINE__;   //获取当前行数
```

```
echo "<br>";
echo "当前 PHP 版本信息为： ".PHP_VERSION; //获取当前 PHP 版本号
echo "<br>";
echo "当前操作系统为： ".PHP_OS;  //获取当前操作系统
?>
```

运行结果如图 3-2 所示。

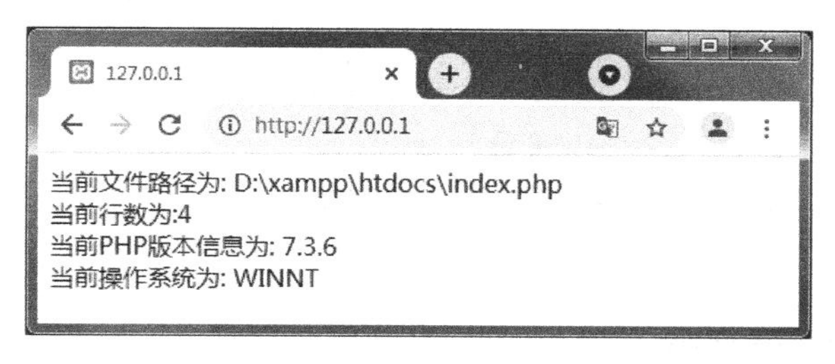


图 3-2　预定义常量运行结果

# 3.2 变　　量

## 3.2.1 变量的概念

变量是指在程序运行过程中随时可以发生变化的量，是数据的临时存放场所。变量为开发人员提供了一个有名字的内存存储区，在程序运行过程中，可以保存用户输入的数据、特定的运算结果，以及输出的数据等。总之，变量可以跟踪几乎所有类型的信息。

## 3.2.2 变量的命名和定义

PHP 是一种弱类型的语言，其类型可以根据环境变化进行自动转换，并且不要求在使用变量之前进行声明。PHP 中的变量由“$”和标识符组成。

PHP 中的变量名要遵循标识符的规则，具体如下。

- 变量名是区分字母大小写的；
- 变量名必须以美元符号（$）开头；
- 变量名不能以数字字符开头；
- 变量名中不能包含运算符；
- 变量名可以包含一些扩展字符（如拉丁字母），但不能包含非法扩展字符，如汉字字符。PHP5 支持将中文作为变量名，但不提倡；
- 可以使用系统关键字作为变量名。

合法的变量名：$sum_float、$str1、$book；

非法的变量名：$5_str、$@dress

**注意：**变量名不可以与已有的变量重名，否则将引起冲突。建议用能反映变量含义的名称，越详细越好，以提高程序的可读性，像$i 或$n 等都是不鼓励使用的。必要时也可以将变量的类型包含在变量中，如$book_id_int，这样可以直接根据变量名称了解变量的类型。

可以在 PHP 中声明并使用自己定义的变量。PHP 的特性之一就是它不要求在使用变量之前声明变量。当第一次给一个变量赋值时，就表示创建了这个变量。一旦定义了某个变量，我们就可以在脚本中重复地使用它。在程序中使用已定义变量，就会将变量替换成前面赋过的值。

**【例 3-3】** 定义一个变量$sum_float，将其赋值为 98.5，并输出变量$sum_float，代码如下。

```
<?php
    $sum_float = 98.5;  //定义了一个变量$sum_float
    echo $sum_float;    //输出变量$sum_float
    echo $SUM_FLOAT;    //输出变量$SUM_FLOAT
?>
```

程序运行结果如图 3-3 所示。

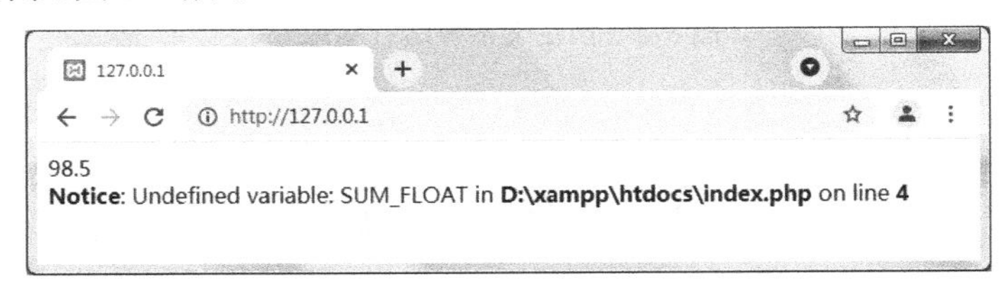


图 3-3　定义变量和使用变量的程序运行结果

**注意：**“Undefined variable：SUM_FLOAT”提示未定义变量 SUM_FLOAT。当出现这个提示时，要检查是否使用了未定义的变量，或者是否误写了已定义的变量名。

### 3.2.3　变量的赋值方式

使用赋值运算符“=”对变量进行赋值。PHP 中提供了两种变量的赋值方式：传值赋值和引用赋值。

1. 传值赋值

传值赋值就是使用“=”将一个变量（或表达式）的值赋给另一个变量。此时，改变其中一个变量的值不会影响到另外一个变量的值。

**【例 3-4】** 用传值赋值方式定义三个变量，改变其中一个变量的值，观察是否影响其他变量的值，代码如下。

```
<?php
    $number = 100;              //$number 的值为 100
    $name = 'PHP 程序设计';      //$name 的值为“PHP 程序设计”
    $book_name = $name;         //$book_name 的值为“PHP 程序设计”
    $name = 'PHP 实训指导书';    //改变$name 的值
    echo $name;                 //输出$name 的值
    echo '<br>';
```

```
    echo $book_name;              //输出$book_name 的值
?>
```

程序运行结果如图 3-4 所示。

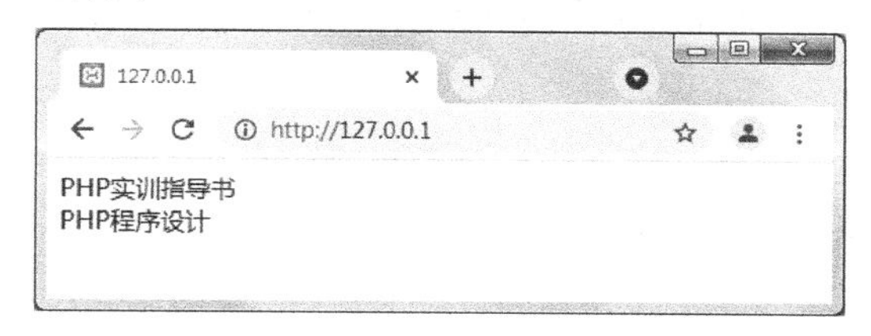


图 3-4　传值赋值的程序运行结果

2. 引用赋值

从 PHP 4.0 开始，PHP 引入了“引用赋值”的概念。引用赋值是指新的变量简单地引用了原始变量，新变量名成为了原始变量的别名，即用不同的变量名访问同一个变量的赋值方式。当改变其中一个变量的值时，另一个也跟着变化。使用引用赋值的方法是在将要赋值的原始变量前加一个“&”。

**【例 3-5】**将变量$str1 引用赋值给变量$str2，这时的$str2 相当于$str1 的别名。当改变$str1 的值时，$str2 的值也会跟着发生变化，代码如下。

```
<?php
    $str1 = "hello";        //声明变量$str1
    $str2 = &$str1;         //使用引用赋值，这时$str2 已经赋值为“hello”
    $str1 = "hi";           //重新给$str1 赋值
    echo $str1;             //输出$str1
    echo "<br>";            //换行
    echo $str2;             //输出变量$str2
?>
```

程序运行结果如图 3-5 所示。

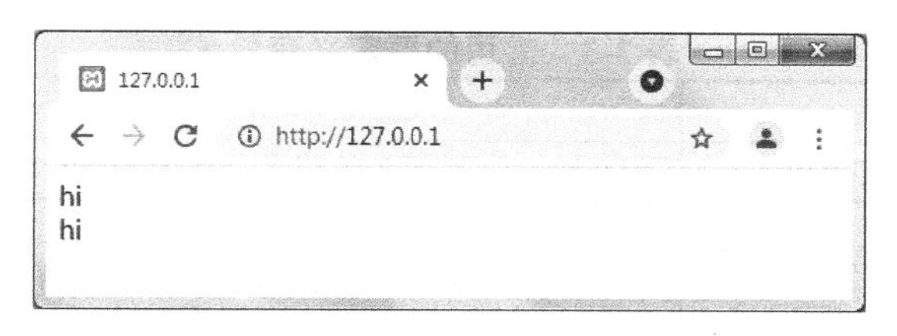


图 3-5　引用赋值的程序运行结果

由此可见，传值赋值和引用赋值的区别在于，传值赋值是将原变量内容复制下来，开辟一个新的内存空间来保存，而引用赋值则是给变量重命名。

### 3.2.4　可变变量

可变变量是一种独特的变量，变量的名称并不是预先定义好的，而是动态地设置和使用的。可变变量一般是指使用一个变量的值作为另一个变量的名称，所以可变变量又称变量的变量。可变变量通过在一个变量名前添加两个“$”实现。

**【例 3-6】** 首先定义两个变量：$name 和$php，并且输出变量$name 的值，然后用可变变量来改变变量$name 的名称，最后输出可变变量$$name 的值，程序代码如下。

```
<?php
    $name = "php";                    //声明$name
    $php = "I like it";               //声明$php
    echo $name ;                      //输出变量$name 的值
    echo "<br>";
    echo $$name ;                     //通过可变变量输出$php 的值
?>
```

运行结果如图 3-6 所示。

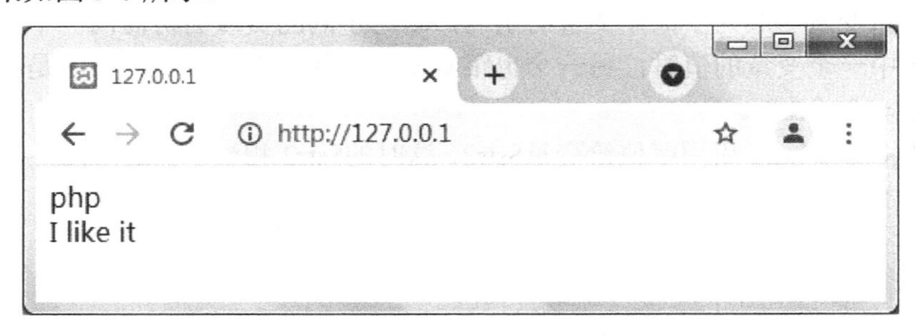


图 3-6　可变变量的运行结果

### 3.2.5　预定义变量

预定义变量是 PHP 系统已经定义过的变量，用户可以直接使用这一类变量，而不需要自己定义。PHP 提供了很多非常实用的预定义变量，通过这些预定义变量可以获取用户会话、用户操作系统的环境和本地操作系统的环境等信息。常用的预定义变量如表 3-3 所示。

**表 3-3　常用的预定义变量**

| 变量 | 说明 |
| --- | --- |
| $_SERVER['SERVER_ADDR'] | 当前运行脚本所在的服务器的 IP 地址 |
| $_SERVER['SERVER_NAME'] | 当前运行脚本所在服务器主机的名称。如果该脚本运行在一个虚拟主机上，则该名称由虚拟主机所设置的值决定 |
| $_SERVER['SERVER_PORT'] | 服务器所使用的端口号，默认为 80。如果使用 SSL 安全连接，则这个值为用户设置的 HTTP 端口 |
| $_SERVER ['SERVER_SIGNATURE'] | 包含服务器版本和虚拟主机名的字符串 |
| $_SERVER['REMOTE_ADDR'] | 正在浏览当前页面用户的 IP 地址 |
| $_SERVER['REMOTE_HOST'] | 正在浏览当前页面用户的主机名 |
| $_SERVER['REMOTE_PORT'] | 用户连接到服务器时所使用的端口 |
| $_SERVER['SCRIPT_FILENAME'] | 当前执行脚本的绝对路径名 |
| $_SERVER['DOCUMENT_ROOT'] | 当前运行脚本所在的文档根目录，在服务器配置文件中定义 |

续表

| 变量 | 说明 |
|---|---|
| $_COOKIE | 通过 HTTP Cookie 传递信息到脚本。这些 Cookie 多数是在执行 PHP 脚本时通过 setcookie()函数设置的 |
| $_SESSION | 包含与所有会话变量有关的信息。这些$_SESSION 变量主要应用于会话控制和页面之间的值的传递 |
| $_POST | 包含通过 POST 方法传递的参数的相关信息，主要用于获取通过 POST 方法提交的数据 |
| $_GET | 包含通过 GET 方法传递的参数的相关信息，主要用于获取通过 GET 方法提交的数据 |
| $_GLOBALS | 由所有已定义的全局变量组成的数据。变量名就是该数据的索引，它可以称得上是所有超级变量的超级集合 |

**【例 3-7】**通过服务器变量获取有关信息，代码如下。

```
<?php
    echo '当前运行脚本所在的服务器的 IP 地址：'.$_SERVER ['SERVER_ADDR'];
    echo '<br>';
    echo '正在浏览当前页面用户的 IP 地址'.$_SERVER ['REMOTE_ADDR'];
    echo '<br>';
    echo '服务器所使用的端口：'.$_SERVER ['SERVER_PORT'];
    echo '<br>';
    echo '当前运行脚本所在的文档根目录：'.$_SERVER ['DOCUMENT_ROOT'];
?>
```

运行结果如图 3-7 所示。

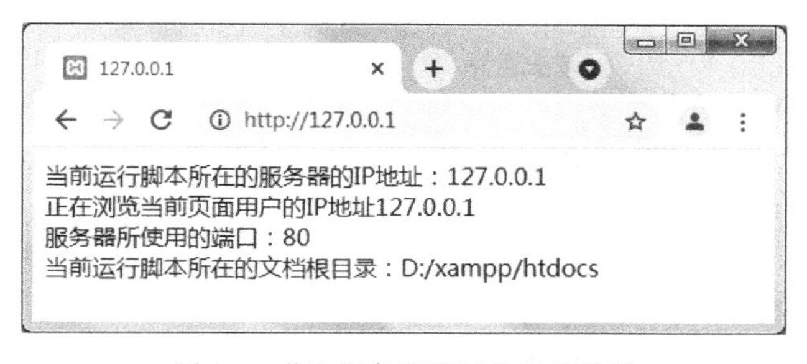


图 3-7　获取服务器变量的运行结果

## 3.3 运算符

运算符是用来对变量、常量或其他数据进行计算的符号。它对一个值或一组值执行指定的操作。根据操作数的个数，运算符可以分为一元运算符、二元运算符和三元运算符。根据运算符不同的功能划分，可以分为算术运算符、字符串运算符、赋值运算符、位运算符、递增或递减运算符、逻辑运算符、比较运算符和条件运算符。

### 3.3.1 算术运算符

算术运算符是最常用的符号，就是常见的数学操作符，在对数字的处理中使用得最多。PHP 中的算术运算符如表 3-4 所示。

**表 3-4 PHP 中的算术运算符**

| 名称 | 操作符 | 实例 |
|---|---|---|
| 加法运算 | + | $a+$b |
| 减法运算 | − | $a−$b |
| 乘法运算 | * | $a*$b |
| 除法运算 | / | $a/$b |
| 取余运算 | % | $a%$b |

**注意：**在算术运算符中使用“%”求余时，如果被除数（$a）是负数，那么取得的结果也是一个负数。

**【例 3-8】**用五种算术运算符进行运算，并输出结果，代码如下。

```
<?php
    $a = 9;                 //定义整型变量
    $b = 2;
    echo $a+$b;             //加法运算
    echo '<br>';            //换行
    echo $a-$b;             //减法运算
    echo '<br>';
    echo $a*$b;             //乘法运算
    echo '<br>';
    echo $a/$b;             //除法运算
    echo '<br>';
    echo $a%$b;             //取余运算
    echo '<br>';
    echo $a%5;              //取余运算
    echo '<br>';
    echo $a%5.9;            //取余运算
?>
```

运行结果如图 3-8 所示。

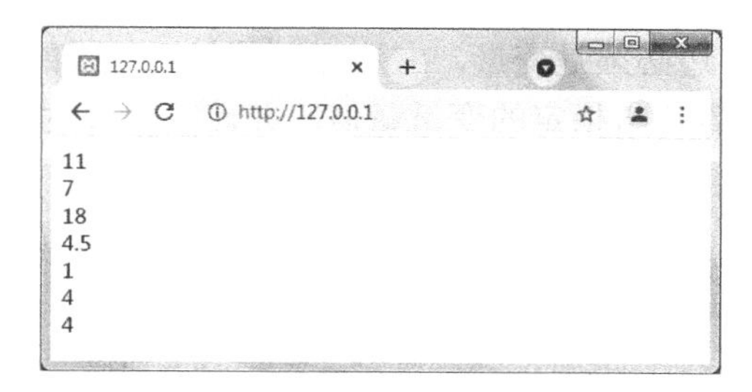


图 3-8　算术运算的运行结果

### 3.3.2　字符串运算符

字符串运算符只有一个，即英文的句号“.”，也被称为连接运算符。它的功能是将两个字符串连接起来，形成一个新的字符串。

**【例 3-9】** 定义两个字符串，然后进行字符串连接运算，代码如下。

```
<?php
    $m='Hello';                              //定义字符串
    $n='PHP';                                //定义字符串
    echo '连接运算后的字符串为：'.$m.$n;     //字符串运算
?>
```

运行结果如图 3-9 所示。

图 3-9　使用字符串运算符的运行结果

### 3.3.3　赋值运算符

赋值运算符的作用是将右边的值赋给左边的变量，我们在前面的内容中已经接触到了一个最基本的赋值运算符“=”。PHP 中的赋值运算符如表 3-5 所示。

**表 3-5　PHP 中的赋值运算符**

| 运算符 | 示例 | 展开形式 | 说明 |
|---|---|---|---|
| = | $a=$b | $a=$b | 将右边的值赋给左边变量 |
| += | $a+=$b | $a=$a+$b | 将变量值与右边的值相加，并赋值给左边变量 |
| -= | $a-=$b | $a=$a-$b | 将变量值与右边的值相减，并赋值给左边变量 |
| *= | $a*=$b | $a=$a*$b | 将变量值与右边的值相乘，并赋值给左边变量 |
| /= | $a/=$b | $a=$a/$b | 将变量值与右边的值相除，并赋值给左边变量 |
| .= | $a.=$b | $a=$a.$b | 将变量值与右边的值连接，并赋值给左边变量 |
| %= | $a%=$b | $a=$a%$b | 取变量值除以右边的值的余数，并赋值给左边变量 |

**注意**：赋值运算符的左边必须是变量，右边可以是任意形式的值。

**【例 3-10】** 应用赋值运算符给指定的变量赋值，并计算各表达式的值，代码如下。

```
<?php
    $a = $b = $c = $d = $e = 10;    //$a、$b、$c、$d、$e 的值都为 10
    $a += 5;                        //计算$a 加 5 的值，并赋值给$a
    $b -= 5;                        //计算$b 减 5 的值，并赋值给$b
    $c *= 5;                        //计算$c 乘 5 的值，并赋值给$c
    $d /= 5;                        //计算$d 除以 5 的值，并赋值给$d
    $e %= 5;                        //计算$e 除以 5 的余数，并赋值给$e
    $result = '五种复合赋值运算的结果分别是：';
    $result .= $a.' ';              //先将$a 和空格连接起来，再进行连接赋值运算
    $result .= $b.' ';
    $result .= $c.' ';
    $result .= $d.' ';
    $result .= $e;
    echo $result;                   //输出连接后的全部字符串
?>
```

运行结果如图 3-10 所示。

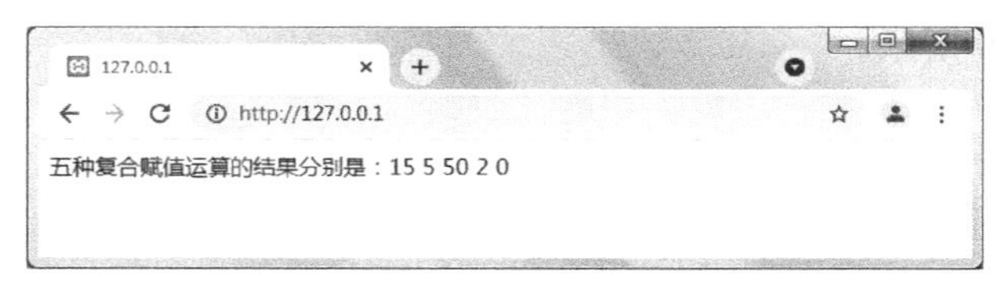


图 3-10　赋值运算的运行结果

### 3.3.4　位运算符

位运算符的功能是将二进制位从低位到高位对齐后再进行运算。位运算可以操作整型和字符串型两种数据。PHP 中的位运算符如表 3-6 所示。

**表 3-6　PHP 中的位运算符**

| 运算符 | 名称 | 说明 | 示例 |
| --- | --- | --- | --- |
| & | 按位与 | 只有参加运算的操作数都为 1，运算的结果才为 1，否则为 0 | $m & $n |
| \| | 按位或 | 只有参加运算的操作数都为 0，运算的结果才为 0，否则为 1 | $m \| $n |
| ^ | 按位异或 | 只有参加运算的操作数不同，运算的结果才为 1，否则为 0 | $m ^ $n |
| ～ | 按位取反 | 将用二进制数表示的操作数中的 1 变成 0，0 变成 1 | ～$m |
| << | 左移 | 将左边的操作数在内存中的二进制数据左移右边操作数指定的位数，右边移空的部分补 0 | $m << $n |
| >> | 右移 | 将左边的操作数在内存中的二进制数据右移右边操作数指定的位数，左边移空的部分补 0 | $m >> $n |

【例 3-11】用位运算符对变量中的值进行运算，代码如下。

```
<?php
    $a = 12;                    //整数 12 的二进制形式为 1100
    $b = 3;                     //整数 3 的二进制形式为 11
    $result = $a & $b;          //将$a 和$b 按位与运算
    echo $result.'<br>';
    $result = $a | $b;          //将$a 和$b 按位或运算
    echo $result.'<br>';
    $result = $a ^ $b;          //将$a 和$b 按位异或运算
    echo $result.'<br>';
    $result = ~$a;              //将$a 和$b 按位取反运算
    echo $result;
?>
```

运行结果如图 3-11 所示。

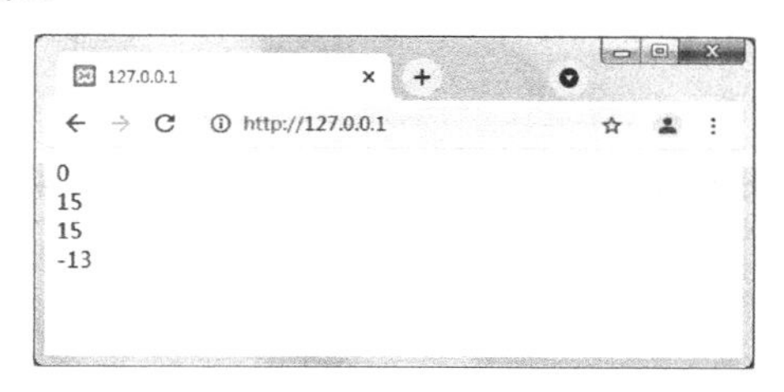


图 3-11　使用位运算符的运行结果

## 3.3.5 递增或递减运算符

在程序设计中，有一种常见的运算是对一个变量的变量值加 1 或减 1，此时可以使用前面介绍的算术运算符（+、−）和复合赋值运算符（+=、−=）。PHP 提供了另外两个运算符来执行递增和递减运算，即递增运算符（++）和递减运算符（− −）。递增和递减运算符常用于循环之中。

递增和递减运算符有两种使用方法。一种是将运算符放在变量前面，即先将变量的值做加 1 或减 1 的运算，再将值赋给原变量，叫作前置递增或递减运算；另一种是将运算符放在变量后面，即先返回变量的当前值，然后对变量的当前值做加 1 或减 1 的运算，叫作后置递增或递减运算。

【例 3-12】定义两个变量，将这两个变量分别利用递增和递减运算符进行操作，并输出结果，代码如下。

```
<?php
    $a = $b = 10;
    echo "\$a=$a, \$b=$b<p>";
    echo "\$a++=".$a++."<br>";              //先返回$a 的当前值，然后对$a 的当前值加 1
    echo "运算后\$a 的值： ".$a."<p>";
    echo "++\$b=".++$b."<br>" ;
```

```
    echo "运算后\$b 的值：".$b ;               //对$b 的当前值先加 1，然后返回新值
    echo "<hr><p>";
    echo "\$a--=".$a--."<br>";                 //先返回$n 的当前值，然后对$n 的当前值减 1
    echo "运算后\$a 的值：".$a."<p>";          //对$n 的当前值先减 1，然后返回新值
    echo "--\$b=".--$b."<br>" ;
    echo "运算后\$b 的值：".$b ;
?>
```

运行结果如图 3-12 所示。

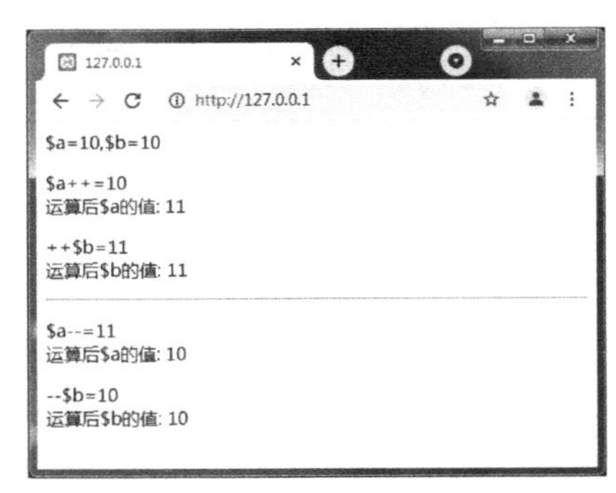


图 3-12　使用递增和递减运算符的运行结果

### 3.3.6　逻辑运算符

逻辑运算符用来处理布尔型数值，是程序设计中非常重要的一组运算符，主要用来判断一件事情是“对”还是“错”，或一个条件是“成立”还是“不成立”。PHP 中的逻辑运算符如表 3-7 所示。

**表 3-7　PHP 中的逻辑运算符**

| 运算符 | 示例 | 说明 |
| --- | --- | --- |
| &&或 and（逻辑与） | $m and $n | 当$m 和$n 都为真时，结果为真，否则为假 |
| \|\|或 or（逻辑或） | $m \|\| $n | 当$m 和$n 都为假时，结果为假，否则为真 |
| xor（逻辑异或） | $m xor $n | 当$m、$n 为一真一假时，结果为真，否则为假 |
| !（逻辑非） | !$m | 当$m 为假时，结果为真，否则为假 |

在逻辑运算符中，逻辑与和逻辑或这两个运算符有 4 种运算符（“&&”“and”“||”“or”），其中属于同一个逻辑结构的两个运算符（如“&&”和“and”）之间却有着不同的优先级，开发时常用“&&”和“||”。

**【例 3-13】**进行逻辑运算，并比较逻辑运算符的优先级，代码如下。

```
<?php
    $a = true;                       //定义布尔型的值
    $b = true;
    $c = false;
    var_dump ($a or $b and $c) ;     //输出逻辑运算的结果
```

```
    echo '<br>';
    var_dump ($a || $b and $c) ;        //输出逻辑运算的结果
?>
```

运行结果如图 3-13 所示。

图 3-13　逻辑运算的运行结果

可以看到两个 if 语句除了“or”和“||”不同之外，其他的完全一样，但受到运算符优先级的影响，最后的结果正好相反。

### 3.3.7　比较运算符

比较运算符也称关系运算符，用于对变量或表达式的值进行比较。如果比较的结果为真，则返回 True；如果比较的结果为假，则返回 False。PHP 中的比较运算符如表 3-8 所示。

**表 3-8　PHP 中的比较运算符**

| 运算符 | 名称 | 示例 |
| --- | --- | --- |
| < | 小于 | $m<$n |
| > | 大于 | $m>$n |
| <= | 小于等于 | $m<=$n |
| => | 大于等于 | $m=>$n |
| == | 相等 | $m==$n |
| != | 不等 | $m!=$n |
| === | 全等 | $m===$n |
| !== | 非全等 | $m!==$n |

比较运算符经常用于 if 条件语句和 while 循环语句等流程控制语句中，用来判断程序执行的条件是否成立。其中，不常见的比较运算符是“===”和“!==”。“$a===$b”，说明$a 和$b 两个变量不但数值相等，而且类型也一样；“$a!== $b”，说明$a 和$b 或是数值不等，或是类型不同。

### 3.3.8　条件运算符

条件运算符可以提供简单的逻辑判断，它是 PHP 中唯一的三元运算符，其语法格式如下。

```
表达式 1?表达式 2：表达式 3
```

如果表达式 1 的值为 True，则执行表达式 2，否则执行表达式 3。

**【例 3-14】**用条件运算符实现一个简单的判断功能。如果表达式 1 的值为真，则输出“条件为真”，否则输出“条件为假”。

```
<?php
    $num = 10;
    echo  ($num == true) ?"条件为真": "条件为假";   //输出条件运算的结果
    echo '<br>';
    echo  ($num === true) ?"条件为真": "条件为假"; //输出条件运算的结果
?>
```

运行结果如图 3-14 所示。

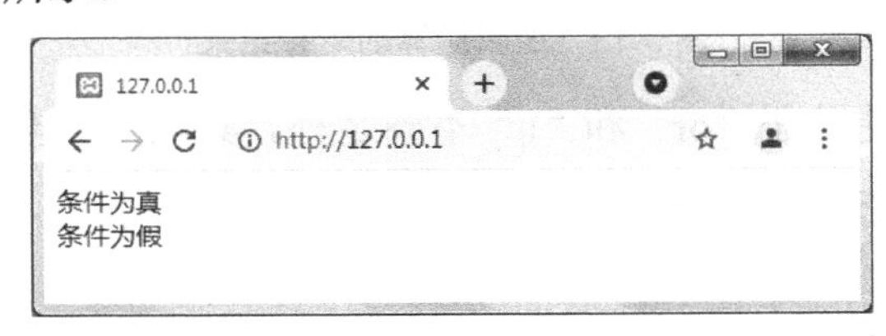


图 3-14　条件运算的运行结果

## 3.3.9　运算符优先级

运算符的优先级，是指在程序中哪一个运算符先计算，哪一个后计算，与数学中四则运算的“先乘除，后加减”是一样的道理。PHP 的运算符有不同的优先级，在运算中遵循的规则是优先级高的先进行运算，优先级低的后进行运算，同一优先级按照从左到右的顺序进行。也可以像四则运算那样使用圆括号修改运算顺序，使括号内的运算最先进行。PHP 运算符的优先级如表 3-9 所示。

**表 3-9　PHP 运算符的优先级**

| 优先级（从低到高） | 运算符 | 优先级（从低到高） | 运算符 |
|---|---|---|---|
| 1 | or | 10 | & |
| 2 | xor | 11 | ==、!= 、===、!== |
| 3 | and | 12 | <、<=、>、=> |
| 4 | 赋值运算符 | 13 | <<、>> |
| 5 | ? : | 14 | +、- |
| 6 | \|\| | 15 | *、/、% |
| 7 | && | 16 | !、～ |
| 8 | \| | 17 | ++、-- |
| 9 | ^ | | |

要记住这么多的优先级是不太现实的，也没有这个必要。如果写的表达式真的很复杂，而且包含较多的运算符，不妨加圆括号，既可以减少错误，也可以增加程序的可读性。

# 3.4　表达式

将运算符和操作数连接起来的式子被称为表达式，它是 PHP 的重要组成部分。根据运算符的不同，表达式可以分为算术表达式、字符串表达式、关系表达式、赋值表达式及逻辑表达式等。

在 PHP 语言中，最基本的表达式形式是常量和变量，如“$a=10”，表示将数值 10 赋给变量$a。

表达式是通过具体的代码来实现的，是用多个符号合成的代码，而这些符号只是对 PHP 解释程序有具体含义的最小单元，它们可以是变量名、函数名、运算符、字符串、数值和圆括号等，如下列代码所示。

```
<?php
    $a = $b = 5;                  //赋值表达式
    $a++;                         //递增表达式
    if ($a < $b)                  //$a < $b 为关系表达式
        echo 'a 小于 b';
?>
```

一个表达式加上一个分号，就是一条 PHP 语句。表达式的应用范围非常广泛，可以用来调用一个数组、创建一个类、给变量赋值等。在编写程序时，应该注意表达式后面的分号“;”的使用，不要漏写，否则有可能使程序无法执行。

# 3.5　数据类型的转换

数据类型的转换是指将变量或值从一种数据类型转化成其他数据类型的过程。转换的方法有两种：一种是自动转换，另一种是强制转换。在 PHP 中，如果没有明确地要求转换数据类型，则都可以使用默认的自动转换。

## 3.5.1　自动转换

在 PHP 中定义常量或变量时，不需要指定常量或变量的数据类型。在不同类型数据的混合运算过程中，PHP 会根据需要将常量或变量转换为合适的数据类型再进行运算，但是在转换时也要遵循一定的规则。下面介绍几种数据类型之间的转换规则。

- 布尔型数据和数值型数据在进行算术运算时，True 被转换为整数 1，False 被转换为整数 0。
- 字符串型数据和数值型数据在进行算术运算时，如果字符串以数字开头，则将被转换为相应的数字，例如，“123abc”被转换为整数 123，“123.456abc”被转换为浮点数 123.456；如果字符串不是以数字开头的，则将被转换为整数 0，例如，“abc123”被转换为整数 0。

● 在进行字符串连接运算时，整数、浮点数将被转换为字符串型数据，布尔值 True 将被转换为字符串“1”，布尔值 False 和 null 将被转换为空字符串“”。

● 在进行逻辑运算时，整数、浮点数、空字符串、字符串、null 及空数组将被转换为布尔值 False，其他数据将被转换为布尔值 True。

**【例 3-15】**根据不同类型的数据进行不同类型的自动转换运算，代码如下。

```
<?php
    $a = true;                      //定义布尔型的变量
    $b = false;
    $c = "100yuan";                 //定义字符串型的变量
    $d = "yuan100";
    $e = 100;                       //定义整型的变量
    $f = 0;                         //定义整型的变量
    var_dump ($a + $e) ;            //$a 由布尔值 True 转换为整数 1
    echo "<br>";
    var_dump ($b + $e) ;            //$b 由布尔值 False 转换为整数 0
    echo "<br>";
    var_dump ($c + $e) ;            //$c 由字符串转换为整数 100
    echo "<br>";
    var_dump ($d + $e) ;            //$d 由字符串转换为整数 0
    echo "<br>";
    var_dump ($a.$e) ;              //$a 由布尔值 True 转换为字符串“1”
    echo "<br>";
    var_dump ($a && $e) ;           //$e 由整数转换为布尔值 True
?>
```

运行结果如图 3-15 所示。

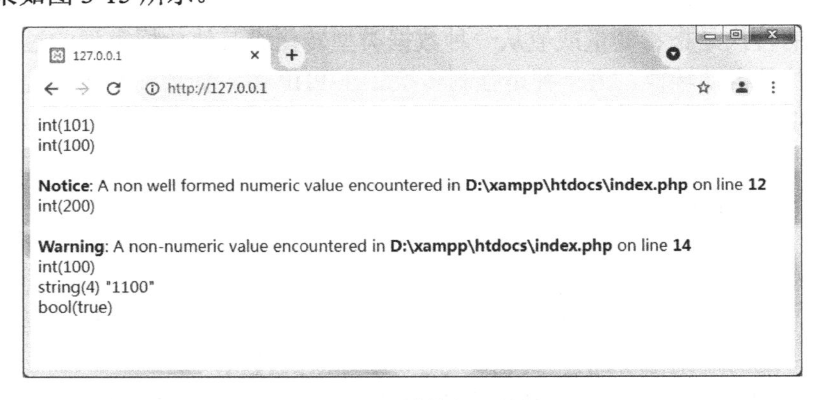


图 3-15　自动转换的运行结果

**注意：**如果在程序运行结果中出现了“Notice: A non well formed numeric value encountered”，则表示遇到一个格式不正确的数值。很多时候程序是可以正常运行的，只是出现了不严谨或者结果不准确等的情况，因此这些提示对于调试程序是非常有用的。根据情况，可以使用错误控制运算符“@”将其忽略。对于例 3-15，只需将代码“$c + $e”中的字符串$c 强制转换为整型数据，即可消除提示。同样，“Warning:A non-numeric value encountered”表示遇到非数字值，也可采用相似的方法进行强制转换。

### 3.5.2　强制转换

1. 使用圆括号括起来的类型名称进行转换

虽然 PHP 是弱类型语言，但有时仍然需要用到强制转换。PHP 中的强制转换非常简单，只需在变量前加上用圆括号括起来的目标类型。PHP 中允许转换的类型如表 3-10 所示。

**表 3-10　PHP 中允许转换的类型**

| 转换目标类型 | 转换类型 | 举例 |
| --- | --- | --- |
| （boolean）、（bool） | 转换成布尔型 | （boolean）$a、（bool）$b |
| （string） | 转换成字符串型 | （string）$a |
| （integer）、（int） | 换成整型 | （integer）$a、（int）$b |
| （float）、（double） | 转换成浮点型 | （float）$a、（double）$b |
| （array） | 转换成数组 | （array）$a |
| （object） | 转换成对象 | （object）$a |

**【例 3-16】**定义字符串变量$a，对类型进行强制转换，代码如下。

```
<?php
    $a = "100yuan";          //$a 为字符串型变量
    echo (int) $a;           //强制转换为整型数据，并输出
    echo '<br>';
    echo (bool) $a;          //强制转换为布尔型数据，并输出
    echo '<br>';
    echo $a;                 //输出$a
?>
```

运行结果如图 3-16 所示。

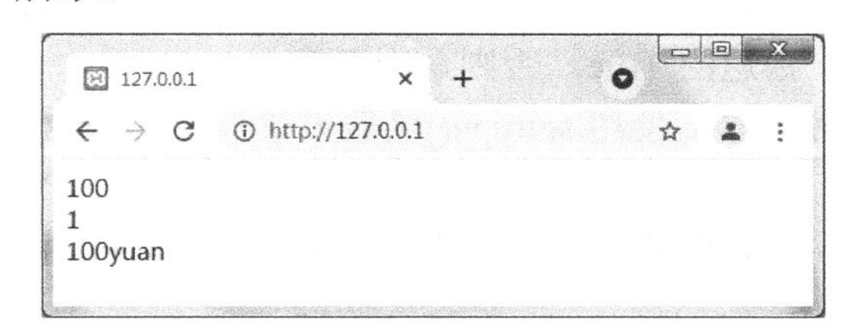


图 3-16　强制转换的运行结果 1

2. 使用以 val 结尾的函数进行转换

常用的函数有 intval()、floatval()、strval()，其语法格式和返回值如表 3-11 所示。

**表 3-11　以 val 结尾的函数**

| 函数名 | 语法格式 | 返回值 |
| --- | --- | --- |
| intval() | int intval（mixed var） | 返回 var 的整数值 |
| floatval() | float floatval（mixed var） | 返回 var 的浮点数值 |
| strval() | string strval（mixed var） | 返回 var 的字符串值 |

**【例 3-17】** 使用以 val 结尾的函数对一个字符串型变量进行转换，代码如下。

```
<?php
    $a = "3.14abc";            //$a 为字符串型变量
    echo floatval ($a) ;       //强制转换为浮点型数据，并输出
    echo '<br>';
    echo intval ($a) ;         //强制转换为整型数据，并输出
    echo '<br>';
    echo $a;                   //输出$a
?>
```

运行结果如图 3-17 所示。

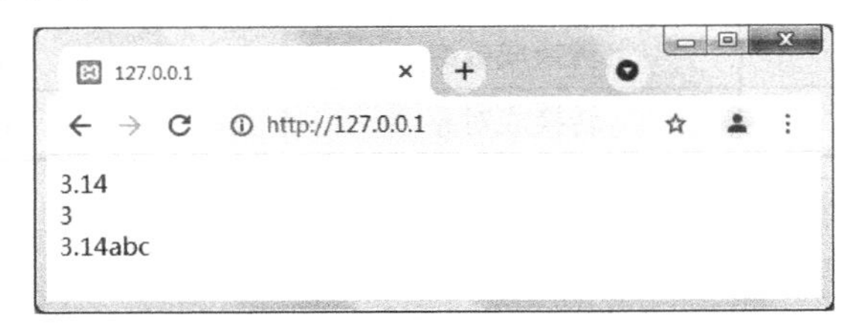


图 3-17　强制转换的运行结果 2

3. 使用 settype()函数进行转换

强制转换还可以通过 settype()函数来完成，该函数可以将指定的变量转换成指定的数据类型，其语法如下。

```
settype ( var, type )
```

- 参数 var 为指定的变量。
- 参数 type 为指定的类型，有 7 个可选值：boolean、float、integer、array、null、object 和 string。如果转换成功，则返回 True，否则返回 False。

**注意：** 与前面两种方法不同，使用 settype()函数设置变量的数据类型时，变量本身的数据类型将会发生变化。

**【例 3-18】** 使用 settype()函数对变量进行类型转换，代码如下。

```
<?php
    $a = "3.14abc";                //$a 为字符串型变量
    settype ($a, 'float') ;        //强制转换为浮点型数据，成功则返回 True
    var_dump ($a) ;                //输出$a
    echo '<br>';
```

```
    settype ($a, 'int') ;          //强制转换为整型数据，成功则返回 True
    var_dump ($a) ;                //输出$a
?>
```

运行结果如图 3-18 所示。

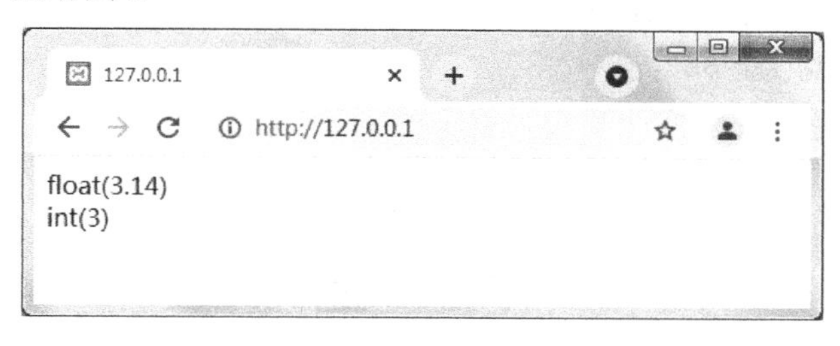


图 3-18　强制转换的运行结果 3

# 小　　结

本章主要介绍了 PHP 语言的基础知识，包括常量、变量、运算符、表达式、数据类型的转换。这些基础知识是本课程的基本组成部分和核心内容，掌握了本章知识，对后面课程的学习能起到事半功倍的作用。

# 上机指导

已知圆的半径，根据圆的面积公式，应用算术运算符计算圆的周长和面积。运行结果如图 3-19 所示。

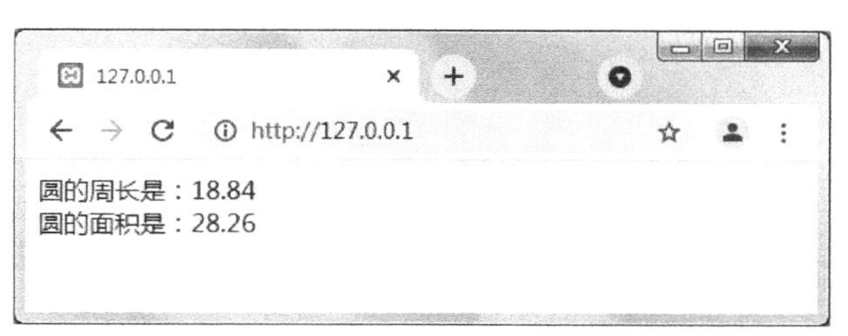


图 3-19　计算圆的周长和面积的运行结果

代码编写步骤如下。

① 声明三个变量，分别表示圆的半径、周长和面积。

② 根据圆的周长公式，应用算术运算符计算圆的周长。

③ 根据圆的面积公式，应用算术运算符计算圆的面积。

④ 输出计算结果。

参考代码如下：

```
<?php
    $r = 3;
    $l = 2 * 3.14 * $r;
    $s = 3.14 * $r * $r;
    echo "圆的周长是：$l<br>";
    echo "圆的面积是：$s";
?>
```

## 作　　业

1. 如何定义常量及使用常量的值？
2. “=”、“==”、“===”三个运算符的功能各是什么？
3. 简述自动转换数据类型的规则。

# 第 4 章　流程控制语句

**本章要点**

- if、switch 语句
- while、do-while、for 循环语句
- break、continue 语句
- exit 语句

流程控制对于任何一门编程语言来说都是至关重要的，它提供了控制程序步骤的基本手段，用以改变程序的执行顺序，从而控制程序的执行流程。如果没有流程控制语句，程序将从第一条 PHP 语句开始执行，一直运行到最后一条语句。程序结构共有三种基本结构：顺序结构、分支结构（或选择结构）、循环结构，顺序结构是从上到下依次运行，其他两种可以进行流程控制。PHP 中的流程控制语句可细分为三种：条件判断语句、循环控制语句及特殊的流程控制语句。这三种类型的流程控制语句是本章的重点内容。

## 4.1　条件判断语句

条件判断语句是根据不同的条件，执行不同的程序代码的语句。在 PHP 中，条件判断语句分为两种类型：if 语句和 switch 语句。

### 4.1.1　单分支结构 if 语句

单分支结构 if 语句是最简单的条件判断语句，它通过对某段程序附加一个条件来改变程序的执行顺序。如果条件成立就执行这段程序，否则不执行这段程序。PHP 中单分支结构 if 语句的语法如下所示。

```
if （表达式）
    语句块;
```

如果表达式的值为真（True），那么按顺序执行语句块，否则不执行语句块。无论结果如何，都将执行 if 语句后的其他语句。也就是说，是否执行“语句块”取决于“表达式”的真（True）或假（False）。执行单分支结构 if 语句的流程如图 4-1 所示。

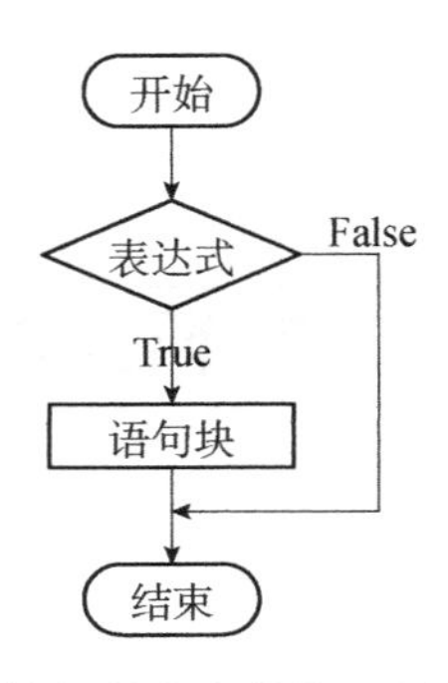


图 4-1　执行单分支结构 if 语句的流程

通过使用复合语句（代码块），if 语句能控制执行多条语句。复合语句是一组用花括号（{ }）括起来的多条语句，语法如下所示。

```
if （表达式）{                          //表达式成立才会执行下面的多条语句
    语句 1;
    语句 2;
    …
    语句 n;
}
```

**【例 4-1】** 定义两个变量$a 和$b，如果$a 大于$b，则输出“$a 大于$b”，代码如下。

```
<?php
    $a = 10;
    $b = 5;
    if ($a > $b)          //判断$a 是否大于$b
        echo '$a 大于$b';  //表达式成立才会输出比较的结果
?>
```

运行结果如图 4-2 所示。

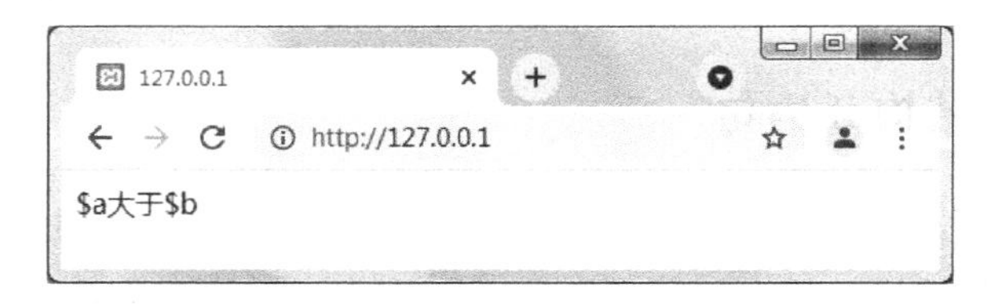


图 4-2　单分支结构 if 语句的运行结果

## 4.1.2　双分支结构 if-else 语句

有时需要在满足某个条件的情况下执行若干条语句，而在不满足该条件时执行其他语句。为此，if 语句提供了 else 子句，else 子句延伸了 if 语句的功能，可以在表达式为 False 的时候执行语句块 2。if-else 语句的语法如下。

```
if （表达式）
```

```
    语句块 1;
else
    语句块 2;
```

如果表达式为真，则执行语句块 1；如果表达式为假，则执行语句块 2。执行双分支结构 if-else 语句的流程如图 4-3 所示。

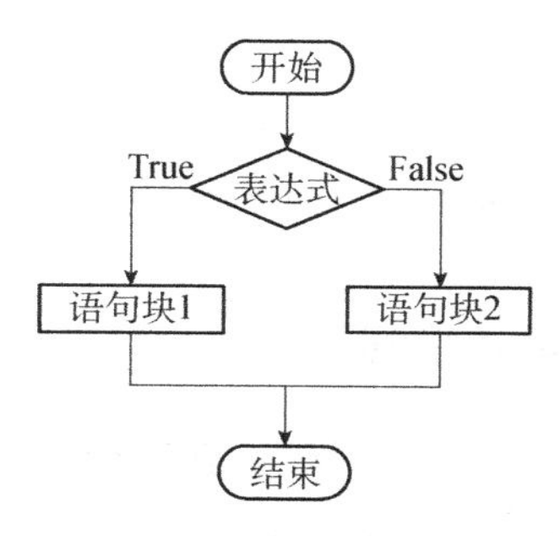


图 4-3　执行双分支结构 if-else 语句的流程

在上面的语法中，语句块 1 和语句块 2 也可以是复合语句，如果是复合语句，则需要用花括号（{ }）括起来，语法格式如下所示。

```
if (表达式) {                         //表达式成立（为真）才会执行下面的多条语句
    语句 1;
    语句 2;
    …
    语句 n;
}else{                                //表达式不成立（为假）才会执行下面的多条语句
    语句 1;
    语句 2;
    …
    语句 m;
}
```

**注意：**在任何情况下，else 都是 if 的子句，必须和 if 一起使用，不能单独存在，否则将会出现语法错误。

**【例 4-2】**定义两个变量$a 和$b，如果$a 大于$b，则输出“$a 大于$b”，否则输出“$b 大于$a”，代码如下。

```
<?php
    $a = 5;
    $b = 10;
    if ($a > $b)          //判断$a 大于$b 是否成立
        echo '$a 大于$b';  //当条件为真时输出此提示
    else
        echo '$b 大于$a';  //当条件为假时输出此提示
```

```
?>
```

运行结果如图 4-4 所示。

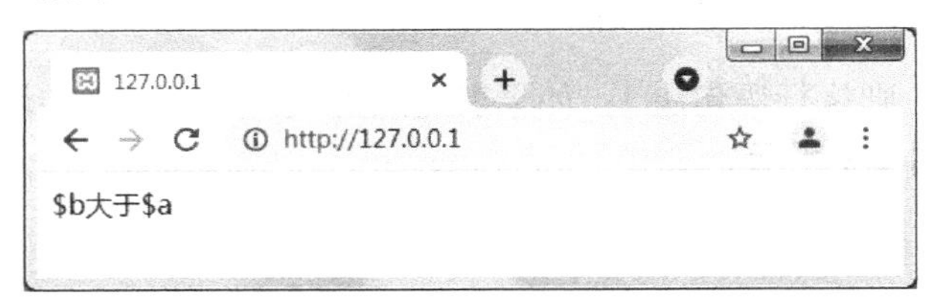


图 4-4　双分支结构 if-else 语句的运行结果

### 4.1.3　多分支结构 if-elseif 语句

使用 if 语句和 else 子句能够描述一些相对复杂的逻辑问题，但是 if-else 语句只能执行两种判断操作，要么执行表达式为真的操作，要么执行表达式为假的操作。如果出现两种以上的选择该怎么办呢？因此，有时侯单分支结构和双分支结构并不能表达完整的语义。考虑到这种情况，PHP 可以使用 elseif 从句来解决多分支问题，其语法格式如下所示。

```
if （表达式 1）
    语句块 1；
elseif（表达式 2）
    语句块 2；
…
elseif（表达式 n）
    语句块 n;
else
    语句块 n+1；
```

在上面的语法格式中，如果表达式 1 为 True，则执行语句块 1；如果判断表达式 2 为 True，则执行语句块 2。以此类推，如果表达式 n 为 True，则执行语句块 n；如果所有表达式都不为 True，则执行 else 子语中的语句块 n +1。根据需要，最后的 else 语句是可以省略的。执行多分支结构 if-elseif 语句的流程如图 4-5 所示。

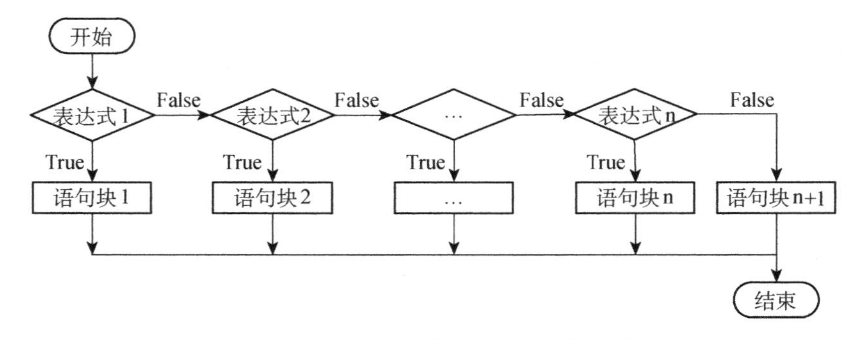


图 4-5　执行多分支结构 if-elseif 语句的流程

**注意：**在 elseif 语句中只能有一个表达式为 True ，即在 elseif 语句中只能有一个语句块被执行，多个 elseif 语句存在互斥关系。

【例 4-3】判断学生的考试成绩，如果成绩大于等于 90 为“优秀”，大于等于 80 为“良好”，大于等于 60 为“及格”，否则为“不及格”，代码如下。

```
<?php
    $score = 80;                         //假设学生成绩为 80
    if ($score >= 90)                    //判断是否大于等于 90
        echo '您的成绩为：优秀！';
    elseif ($score >= 80)                //判断是否大于等于 80
        echo '您的成绩为：良好！';
    elseif ($score >= 60)                //判断是否大于等于 60
        echo '您的成绩为：及格！';
    else                                 //如果以上条件都为 False，则执行 else 语句
        echo '您的成绩为：不及格！';
?>
```

运行结果如图 4-6 所示。

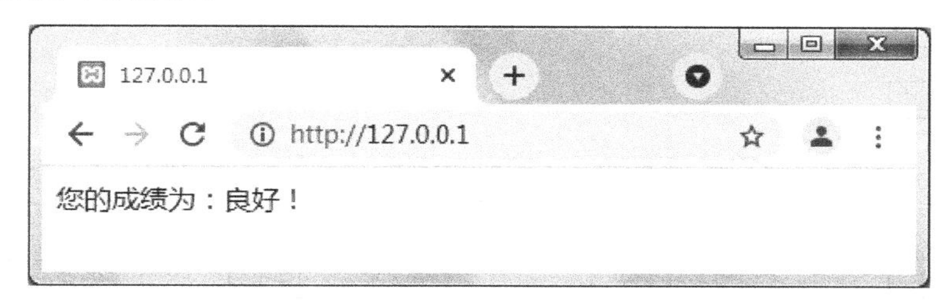


图 4-6　多分支结构 if-elseif 语句的运行结果

### 4.1.4　多分支结构 switch 语句

switch 语句和 if-elseif 语句很相似，也是一种多分支结构。不过，在用 if-elseif 语句时，常用布尔型的表达式作为条件进行分支控制，表达式需要在每一个 elseif 语句中计算一次，较为烦琐。为了避免 if 语句冗长，同时提高程序的可读性，我们可以使用多分支结构 switch 语句（简称 switch 语句）。switch 语句的语法结构如下所示。

```
switch (表达式) {          //求解表达式的值
    case 值 1:            //如果表达式的值和“值 1”匹配，则执行语句块 1
        语句块 1;
        break;            //跳出 switch 语句
    case 值 2:            //如果表达式的值和“值 2”匹配，则执行语句块 2
        语句块 2;
        break;
    ......
    case 值 n:            //如果表达式的值和“值 n”匹配，则执行语句块 n
```

```
        语句块 n;
        break;
    default:            //若与上面的值都不匹配，则执行语句块 n+1
        语句块 n+1;
}
```

执行 switch 语句时，首先计算表达式的值，将结果依次与 case 后面的值 1、值 2…值 n 做比较，如果匹配，则执行该值后的语句块，直到整个 switch 语句结束或遇到 break 语句；如果所有的值都不匹配，则执行 default 后的语句块 n+1。

**注意：**

① 和 if 语句不同的是，switch 语句后面的表达式通常是一个变量，它的数据类型往往是整型或字符串型。

② 与 if 语句中的 else 类似，switch 语句中的 default 可以根据具体情况省略。

③ 在 switch 语句中，可以在匹配多个值时执行同一个语句块。只要将 case 后面的语句设置为空，而且不加 break 语句即可。此时，将会把流程转移到下一个 case 的语句块。

switch 语句的执行流程如图 4-7 所示。

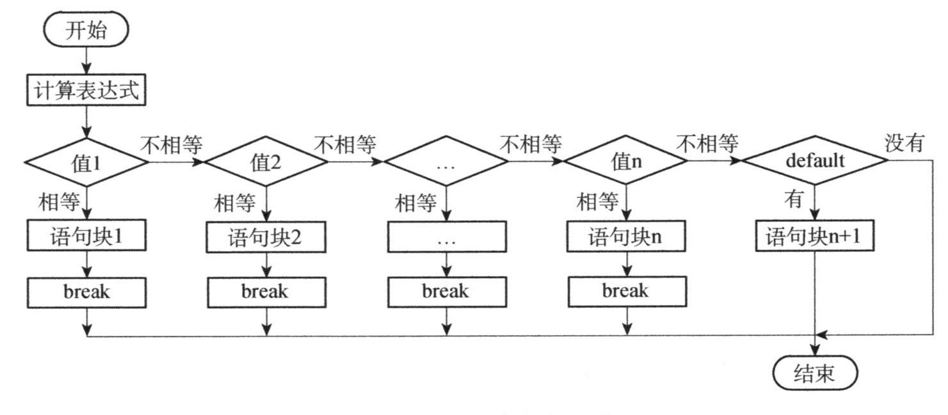


图 4-7　switch 语句的执行流程

**【例 4-4】**用 switch 语句输出今天为星期几，代码如下。

```
<?php
    date_default_timezone_set ('PRC') ;        //设置本地时区
    $weekday = date ('D') ;        //获取$weekday 的值
    switch ($weekday) {            //求解$weekday 的值
        case 'Mon':                //如果表达式的值和“Mon”匹配，则提示“今天是星期一”
            echo '今天是星期一';
            break;                 //跳出 switch 语句
        case 'Tue':                //如果表达式的值和“Tue”匹配，则提示“今天是星期二”
            echo '今天是星期二';
            break;
        case 'Wed':               //如果表达式的值和“Wed”匹配，则提示“今天是星期三”
```

```
        echo '今天是星期三';
        break;
    case 'Thu':                //如果表达式的值和“Thu”匹配，则提示“今天是星期四”
        echo '今天是星期四';
        break;
    case 'Fri':                //如果表达式的值和“Fri”匹配，则提示“今天是星期五”
        echo '今天是星期五';
        break;
    case 'Sat':                //如果表达式的值和“Sat”匹配，则提示“今天是星期六”
        echo '今天是星期六';
        break;
    default:                   //若表达式的值与上面的值都不匹配，则提示“今天是星期日”
        echo '今天是星期日';
  }
?>
```

运行结果如图 4-8 所示。

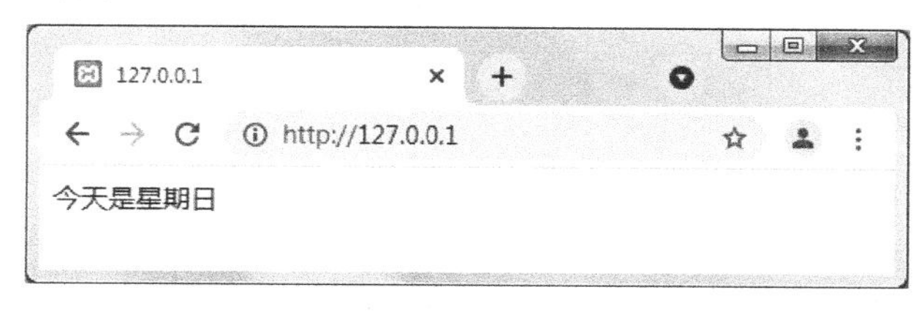


图 4-8　switch 语句的运行结果（运行结果与运行程序的当天日期有关）

# 4.2　循环控制语句

在实际的程序设计中，会经常遇到一些需要重复处理的问题。显然，如果用顺序结构会使代码存在很多重复的部分，以致非常冗长。循环结构可以减少重复书写源程序的工作量，它可以用来描述重复执行的某段算法，这是程序设计中最能发挥计算机特长的程序结构。在 PHP 中提供了 while 循环语句、do-while 循环语句和 for 循环语句三种语句。

## 4.2.1　while 循环语句

while 循环语句是 PHP 中最简单的循环控制语句。其特点是，当给定的条件成立时，则反复执行某段程序，直到条件不成立为止。给定的条件被称为循环条件，反复执行的程序被称为循环体。while 循环语句的语法格式如下。

```
while （表达式）
        语句块;
```

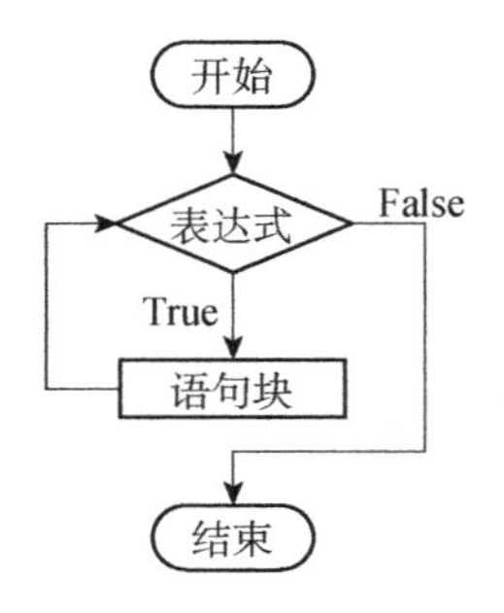

图 4-9　while 循环语句的执行流程

其中，while 循环语句中的表达式一般为关系表达式或逻辑表达式，其值一般为布尔型的真值（True）或假值（False），如果是其他类型的值，最终也会被转换为布尔型数据。while 循环语句的执行流程可以分为如下步骤。

① 判断表达式是否为真；
② 如果不为真（为假），则结束 while 循环语句；
③ 如果为真，则执行 while 循环语句中的语句块；
④ 返回到①继续执行。

while 循环语句的执行流程如图 4-9 所示。

**【例 4-5】**用 while 循环语句输出 10 以内的奇数，代码如下。

```
<?php
    $num = 1;                  //$num 存放 1～10 的任意整数，初始值为 1
    while  ($num < 10) {           //判断$num 是否小于 10
        if  ($num % 2 != 0)        //如果小于 10，则判断是否是奇数
            echo $num.' ';         //如果是奇数，则输出该数
        $num++;                //使$num 增加为需要处理的下一个整数
    }
?>
```

运行结果如图 4-10 所示。

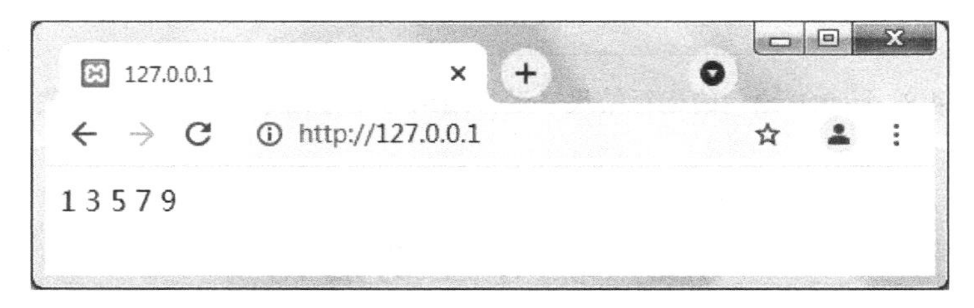

图 4-10　while 循环语句的运行结果

## 4.2.2　do-while 循环语句

do-while 循环语句与 while 循环语句非常相似，但是 do-while 循环语句是先执行循环体中的语句块，再判断表达式是否成立。do-while 循环语句的语法格式如下。

```
do{
        语句块;
    }while （表达式）;
```

执行程序时，先执行语句块，然后判断表达式的值的真和假，如果表达式的值为真（True），则继续执行语句块；如果表达式的值为假（False），则结束 do-while 循环语句。因此，使用 do-while 循环语句时，循环体内的语句块至少被执行一次。

do-while 循环语句的执行流程如图 4-11 所示。

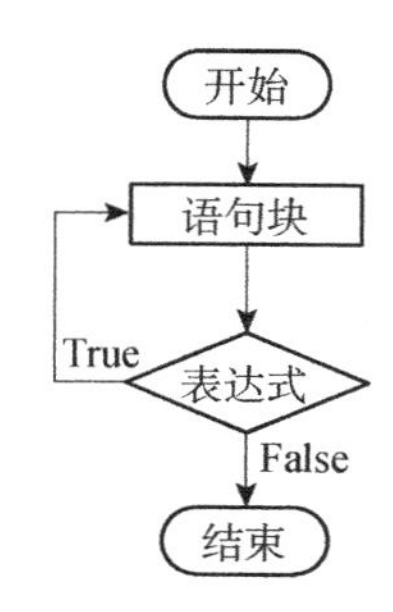


图 4-11　do-while 循环语句的执行流程

**【例 4-6】** 用 do-while 循环语句输出 10 以内的奇数，代码如下。

```
<?php
    $num = 1;                               //$num 存放 1～10 的任意整数，初始值为 1
    do{
        if ($num % 2 != 0)                  //判断$num 是否是奇数
            echo $num.' ';                  //如果是奇数，则输出该数
        $num++;                             //使$num 增加为需要处理的下一个整数
    }while ($num < 10) ;                    //判断$num 是否小于 10
?>
```

运行结果如图 4-12 所示。

图 4-12　do-while 循环语句的运行结果

**注意：** do-while 循环语句要比 while 循环语句多循环一次，当 while 循环语句中的表达式的值为假时，直接跳出当前循环。而 do-while 循环语句则是先执行一遍语句块，然后对表达式进行判断。

### 4.2.3　for 循环语句

for 循环语句是 PHP 中最复杂的循环结构语句。前面讲过的 while 循环语句与 do-while 循环语句是用于特定条件下的循环语句。但与 while、do-while 循环语句不同，for 循环语句能够按照已知的循环次数进行循环。for 循环语句的语法格式如下所示。

```
for (表达式 1; 表达式 2; 表达式 3)
        语句块;                                //循环体
```

其中，表达式 1 为循环变量进行初始化；表达式 2 为循环条件，在每次循环开始前判断循环条件的值的真假。如果值为真，则执行语句块，否则跳出循环，继续往下执行其他的语句；表达式 3 为变量进行递增或递减的操作，在每次执行循环体后执行。执行 for 循环语句的流程图如图 4-13 所示。

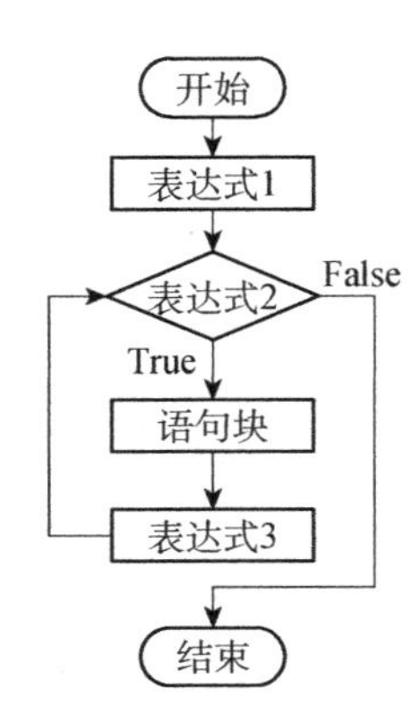


图 4-13　执行 for 循环语句的流程

### 4.2.4　循环结构的应用

**【例 4-7】** 用 for 循环语句编写程序，将九九乘法表打印在表格中，代码如下。

```
<?php
    //外层 for 循环，$i 用于控制乘法表的行数，也代表第二个因数
    for  ($i = 1;  $i <= 9;  $i++) {
        echo '<table border="1">';                    //表格开始标记，边框为 1 像素
        echo '<tr>';                                  //表格中的行开始标记
        //内层 for 循环，$i 用于控制乘法表每行算式的个数，也代表第一个因数
        for  ($j = 1;  $j <= $i;  $j++) {
            echo '<td width=55>';                     //单元格开始标记
            echo "$j*$i=".$i*$j;                      //输出所有的算式
            echo '</td>';
        }
        echo '</tr>';
        echo '</table>';
    }
?>
```

运行结果如图 4-14 所示。

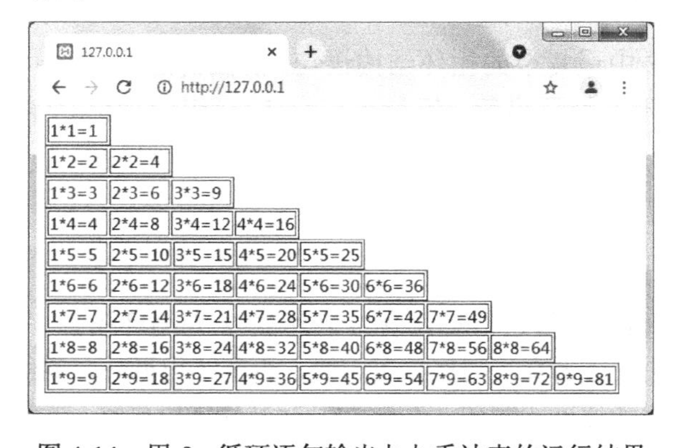


图 4-14　用 for 循环语句输出九九乘法表的运行结果

# 4.3　特殊的流程控制语句

## 4.3.1　break 语句

break 语句可以结束当前的 while、do-while、for、foreach（在数组中使用）和 switch 等的所有控制语句。其实，前面的 switch 语句中已经使用过 break 语句了。在循环结构中，break 语句不仅可以跳出当前循环，还可以指定跳出几重循环。

**【例 4-8】** break 语句的基本应用示例如下。

```
<?php
    for ($i = 1;  $i <= 10;  $i++) {
        if ($i == 6)
            break;               //当$i 的值为 6 时结束循环
        echo $i." ";
    }
?>
```

运行结果如图 4-15 所示。

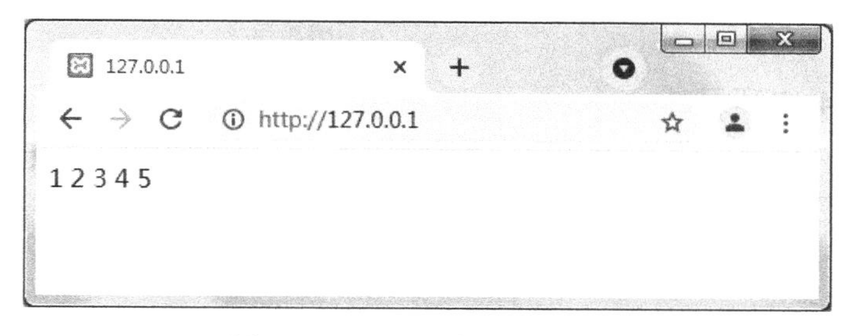


图 4-15　break 语句的运行结果

**【例 4-9】** 在使用 break 语句时，指定参数 n 结束多重循环，应用示例如下。

```
<?php
    for ($i = 1;  $i <= 3;  $i++) {
        for  ($j = 1;  $j <= 10;  $j++) {
         if ($j == 6)
            break 2;           //当$j 的值为 6 时结束两层循环
             echo "\$i=$i \$j=$j<br>";
        }
    }
?>
```

运行结果如图 4-16 所示。

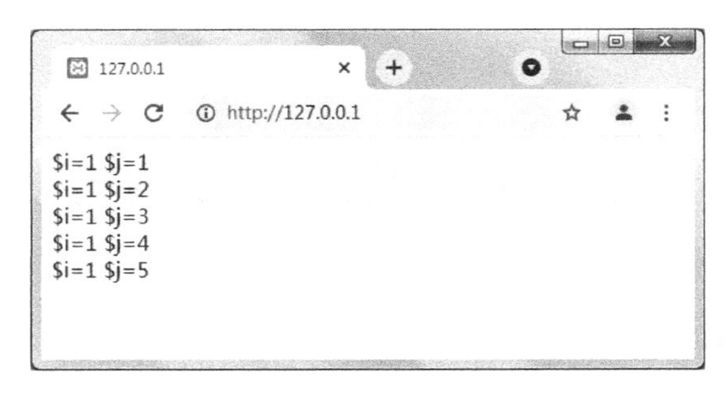


图 4-16　break 语句的运行结果

## 4.3.2　continue 语句

continue 语句的作用是终止本次循环，然后进入下一次的循环中。continue 语句也可以指定跳出几重循环，继续执行下一次循环。

**【例 4-10】**continue 语句的基本应用示例如下。

```
<?php
    for ($i = 1; $i <= 10; $i++) {
        if ($i == 6)
            continue;    //当$i 的值为 6 时结束本次循环，继续进行下一次循环
        echo $i." ";
    }
?>
```

运行结果如图 4-17 所示。

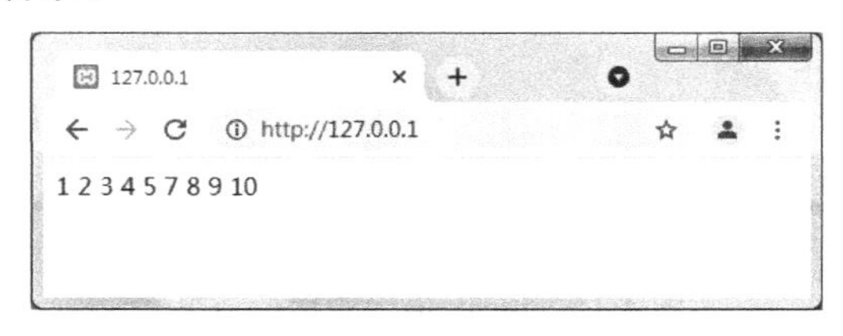


图 4-17　continue 语句的运行结果 1

**【例 4-11】**在使用 continue 语句时，指定参数 n 跳出多重循环，应用示例如下。

```
<?php
    for ($i = 1; $i <= 3; $i++) {
        for  ($j = 1; $j <= 10; $j++) {
        //当$j 的值为 6 时结束两层循环中的本次循环，准备开始下一次的双重循环
         if ($j == 6)
             continue 2;
         echo "\$i=$i \$j=$j<br>";
        }
    }
?>
```

运行结果如图 4-18 所示。

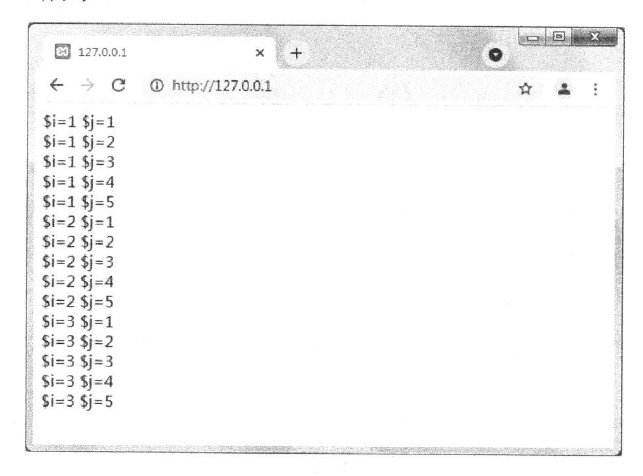


图 4-18　continue 语句的运行结果 2

**注意：**break 语句和 continue 语句都有实现跳转的功能，两者的区别在于，continue 语句只能结束本次循环，准备进入下一次循环，并不是终止整个循环。而 break 语句则是结束整个循环。

### 4.3.3　exit 语句

exit 语句的作用是终止当前整个 PHP 程序的执行。执行 exit 语句后，所有的 PHP 代码都不会再被执行。其语法格式如下所示。

```
void exit ([string message]) ;
```

**【例 4-12】**exit 语句基本应用示例如下。

```
<?php
    $a = 10;
    $b = 0;
    if ($b == 0)
        exit ('错误!除数不能是 0! ') ;          //当$b 的值为 0 时，退出整个程序
    echo $a/$b;
?>
```

运行结果如图 4-19 所示。

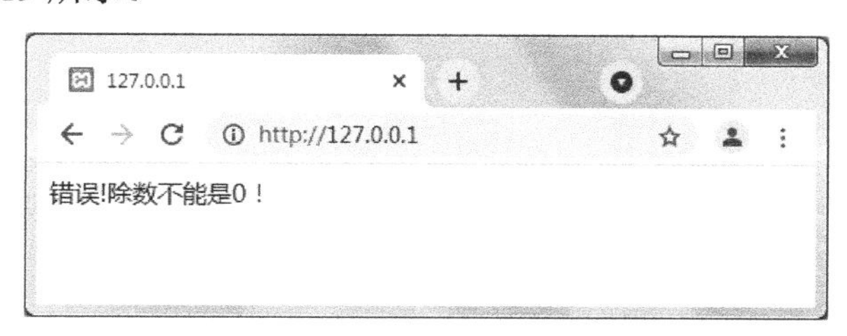


图 4-19　exit 语句的运行结果

# 小　　结

本章主要介绍了条件判断语句、循环控制语句，以及三个特殊的流程控制语句。在实际的程序开发过程中，顺序结构、分支结构和循环结构并不是单一存在的，在循环中有分支结构和顺序结构，分支结构中有循环结构和顺序结构，三者可以相互结合。再者，分支结构中可以嵌套分支，循环结构中也可以嵌套循环，要灵活地应用各种结构设计出相应功能的程序。

# 上机指导

素数又称质数。一个大于 1 的自然数，除了 1 和它本身外，不能被其他自然数整除的数叫素数。请编写程序，输出 100 以内的所有素数。运行结果如图 4-20 所示。

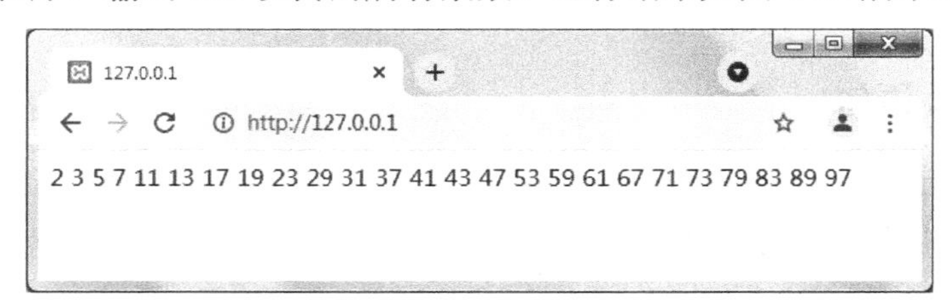


图 4-20　输出 100 以内的所有素数的运行结果

参考代码如下。

```
<?php
    //$i 为 2～99 内的任意整数
    for ($i = 2; $i < 100; $i++) {
        //$j 是 2 到$i 的任意整数，用来测试能否被$i 整除
        for ($j = 2; $j < $i; $j++) {
        //当$i 能整除$j 时，说明除了 1 和它本身以外，还存在其他能被$i 整除的数
            if ($i%$j == 0) {
            //此时，说明$i 不是素数，不需要继续判断，直接结束循环
                break;
            }
        }
        if ($j == $i) {                    //当$j 与$i 相等时，说明$i 是素数
            echo $i.' ';                   //输出素数
        }
    }
```

```
?>
```

# 作　业

1. if 语句有哪三种形式？
2. while 循环语句与 do-while 循环语句有何区别？
3. 简述 break 语句与 continue 语句的功能和区别。

# 第5章　函　　数

**本章要点**

- PHP 函数简介
- 自定义函数的定义、调用
- 自定义函数的参数、返回值
- PHP 文件的引用
- 数字操作函数
- 日期和时间操作函数

函数是由具有一定功能的语句组织在一起的语句块，定义函数的目的是将程序按功能分开，方便使用、管理、阅读和调试。

## 5.1　函数简介

在日常开发中，如果一个功能或者一段代码需要经常使用，则可以把它写成一个自定义函数，在需要的时候进行调用。调用函数是为了简化编程的负担，减少代码量，提高开发效率，达到增加代码重用性、避免重复开发的目的。

### 5.1.1　什么是函数

函数是一个被命名的、独立的代码片段，它用来执行特定的任务，并能给调用它的程序返回一个值。函数将 PHP 程序中烦琐的代码模块化，使程序员无须频繁地编写相同的代码，只要直接调用函数即可实现指定的功能。函数不但可以提高代码的可靠性，而且可以增强代码的可读性，提高程序员的工作效率，节省开发时间。

### 5.1.2　函数的分类

PHP 中的函数可以分为 2 种：系统内置函数和自定义函数。

- 系统内置函数是 PHP 内部已经预定义好的函数，这些函数无须用户自己定义，在编程过程中可以直接使用。例如，前面介绍的 var_dump()、print_r()、settype()等函数都是 PHP 的系统内置函数。
- 自定义函数是程序员根据实际需要编写的一段代码。和系统内置函数不同，自定义函数只有在定义之后才可以使用。

## 5.2 自定义函数

PHP 提供了丰富的系统内置函数，每一个系统内置函数都可以完成特定的功能。如果某个功能模块在 PHP 中没有对应的系统内置函数，则需要自己定义函数，以便使用。

### 5.2.1 自定义函数的定义

定义自定义函数的基本语法格式如下。

```
function 函数名([参数 1, 参数 2, … , 参数 n]){
    函数体;
    [return 返回值;]
}
```

参数说明如下。

关键字 function：声明自定义函数时必须用到关键字。

函数名：函数名可以代表一个函数，是有效的 PHP 标识符。函数名是唯一的，不能重名，其命名应遵守与变量命名相同的规则。

参数 n：外界传递给函数的值，可以有一个参数，也可以有多个参数，参数数量根据需要而定。各参数用逗号“,”分隔。参数的类型不必指定，在调用函数时只要是 PHP 支持的类型都可以使用。

函数体：它位于函数头的后面，是自定义函数的主体，是功能实现部分。

关键字 return：从函数中返回一个值，并结束函数的运行，返回到调用程序处继续执行。

**注意：**函数名是不区分英文字母大小写的；变量的名称要区分英文字母大小写；常量可区分英文字母大小写，也可以不区分英文字母大小写。

### 5.2.2 自定义函数的调用

只有函数完成定义，在调用这个函数时才能执行该函数。调用函数的操作十分简单，只需要引用函数名并赋予正确的参数即可。

**【例 5-1】**定义一个函数 example()，并进行函数调用，代码如下。

```
<?php
    //声明自定义函数
    function example($num){                          //函数头
        echo  "$num + $num = ".($num + $num);        //函数体
    }
    example(5);                                      //调用自定义函数
```

```
?>
```

运行结果如图 5-1 所示。

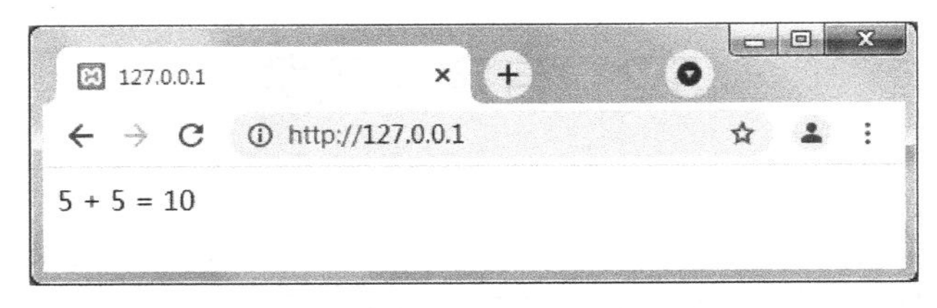


图 5-1　调用自定义函数的运行结果

### 5.2.3　自定义函数的参数

调用自定义函数时，在 PHP 脚本程序中的被调用函数之间有数据传递关系，传入函数的参数被称为实参，而函数中定义的参数被称为形参。参数的传递方式有按值传递方式、按引用传递方式和默认参数方式 3 种。

1. 按值传递方式

将实参的值传递到相应的形参中，在函数内部的操作是针对形参进行的，操作的结果不会影响实参，即函数返回结果后，实参的值不会改变。

**【例 5-2】** 定义一个函数 example()，采用按值传递方式在函数内对传入的成绩进行折算和输出，代码如下。

```
<?php
    $score = 98;
    //声明自定义函数
    function example ($score) {                    //函数头
        $score = $score * 0.5;                     //折算成绩
        echo "在函数内\$score=$score<p>";         //输出成绩
    }
    example ($score) ;                             //调用自定义函数，按值传递参数
    echo "在函数外\$score=$score";
?>
```

运行结果如图 5-2 所示。

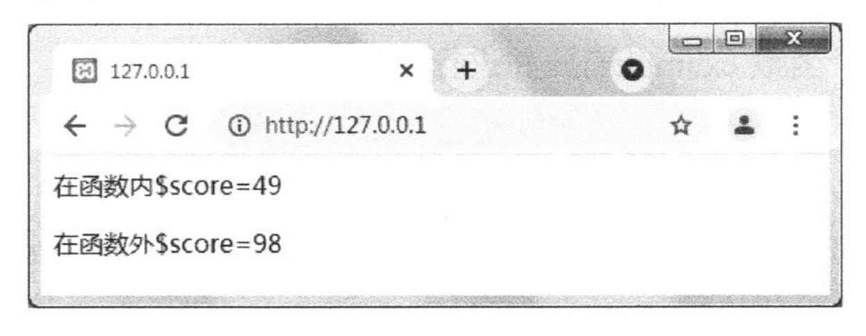


图 5-2　采用按值传递方式的运行结果

### 2. 按引用传递方式

按引用传递方式就是将实参的内存地址传递给形参的方式。这时，函数内部的所有操作都会影响实参的值，函数返回结果后，实参的值会发生变化。使用按引用传递方式就是在传值时在参数前加“&”。

**【例 5-3】** 定义一个函数 example()，用按引用传递方式在函数内对传入的成绩进行折算和输出，代码如下。

```
<?php
    $score = 98;
    function example (&$score) {                    //声明自定义函数
        $score = $score * 0.5;                      //折算成绩
        echo "在函数内\$score=$score<p>";           //输出成绩
    }
    example ($score) ;                              //调用自定义函数，按引用传递参数
    echo "在函数外\$score=$score";
?>
```

运行结果如图 5-3 所示。

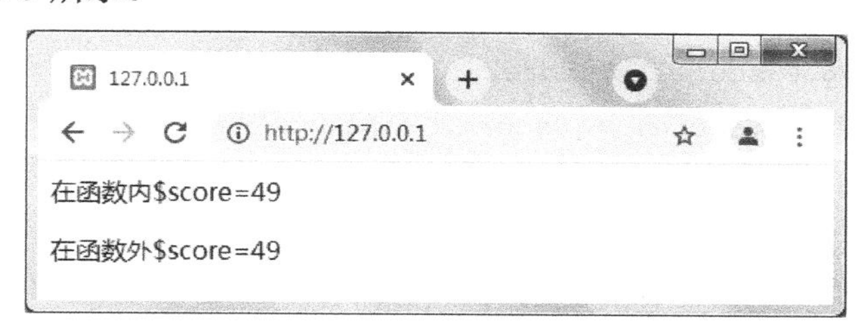


图 5-3　采用按引用传递方式的运行结果

### 3. 默认参数方式

还有一种设置参数的方式，即默认参数方式。我们可以指定某个参数为默认参数，将默认参数放在参数列表末尾，并且指定其默认值。

**【例 5-4】** 定义一个函数 example()，再定义一个默认参数，采用默认参数方式在函数内对传入的成绩进行折算和输出，代码如下。

```
<?php
    function example ($score, $discount=0.5) {   //声明自定义函数
        $score = $score * $discount;             //折算成绩
        echo "\$score=$score<p>";                //输出成绩
    }
    example (98) ;                               //调用自定义函数
    example (98, 0.7) ;                          //再次调用自定义函数
?>
```

运行结果如图 5-4 所示。

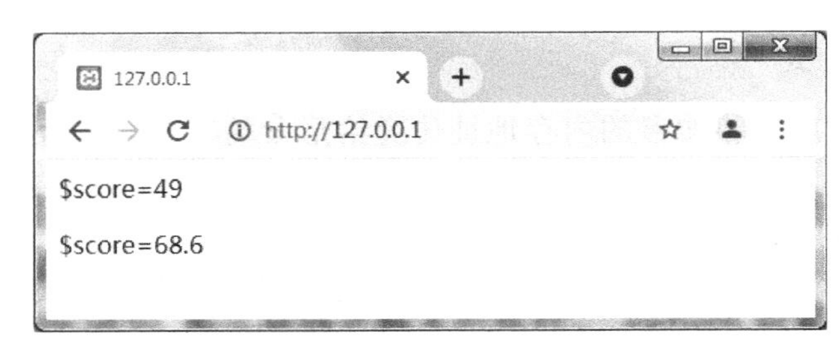


图 5-4　采用默认参数方式的运用结果

**注意：**当使用默认参数方式时，默认参数必须放在非默认参数的右侧，否则函数可能出错。

### 5.2.4　自定义函数的返回值

通常，自定义函数使用关键字 return 将返回值传递给函数调用者，return 语句是可省略的。需要注意的是，如果在全局作用域内使用 return 语句，那么将终止脚本的执行。return 后紧跟要返回的值，可以是变量、常量、数组或表达式等。

**【例 5-5】**应用 return 语句返回一个数。先定义函数 avg()，这个函数的作用是输入一个学生的 3 科成绩，然后计算平均成绩并返回平均成绩，最后输出平均成绩，代码如下。

```
<?php
    function avg ($score1, $score2, $score3) {              //声明自定义函数
        $score = ($score1 + $score2 + $score3) / 3;          //计算平均成绩
        return $score;                                       //返回平均成绩
    }
    echo avg (98, 90, 88) ;                                  //调用函数，调用结束后输
                                                               出返回值
?>
```

运行结果如图 5-5 所示。

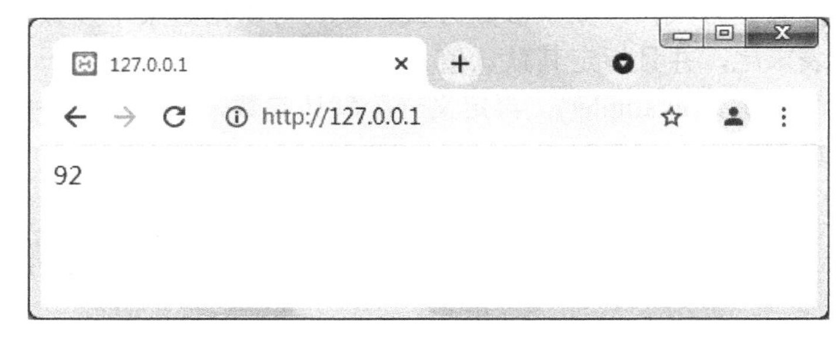


图 5-5　自定义函数返回值的运行结果

**注意：**

① 如果在函数中执行了一个 return 语句，它后面的语句就不会被执行。所以，一个函数往往只有一个 return 语句。

②return 语句只能返回一个参数，就是说只能返回一个值，不能一次返回多个值。当要返回多个值时，可以在函数中定义一个数组，将多个值存储在数组中，然后用 return 语句返回数组。

### 5.2.5 变量的作用域

变量的作用域是指该变量在程序中可以被使用的区域。在使用变量时，要符合变量的定义规则，在有效范围内使用，不能超出有效范围。按作用域可以将变量分为全局变量、局部变量和静态变量。变量作用域的说明如表 5-1 所示。

**表 5-1 变量作用域的说明**

| 变　量 | 说　明 |
| --- | --- |
| 全局变量 | 在函数外部定义的变量。其作用域是整个 PHP 文件，但是在用户自定义函数内部是不可用的。想在用户自定义函数内部使用全局变量，则要使用关键字 global 声明，或者使用全局数组$GLOBALS 进行访问 |
| 局部变量 | 在函数内部定义的变量。这些变量只限于在函数内部使用，在函数外部不能使用 |
| 静态变量 | 能够在函数调用结束后仍保留变量值，当再次回到其作用域时，又可以继续使用原来的值。变量在函数调用结束后，其存储的数据值将被清除，所占的内存空间被释放。使用静态变量时，需要先用关键字 static 声明变量，即在变量之前用关键字 static 声明变量 |

**注意：**默认情况下，全局变量和局部变量的作用域是不相交的，所以可以在函数内部定义与全局变量同名的局部变量。

**【例 5-6】**全局变量和局部变量的应用示例如下。

```
<?php
    $a = 'hello ';
    $b = 'PHP';
    function constr(){
      $b = 'world';
      global $a;          //利用 global 在函数内声明全局变量
      echo $a.$b;
    }
    constr();             //调用函数 constr()
    echo '<br> ';
    echo $a.$b;
?>
```

运行结果如图 5-6 所示。

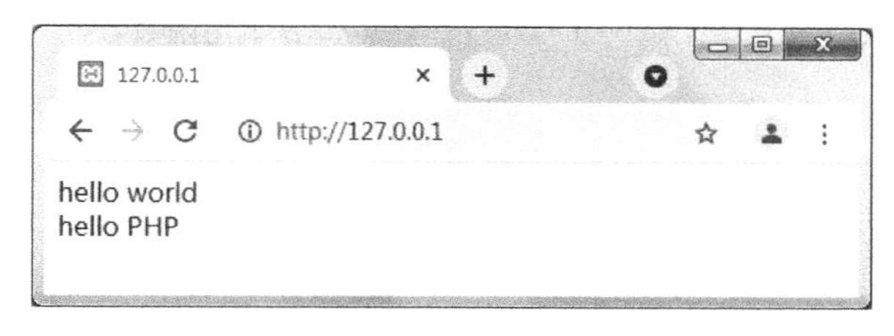


图 5-6 全局变量和局部变量的运行结果

除了通过关键字 global 在函数内声明全局变量，还可以使用全局数组$GLOBALS 来访问全局变量。基于例 5-6 用$GLOBALS 替代 global，代码如下。

```
<?php
    $a = 'hello ';
    $b = 'PHP';
    function constr(){
      $b = 'world';
      echo $GLOBALS['a'].$b;      //利用全局数组$GLOBALS 获取全局变量的值
    }
    constr();                     //调用函数 constr()
    echo '<br>';
    echo $a.$b;
?>
```

静态变量在函数内部定义，只限于在函数内部使用。但是，如果执行代码时离开了该函数区域，静态变量的值也不会消失，它具有和程序文件相同的生命周期。也就是说，静态变量一旦被定义，则在当前程序文件结束之前一直存在。

可通过在变量前添加关键字 static 声明静态变量，格式如下。

```
static 变量;
```

**【例 5-7】**静态变量和局部变量的对比代码如下。

```
<?php
    function a(){                               //定义函数 a()
        static $n = 0;                          //声明静态变量$n
        $n += 1;                                //对静态变量的值加 1
        echo $n.' ';                            //输出静态变量
    }
    function b(){                               //定义函数 b()
        $n = 0;                                 //声明局部变量$n
        $n += 1;                                //对局部变量的值加 1
        echo $n.' ';                            //输出局部变量
    }
    for ($i = 0; $i < 5; $i++) a();             //5 次调用函数 a()
    echo '<br>';
    for ($i = 0; $i < 5; $i++) b();             //5 次调用函数 b()
?>
```

运行结果如图 5-7 所示。

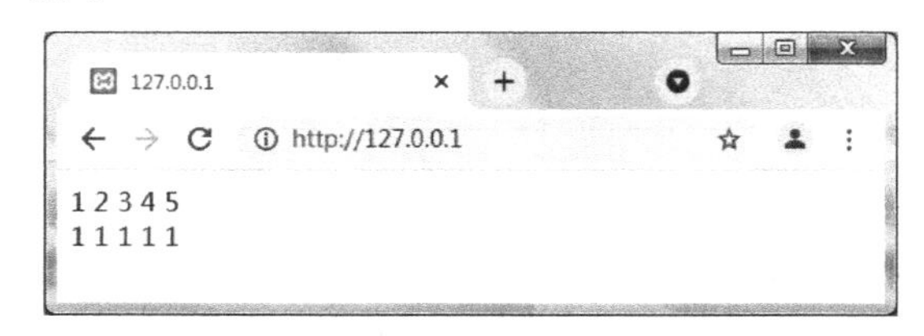


图 5-7　静态变量和局部变量对比的运行结果

# 5.3　PHP 文件的引用

引用文件是指将另一个源文件的全部内容导入到当前源文件中使用的过程。引用外部文件可以减少代码重复，这是 PHP 编程的重要技巧。PHP 中引用文件的方法有 4 种，包括 include 语句、require 语句、include_once 语句和 require_once 语句。

## 5.3.1　include 语句

使用 include 语句引用外部文件时，只有代码执行到 include 语句时才会将外部文件引用进来，并读取文件的内容。当所引用的外部文件发生错误时，系统只给出一个警告提示，而整个 PHP 文件则继续向下执行。其语法如下。

```
void include (string 文件名);
```

其中，文件名是被引用的外部文件的完整路径文件名。

**【例 5-8】**在同一个目录中有两个文件，即 index.php 和 included.php。其中，included.php 为被引用文件。运行 index.php 文件观察引用结果，代码如下。

included.php 文件：

```
<?php
    $str = "I Like PHP";
    echo "这是被引用的文件";
?>
```

index.php 文件：

```
<?php
    include ("included.php");
    echo "<br>主文件的输出为: ".$str;
?>
```

运行结果如图 5-8 所示。

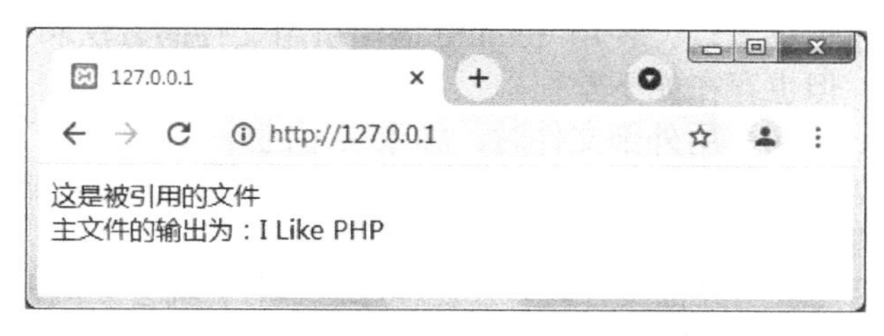


图 5-8　使用 include 语句引用外部文件的运行结果

## 5.3.2　require 语句

require 语句的使用方法与 include 语句类似，都是实现对外部文件的引用。在 PHP 文件被执行之前，PHP 解析器会用被引用的文件的全部内容替换 require 语句，然后与 require 语句之外的其他语句组成新的 PHP 文件，最后按新的 PHP 文件执行程序代码。其语法如下。

```
void require (string 文件名)；
```

其中文件名是被引用文件的完整路径文件名。

**【例 5-9】** 在同一个目录中有两个文件：index.php 和 included.php。在 index.php 文件中使用 require 语句引用 included.php 文件。运行 index.php 文件观察引用结果，代码如下。

included.php 文件：

```
<?php
    $str = "I Like PHP";
    echo "这是被引用的文件";
?>
```

index.php 文件：

```
<?php
    require ("included.php")；
    echo "<br>主文件的输出为：".$str;
?>
```

运行结果如图 5-9 所示。

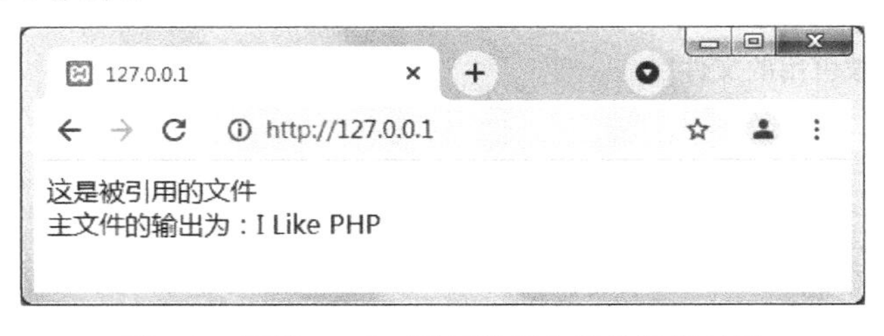


图 5-9　使用 require 语句引用文件的运行结果

### 5.3.3　对比 include 语句和 require 语句

通过上面两个例子能够发现，使用 require 语句引用文件的方法和使用 include 语句引用文件的方法非常相似，但也存在如下差别。

① 在使用 require 语句引用外部文件时，如果引用的外部文件没找到，require 语句就会输出错误信息，并且立即终止脚本处理。而 include 语句在没有找到外部文件时会输出警告提示，不会终止脚本处理。

② 使用 require 语句引用外部文件时，只要程序一执行，就会立刻调用外部文件。而通过 include 语句引用外部文件时，只有程序执行到该语句时才会调用外部文件。

### 5.3.4　include_once 语句和 require_once 语句

在文件导入前，include_once 语句和 require_once 语句会检测该导入文件是否已经在该页面的其他部分被引用。若该文件已经被引用，则不会再引用该文件，程序只会引用一次，而第二次引用的语句不会被执行。

例如，由于 PHP 不允许相同名称的函数被重复声明，因此当导入文件中包含自定义函数时，使用 include_once 语句和 require_once 语句将避免在同一个程序中再次导入这个文件。include_once 语句和 require_once 语句也可以防止多次引用相同的文件导致频繁地进行数据库连接或变量的重复赋值等。

**【例 5-10】** 如果在文件 index.php 中使用 require_once 语句多次引用 included.php 文件，那么程序能成功运行吗？运行 index.php 文件，请认真观察引用结果，代码如下。

included.php 文件：

```
<?php
    echo '这是被引用文件！';
?>
```

index.php 文件：

```
<?php
    require_once ('included.php') ; //第一次引用 included.php
    require_once ('included.php') ; //第二次引用 included.php
    echo "这是主文件！";
?>
```

运行结果如图 5-10 所示。

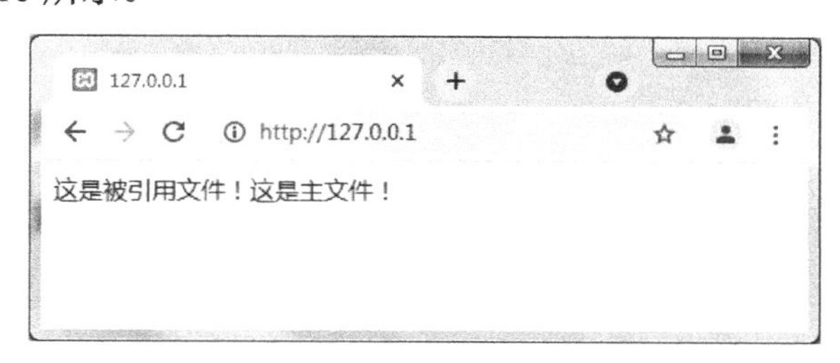


图 5-10　使用 require_once 语句多次引用文件的运行结果

# 5.4　数字操作函数

PHP 中有很多内置的数字操作函数，下面介绍常用的几类。

## 5.4.1　极值函数

如果仅有一个参数且该参数为数组，则用极值函数可返回该数组中的极值。如果第一个参数是整数、字符串或浮点数，则至少需要两个参数才能返回其中的极值。其中，字符串类型数据的大小认定，可参考前面讲过的数据类型自动转换规则。常用的极值函数如表 5-2 所示。

表 5-2 常用的极值函数

| 函数名 | 语法格式 | 说明 |
|---|---|---|
| min() | mixed min (array values)<br>mixed min (mixed value1, mixed value2[, …]) | 返回最小值 |
| max() | mixed max (array values)<br>mixed max (mixed value1, mixed value2[, …]) | 返回最大值 |

**【例 5-11】**极值函数应用示例如下。

```
<?php
    $array = array (564, 1254, 45694, -100) ;    //定义了一个由 4 个数组成的数组
    echo max ($array) .'<br>';
    echo max (5.66, 'fhjmn', -10, 100) .'<br>';
    echo max (5.66, '1000fhjmn', -10, 100) .'<br>';

    echo min ($array) .'<br>';
    echo min (5.66, 'fhjmn', 'abc', 100) ;
?>
```

运行结果如图 5-11 所示。

图 5-11 极值函数的运行结果

## 5.4.2 取整函数

常用的取整函数如表 5-3 所示。

表 5-3 常用的取整函数

| 函数名 | 语法格式 | 说明 |
|---|---|---|
| round() | float round (float value[，int prec[，int mode]]) | 四舍五入 |
| floor() | float floor (float value) | 舍去小数部分取整 |
| ceil() | float ceil (float value) | 若小数部分非零，则返回值的整数部分加 1 |

其中，round()函数可以根据参数 prec 来调整四舍五入的精度，该参数表示在十进制数的小数点后进行四舍五入后的小数个数。prec 可以是正数，也可以是负数或 0（默认值）。参数

mode 为可选参数，详细信息请参考 PHP 手册。

**【例 5-12】**取整函数应用示例如下。

```
<?php
    echo round (3.1415926) .'<br>';
    echo round (3.1415926, 3) .'<br>';
    echo round (45673.1415926, -2) .'<br>';
    echo ceil (3.1415926) .'<br>';
    echo floor (3.1415926) ;
?>
```

运行结果如图 5-12 所示。

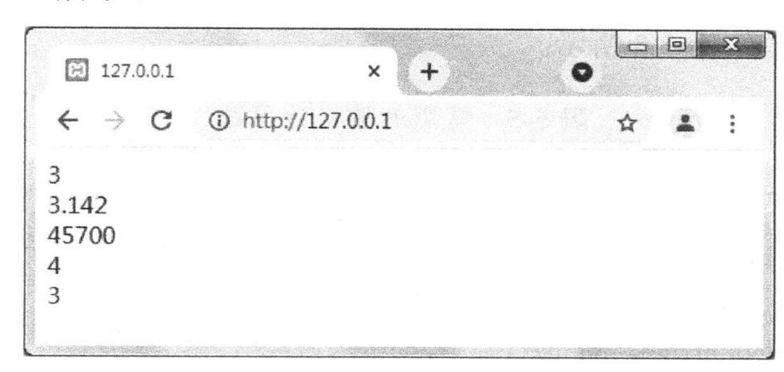


图 5-12　取整函数的运行结果

## 5.4.3　取余函数

此函数类似于算术运算符“%”。常用的取余函数如表 5-4 所示。

**表 5-4　常用的取余函数**

| 函数名 | 语法格式 | 说明 |
|---|---|---|
| fmod() | float fmod(float x, float y) | 返回被除数除以除数所得的浮点数的余数 |

**【例 5-13】**取余函数应用示例如下。

```
<?php
    echo fmod (10, 2) .'<br>';
    echo fmod (10.5, 2) .'<br>';        //结果为小数
    echo fmod (10, 0) .'<p>';           //除数为 0 时没有错误提示

    echo  (10 % 2) .'<br>';
    echo  (10.5 % 2) .'<br>';          //结果为整数
    echo 10 % 0;                       //除数为 0 时将报错
?>
```

运行结果如图 5-13 所示。

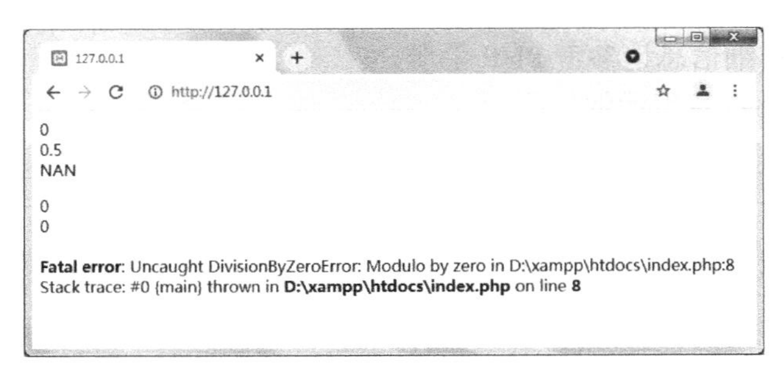


图 5-13　取余函数的运行结果

### 5.4.4　随机数函数

常用的随机数函数如表 5-5 所示。

**表 5-5　常用的随机数函数**

| 函数名 | 语法格式 | 说明 |
| --- | --- | --- |
| rand() | int rand()<br>int rand(int min，int max) | 返回一个随机整数 |
| mt_rand() | int mt_rand()<br>int mt_rand(int min，int max) | 使用 Mersenne Twister 算法返回随机整数 |

Mersenne Twister 算法也被译为马特赛特旋转演算法，与其他已使用的伪随机数发生器相比，它的随机性更好，容易在计算机上实现，占用内存较少，产生随机数的速度快、周期长，周期可达到 $2^{19937}-1$。

**【例 5-14】**随机数函数应用示例如下。

```
<?php
    echo rand().'<br>';
    echo rand().'<br>';
    echo rand().'<hr>';
    echo rand (0, 1000) .'<br>';
    echo rand (0, 1000) .'<br>';
    echo rand (0, 1000) .'<hr>';
    echo mt_rand().'<br>';
    echo mt_rand().'<br>';
    echo mt_rand().'<hr>';
    echo mt_rand (0, 1000) .'<br>';
    echo mt_rand (0, 1000) .'<br>';
    echo mt_rand (0, 1000) .'<hr>';
?>
```

运行结果如图 5-14 所示。

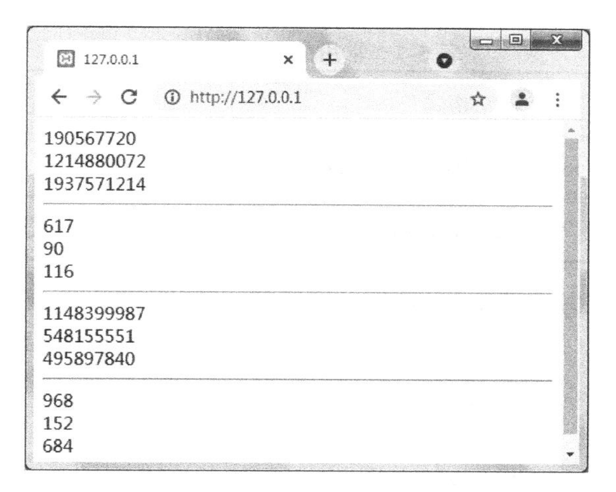


图 5-14 随机数函数的运行结果

## 5.4.5 绝对值函数

常用的绝对值函数如表 5-6 所示。

表 5-6 常用的绝对值函数

| 函数名 | 语法格式 | 说明 |
|---|---|---|
| abs() | mixed abs(mixed number) | 返回数字的绝对值 |

**【例 5-15】** 绝对值函数应用示例如下。

```
<?php
    echo abs (1.5) .'<br>';
    echo abs (-1.5) .'<br>';
    echo abs (456) .'<br>';
    echo abs (-456) ;
?>
```

运行结果如图 5-15 所示。

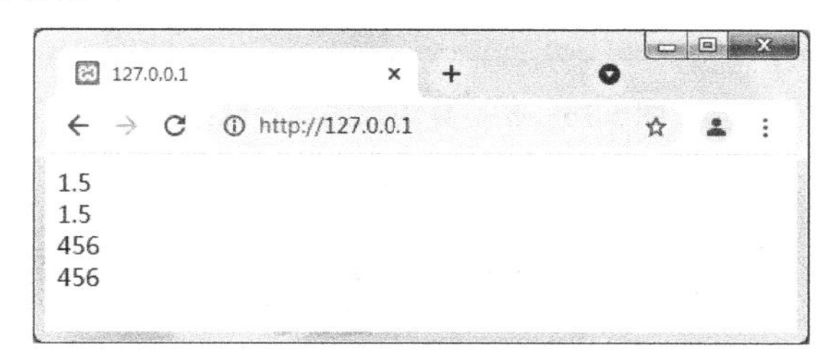


图 5-15 绝对值函数的运行结果

## 5.4.6 幂运算函数

常用的幂运算函数如表 5-7 所示。

**表 5-7　常用的幂运算函数**

| 函数名 | 语法格式 | 说明 |
|---|---|---|
| pow() | mixed pow(mixed base，mixed exp) | 返回 base 的 exp 次方的值 |
| sqrt() | float sqrt(float arg) | 返回平方根 |

**【例 5-16】**幂运算函数应用示例如下。

```
<?php
    echo pow (2, 3) .'<br>';
    echo pow (2.5, 1.5) .'<br>';
    echo pow (2, -3) .'<br>';
    echo pow (50, 50) .'<br>';
    echo pow (500, 500) .'<hr>';
    echo sqrt (100) .'<br>';
    echo sqrt (50) .'<br>';
    echo sqrt (50.5) ;
?>
```

运行结果如图 5-16 所示。

图 5-16　幂运算函数的运行结果

# 5.5　时间和日期操作函数

由于各地区的经度不同、地方时不同，因此世界范围的地区被划分为不同的时区。正式的时区包括 24 个时区，每个时区都有自己的本地时间。为了使各时区相互通信的信息保持一致，因此必须正确地设置时区和时间。

### 5.5.1　设置系统时区的函数

设置系统时区可以使用函数 date_default_timezone_set()，其语法如下。

```
bool date_default_timezone_set (string $timezone_identifier)
```

其中，$timezone_identifier 必须用 PHP 可识别的时区名称，默认为 UTC（协调世界时），北京时间通常使用 PRC、Asia/Shanghai、Asia/Chongqing。

【例 5-17】设置系统时区的函数应用示例如下。

```
<?php
    date_default_timezone_set ('PRC') ;                //设置系统时区为中国
    echo date ('Y-m-d H: i: s', time()) .'<br>';
    date_default_timezone_set ('Asia/Shanghai') ;      //设置系统时区为中国
    echo date ('Y-m-d H: i: s', time()) .'<br>';
    date_default_timezone_set ('Europe/Moscow') ;      //设置系统时区为俄罗斯
    echo date ('Y-m-d H: i: s', time()) ;
?>
```

运行结果如图 5-17 所示。

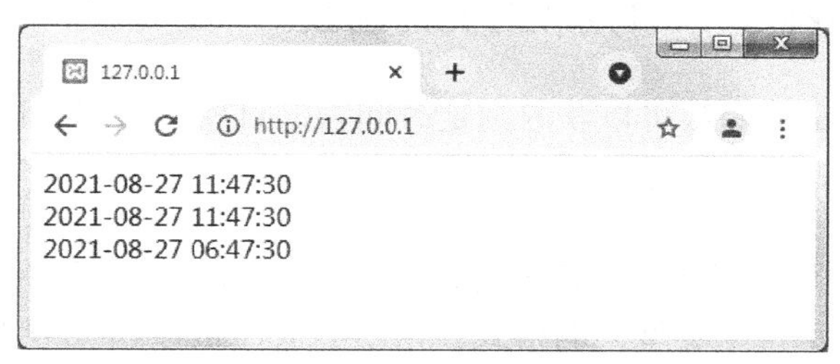


图 5-17　设置系统时区的运行结果

（注：日期和时间信息以程序运行时的日期和时间为准，以下类同）

### 5.5.2　获取时间戳的函数

UNIX 时间戳是以 1970 年 1 月 1 日 0 点的计时起点所经过的秒数（不考虑闰秒）。常用的获取时间戳的函数有两个。

① int time()：其功能为获取当前的 UNIX 时间戳；

② int mktime(int hour,int minute,int second,int month,int day,int year)：其功能是将一个给定的时间转换为 UNIX 时间戳。

【例 5-18】获取时间戳的函数应用示例如下。

```
<?php
    echo time().'<br>';                                //获取当前时间戳
    date_default_timezone_set ('PRC') ;                //设置时区为中国
    echo time().'<br>';
    date_default_timezone_set ('EUROPE/MOSCOW') ;      //设置时区为俄罗斯
```

```
    echo time().'<br>';

    echo mktime().'<br>';                    //获取当前时间戳
    date_default_timezone_set ('PRC');
    echo mktime (1, 0, 0, 1, 1, 2022);       //获取 2022 年 1 月 1 日 1 时的
                                               时间戳
?>
```

运行结果如图 5-18 所示。

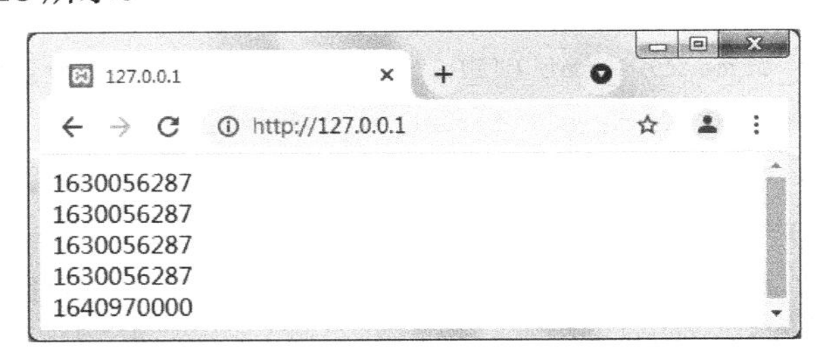


图 5-18　获取时间戳的运行结果

## 5.5.3　将时间戳转换成日期和时间的函数

在 PHP 中，使用 date()函数可以获取指定时间戳的日期和时间，语法格式如下。

```
string date (string format[, int timestamp])
```

其中，timestamp 为可选参数，若省略则表示使用本地时间的当前值。format 是必选参数，用来设置输出的日期（字符串类型）的格式。常用的 format 字符如表 5-8 所示。

**表 5-8　常用的 format 字符**

| format 字符 | 说　明 | 取　值 |
| --- | --- | --- |
| Y | 用 4 位数表示完整的年份 | 如 1998、2021 |
| y | 用 2 位数表示年份 | 如 98、21 |
| L | 是否是闰年 | 如果是闰年，则值为 1；如果不是闰年，则值为 0 |
| F | 月份，完整的文本格式 | January～December |
| m | 用数字表示月份，有前导零 | 01～12 |
| M | 用 3 个字母缩写表示月份 | Jan～Dec |
| n | 用数字表示月份，没有前导零 | 1～12 |
| t | 指定的月份有几天 | 28～31 |
| d | 月份中的第几天，有前导零 | 01～31 |
| D | 星期中的第几天，由 3 个字母缩写表示 | Mon～Sun |
| j | 月份中的第几天，没有前导零 | 1～31 |
| l（“L”的小写） | 星期几，完整的文本格式 | Sunday～Saturday |

续表

| format 字符 | 说　明 | 取　值 |
| --- | --- | --- |
| N | ISO-8601 标准，星期中的第几天，用数字表示 | 1～7，表示星期一到星期日 |
| w | 星期中的第几天，用数字表示 | 0～6，表示星期日到星期六 |
| z | 年份中的第几天 | 0～365 |
| a | 小写的上午和下午 | am 或 pm |
| A | 大写的上午和下午 | AM 或 PM |
| g | 时，12 时格式，没有前导零 | 1～12 |
| G | 时，24 时格式，没有前导零 | 0～23 |
| h | 时，12 时格式，有前导零 | 01～12 |
| H | 时，24 时格式，有前导零 | 00～23 |
| i | 分，有前导零 | 00～59 |
| s | 秒，有前导零 | 00～59 |
| u | 毫秒 | 123456 |
| e | 时区标识 | UTC，Asia / Shanghai |
| I | 是否为夏令时 | 如果是夏令时，则值为 1；如果不是夏令时，则值为 0 |
| O | 与 UTC 相差的小时数 | 如+0200，-0200 |
| P | 与 UTC 相差的小时数，时和分之间由冒号分隔 | 如+02:00，-02:00 |
| T | 本地计算机所在的时区 | EST、MDT、CST |
| Z | 时差偏移量的秒数 | -43200～43200 |
| U | UNIX 时间戳 | 如 1630052180 |

**【例 5-19】**将时间戳转换为日期和时间的应用示例如下。

```
<?php
    echo date ('Y-m-d h: i: s a') .'<br>';
    echo date ('Y 年 m 月 d 日是 Y 年的第 z 天! ') ;
?>
```

运行结果如图 5-19 所示。

图 5-19　将时间戳转换为日期和时间的运行结果

# 小　　结

本章主要介绍了 PHP 语言中函数的相关知识，这是在开发过程中应用性极强的知识。熟练掌握这些知识，不但可以简化程序流程，而且可以增强代码的重用性，降低开发成本，提高工作效率。

# 上机指导

计算到今天为止你的出生天数。

思路分析：

① 计算从出生到现在的秒数；

② 将秒数转换为天数；

③ 当得到的天数为小数时，对该数的整数部分加 1。

参考代码如下。

```
<?php
    $second = time() - mktime (18, 0, 0, 11, 11, 2015) ;
    $days = $second / 60 / 60 / 24;
    echo ceil ($days) ;
?>
```

运行结果如图 5-20 所示。

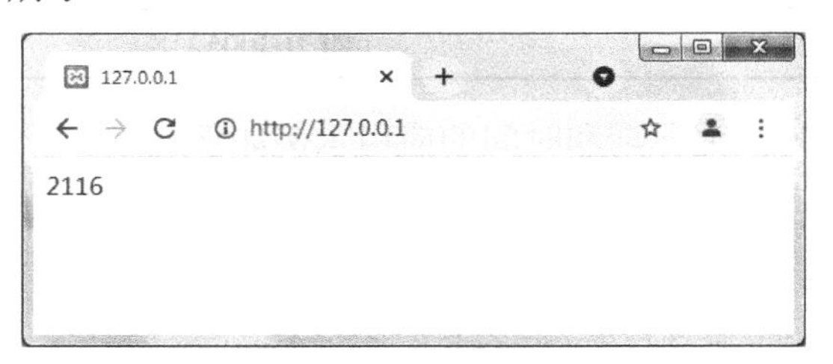


图 5-20　出生天数的运行结果

# 作　　业

1. 写一个获取三个整数中的最大值的函数。
2. 变量按其作用域可以分为哪几种?
3. 简要说明 include 语句和 require 语句的区别。

# 第 6 章　数组与数据结构

**本章要点**

- *一维数组的定义及应用*
- *二维数组的定义及应用*
- *数组的遍历方法*

数组是 PHP 中最重要的数据类型之一，在 PHP 中的应用非常广泛。因为 PHP 是弱数据类型的编程语言，所以 PHP 中的数组变量可以存储任意多个任意类型的数据，并且可以实现强数据类型编程语言的堆、栈、队列等数据结构的功能。

## 6.1　数组的分类

数组的本质是存储、管理和操作一组变量。数组是 PHP 提供的多种数据类型中的一种，属于复合数据类型。在前面介绍了标量变量，一个标量变量就是一个用来存储数值的命名区域。同样，数组是一个用来存储一系列变量值的命名区域。因此，可以使用数组组织多个变量。对数组的操作，也就是对数组的基本组成部分的操作。

在学习 PHP 的数组时会感觉有些复杂，但其功能却比其他高级语言的数组更强大。和其他语言不一样的是，它可以将多种类型的变量组织在同一个数组中，并且 PHP 数组的存储容量还可以根据元素个数的增减自动调整。PHP 还可以使用数组完成其他强数据类型编程语言中的数据结构的功能，如 C 语言中的链表、堆、栈、队列，以及 Java 中的集合等，在 PHP 中都可以使用数组实现。

表 6-1 为个人信息列表，每一条记录为一个联系人信息。每个联系人信息都可以由多个不同类型的数据组成。

**表 6-1　个人信息列表**

| ID | 姓名 | 年龄 | 性别 | 电话 | 电子邮箱 |
|---|---|---|---|---|---|
| 1 | 乔峰 | 25 | 男 | 137123456 | 137123456@qq.com |
| 2 | 虚竹 | 22 | 男 | 135123456 | 135123456@qq.com |
| 3 | 段誉 | 20 | 男 | 155123456 | 155123456@qq.com |

表 6-1 中的每条记录都有联系人的 6 个数据，如果要在程序中使用这些数据，则需要声明 18 个变量，将每个数据存放在一个变量中，以供程序操作。如果在表 6-1 中有 1000 条或更多的记录该怎么处理呢？如果还是使用一个变量存储一个数据，显然不太现实。声明这些

变量不仅需要大量的时间，而且程序在对这些数据进行操作时也会出现混乱。解决办法就是使用复合数据类型声明表 6-1 中的数据，数组和对象都是 PHP 的复合数据类型，都可以用来完成表 6-1 中数据的声明。本章我们主要介绍数组。

数组的用法就是将多个相互关联的数据组织在一起形成集合，作为一个单元使用。例如，将表 6-1 中的一条记录用一个数组声明，这样就可以将每个联系人的 6 个数据用一个复合类型变量声明，组织成一个“联系人”数组，当对一个联系人数组进行处理时，即对表 6-1 中一条记录进行操作。还可以将多个联系人数组存放在另外一个“联系人列表”的数组中，就组成了存放数组的数组，即二维数组。要实现将表 6-1 中所有的数据使用一个变量来声明，只要对这一个联系人列表的二维数组进行处理，就可以对表 6-1 中的每个数据进行操作了。例如，使用双层循环将二维数组中的每个数据遍历出来，以用户定义的格式输出给浏览器。当然，也可以将数组中的数据一起插入到数据库中，还可以很方便地将数组转换成 XML 文件使用。

存储在数组中的单个值被称为数组元素，每个数组元素都有一个相关的索引，可以视为数据在此数组中的识别名称，通常也被称为数组下标，可以用数组下标来访问和下标相对应的元素。也可以将下标称为键名，键名和值之间的关联被称为绑定，键名和值之间相互映射。在 PHP 中，根据数组提供下标的不同方式，将数组分为索引数组（indexed array）和关联数组（associative array）两种。

索引数组的索引值是整数。在大多数编程语言中，数组都有数字索引，以 0 开始依次递增。当需要通过位置来标识数组元素时，可以使用索引数组。

关联数组以字符串作为索引值，这在其他编程语言中非常少见。当需要通过名称来标识数组元素时，可以使用关联数组。

如图 6-1 所示，分别使用索引数组和关联数组表示联系人列表中的一条记录，可以很清晰地看到左侧的索引数组是一组有序的变量，下标只能是整型数据，默认从 0 开始索引。而右侧的关联数组是键值对的无序集合。在使用数组时，不应期望关联数组的键按特定的顺序排列，每个键都是一个唯一的字符串，与一个值相关联并用于访问该值。

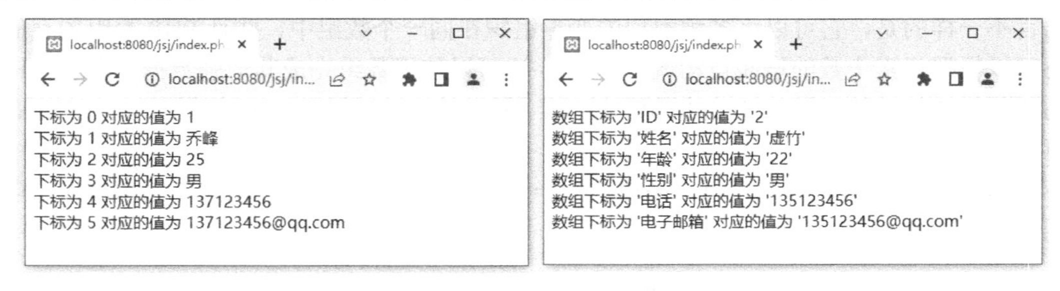


图 6-1　对比索引数组和关联数组

## 6.2　数组的定义

在 PHP 中定义数组非常灵活，与其他编程语言不同，PHP 定义数组时不需要指定数组的大小，甚至不需要在使用数组前先行声明就可以在同一个数组中存储任何类型的数据。PHP 支持一维数组和多维数组，可以由用户创建，也可以由一些特定的数据库处理函数从数据库查询中生成数组，以及使用一些其他函数返回数组。在 PHP 中自定义数组可以使用以下两种方法。

- 直接为数组元素赋值即可声明数组。
- 使用 array()函数声明数组。

使用上面两种方法声明数组时，不仅可以指定元素的值，也可以指定元素的下标，即键名和值都可以由使用者定义。

### 6.2.1　使用直接赋值的方式声明数组

只有一个索引值（下标）的数组被称为一维数组，这是最简单的一种数组，也是最常用的一种数组。使用直接赋值的方式声明一维数组的语法如下所示。

```
$数组变量名[下标]=数组元素值　　//其中索引值（下标）可以是一个字符串或一个整数
```

由于 PHP 的数组没有大小限制，因此在为数组初始化时就一并对数组进行了声明。在下例中声明了两个数组变量，数组变量名分别是 person1 和 person2，再在变量名后面的方括号“[]”中分别使用数字声明索引数组，使用字符串声明关联数组，代码分别如下所示。

```
//使用数字声明索引数组
<?php
    $person1[0]=1;
    $person1[1]="乔峰";
    $person1[2]=25;
    $person1[3]="男";
    $person1[4]="137123456";
    $person1[5]="137123456@qq.com";
?>
```

```
//使用字符串声明关联数组
<?php
    $person2['ID']=2;
    $person2['姓名']="虚竹";
    $person2['年龄']=22;
    $person2['性别']="男";
    $person2['电话']="135123456";
    $person2['电子邮箱']="135123456@qq.com";
?>
```

在上面的代码中声明了 person1 和 person2 两个数组，每个数组都有 6 个元素。因为 PHP 的数组没有大小限制，所以可以在上面的两个数组中用同样的声明方法继续添加新元素。声明数组之后，可通过在变量名后面使用方括号“[]”传入下标，即可访问数组中具体的元素，代码如下所示。

```
//为数字索引数组添加元素，并输出数字索引数组的值
<?php
    $person1[0]=1;
    $person1[1]="乔峰";
    $person1[2]=25;
    $person1[3]="男";
    $person1[4]="137123456";
    $person1[5]="137123456@qq.com";
    echo "第一个人的信息是：". "<br>";
    echo "编号：".$person1[0]."<br>";
    echo "姓名：".$person1[1]."<br>";
    echo "年龄：".$person1[2]."<br>";
    echo "性别：".$person1[3]."<br>";
    echo "电话：".$person1[4]."<br>";
    echo "邮箱地址：".$person1[5]."<br>";
?>
```

索引数组运行结果如图 6-2 所示。

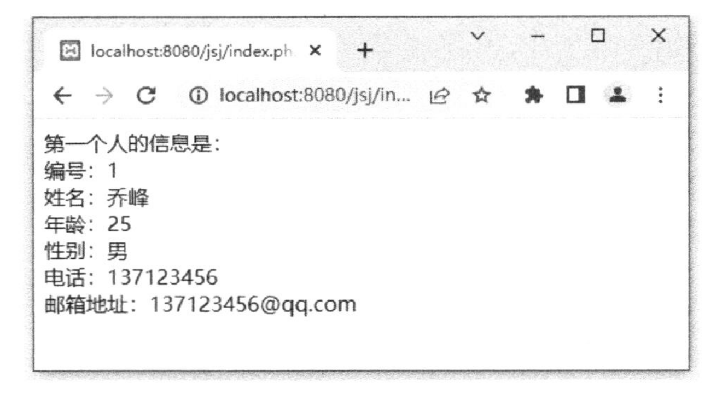


图 6-2　索引数组运行结果

```
<?php
//为关联数组添加元素，并输出关联数组的值
    $person2['ID']=2;
    $person2['姓名']="虚竹";
    $person2['年龄']=22;
    $person2['性别']="男";
    $person2['电话']="135123456";
    $person2['电子邮箱']="135123456@qq.com";
    echo "第二个人的信息是：". "<br>";
    echo "编号：".$person2['ID']."<br>";
    echo "姓名：".$person2['姓名']."<br>";
    echo "年龄：".$person2['年龄']."<br>";
```

```
    echo "性别：".$person2['性别']."<br>";
    echo "电话：".$person2['电话']."<br>";
    echo "邮箱地址：".$person2['电子邮箱']."<br>";
?>
```

关联数组运行结果如图 6-3 所示。

图 6-3　关联数组运行结果

在调试程序时，如果想在程序中查看数组中所有元素的下标和值等内容，则可以用 **print_r()**函数或 **var_dump()**函数打印数组中所有元素的内容，代码如下所示。

```
<?php
//此处省略两个数组元素的定义
...
   print_r ($person1) ;             //输出数组$person1 中所有元素的下标和值
   echo "<br>";
   var_dump ($person1) ;            //输出数组$person1 中所有元素的下标和值，并输出每个
                                      元素的类型
   echo "<br>";
   print_r ($person2) ;             //输出数组$person2 中所有元素的下标和值
   echo "<br>";
   var_dump ($person2) ;            //输出数组$person2 中所有元素的下标和值，并输出每个
                                      元素的类型
?>
```

运行结果如图 6-4 所示。

```
Array ( [0] => 1 [1] => 乔峰 [2] => 25 [3] => 男 [4] => 137123456 [5] => 137123456@qq.com )
array(6) { [0]=> int(1) [1]=> string(6) "乔峰" [2]=> int(25) [3]=> string(3) "男" [4]=> string(9) "137123456" [5]=> string(16) "137123456@qq.com" }
Array ( [ID] => 2 [姓名] => 虚竹 [年龄] => 22 [性别] => 男 [电话] => 135123456 [电子邮箱] => 135123456@qq.com )
array(6) { ["ID"]=> int(2) ["姓名"]=> string(6) "虚竹" ["年龄"]=> int(22) ["性别"]=> string(3) "男" ["电话"]=> string(9) "135123456" ["电子邮箱"]=> string(16) "135123456@qq.com" }
```

图 6-4　使用 print_r()函数和 var_dump()函数输出数组的运行结果

在声明数组时，下标可以混合数字和字符串，代码如下所示。但对于一维数组来说，下标

由数字和字符串混合的情况很少。

```
<?php
    //下标混合数字和字符串
    $person2[0]=2;
    $person2['姓名']="虚竹";
    $person2[1]=22;
    $person2['性别']="男";
    $person2[2]="135123456";
    $person2['电子邮箱']="135123456@qq.com";
?>
```

在上面的代码中声明了一个数组$person2，其中下标混合了数字和字符串。这样，同一个数组既可以使用索引数组访问，又可以使用关联数组访问。声明索引数组时，如果索引值是递增的，可以不在方括号内指定索引值。默认的索引值从 0 开始依次增加，比如数组变量$person2 的索引值为 0、1、2、3、4、5。这种简单的赋值方法，可以非常简便地初始化索引值为连续递增的索引数组。在 PHP 中，索引数组的下标可以是非连续的值，只要在初始化时指定非连续的下标值即可。如果指定的下标值已经声明过，则属于对变量重新赋值。如果没有指定索引值的元素与指定索引值的元素混在一起赋值，那么没有指定索引值的元素的默认索引值，将紧跟指定索引值的元素中的最高的索引值递增，代码如下所示。

```
<?php
    $person2[1]=2;
    $person2['姓名']="虚竹";
    $person2[5]=22;
    $person2['性别']="男";
    $person2[8]="135123456";
    $person2['电子邮箱']="135123456@qq.com";
    print_r ($person2) ;
    echo "<br>";
    var_dump ($person2) ;
?>
```

以上代码混合声明了数组$person2，其下标为 1、5、8，运行结果如图 6-5 所示。

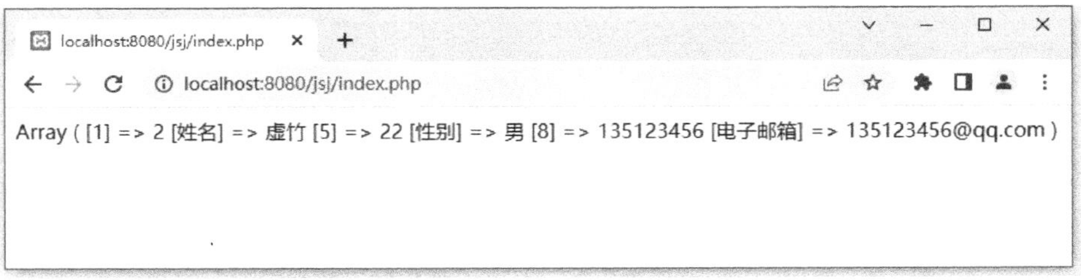
localhost:8080/jsj/index.php
localhost:8080/jsj/index.php
Array ( [1] => 2 [姓名] => 虚竹 [5] => 22 [性别] => 男 [8] => 135123456 [电子邮箱] => 135123456@qq.com )

图 6-5　索引数组和关联数组混合的运行结果

### 6.2.2 使用 array()语句结构新建数组

初始化数组的另一种方法是使用 array()语句结构来新建一个数组。array()语句结构接受一定数量的、用逗号分隔的“key=>value”参数对，语法格式如下所示。

```
$数组变量名=array (key1=>value1, key2=value2, ……, keyn=>$valuen) ;
```

如果不使用“=>”指定下标，则默认为索引数组。默认的索引值从 0 开始依次增加。使用 array()语句结构声明存放联系人的索引数组$person1，代码如下所示。

```
$person1=array (1, "乔峰", 25, "男", "138123456", "138123456@qq.com") ;
```

用以上代码创建一个名为$person2 的数组，其中包含 6 个元素，默认的索引值是从 0 开始递增的整数。如果使用 array()语句结构初始化数组时不希望使用默认值，就可以使用“=>”指定非连续的索引值。和使用直接赋值方法声明数组一样，array()也可以和不指定索引值的元素一起使用没有用“=>”指定索引值的元素，默认索引值也紧跟指定索引值元素中的最高的索引值递增。同样，如果指定的下标值已经声明过，则属于对变量重新赋值。代码如下所示。

```
$person1=array(1,5=>"乔峰",25,8=>"男","138123456",10=>"138123456@qq.com");
```

以上代码混合声明的数组$person1 和前面直接赋值声明的数组一样，输出结果如图 6-6 所示。

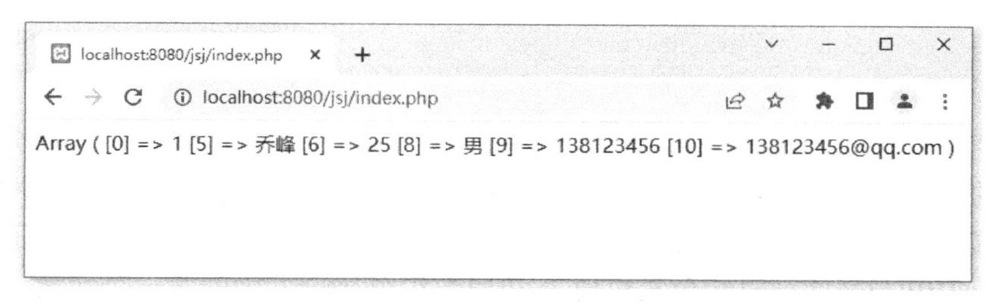


图 6-6 使用 array()语句结构新建数组的输出结果

如果使用 array()语句结构声明关联数组，就必须使用“=>”指定字符串下标。

### 6.2.3 多维数组的声明

数组是一个用来存储一系列变量值的命名区域。在 PHP 中，数组可以存储 PHP 支持的所有类型的数据，包括在数组中存储数组类型的数据。如果数组中的元素仍为数组，就构成了包含数组的数组，即多维数组。

在表 6-1 中有 3 条记录，可以将这 3 条记录声明成 3 个一维数组。对其中的一个一维数组进行处理，即对一条记录进行操作。但如果记录的数量比较多，就需要声明多个一维数组。在程序中对大量的一维数组进行操作是一件非常烦琐的事情，所以我们可以将这些一维数组全部存放到另外一个数组中，这个存放多个一维数组的数组就是二维数组。这样就可以在程序中使用一个变量存储所有数据，只要在程序中对这个二维数组进行处理，即可对整个表中的记录进行操作。

二维数组的声明和一维数组的声明一样，只是前者将数组中的每个元素都声明成了一个数组。当然，也有直接为数组元素赋值或使用 array()函数声明数组的两种方法。代码如下所示。

```
<?php
    $person1=array (
    array (1, "乔峰", 25, "男", 137123456, "137123456@qq.com") ,
    array (2, "虚竹", 22, "男", 135123456, "135123456@qq.com") ,
    array (3, "段誉", 20, "男", 155123456, "155123456@qq.com")
    ) ;
?>
```

在上面的代码中，可以看到使用 array()函数创建了一个二维数组$person1，数组中包含的 3 个元素是使用 array()函数声明的子数组。数组默认采用了数字索引方式，可以使用“=>”指定二维数组中每个元素的下标，代码如下所示。

```
<?php
    $person1=array (
    "河南省经理"=>array (1, "乔峰", 25, "男", 137123456, "137123456@qq.com") ,
    "河北省经理"=>array (2, "虚竹", 22, "男", 135123456, "135123456@qq.com") ,
    "山东省经理"=>array (3, "段誉", 20, "男", 155123456, "155123456@qq.com")
    ) ;
?>
```

前面介绍过，访问一维数组是使用数组的名称和索引值进行访问，二维数组的访问方式和一维数组的是一样的。二维数组是数组的数组，如通过$person1[0]可以访问到数组$person1 的第一个元素，而访问到的这个元素是一个数组，所以可以再通过索引值访问子数组中的元素。如$person1[0][1]是通过第一个索引值 0 访问数组$person1 中的第一个元素，再通过索引值 1 访问数组$person1 [1]中的第二个元素，访问二维数组中的元素代码如下所示。

```
    echo "person1 的姓名是: ".$person1[0][1];
    echo "河南省经理的电子邮箱为: ".$person1["河南省经理"][5];
```

运行结果如图 6-7 所示。

图 6-7　二维数组的运行结果

如果在二维数组的二维元素中还包含数组，就构成了一个三维数组。依此类推，可以创建四维数组、五维数组等多维数组，但三维以上的数组并不常用。

# 6.3　数组的遍历

数组的遍历就是将数组的数据元素一个个访问的过程。

## 6.3.1　使用 for 循环语句遍历数组

在其他编程语言中，数组的遍历通常都使用 for 循环语句，可通过数组的下标来访问数组的每个成员元素，但要求数组必须有连续的数字索引。而在 PHP 中，不仅可以指定非连续的数字索引，而且还存在以字符串为下标的关联数组，所以在 PHP 中很少使用 for 循环语句遍历数组。使用 for 循环语句遍历连续数字索引的一维数组的代码如下所示。

```
<?php
    $person1=array (1, "乔峰", 25, "男", 137123456, "137123456@qq.com") ;
    echo "<table border='1' width='600' align='center'>";
    echo  "<th> 编 号 </th><th> 姓 名 </th><th> 年 龄 </th><th> 性 别 </th><th> 电 话
</th><th>电子邮箱</th>";
    echo "<tr>";
    for ($i=0; $i<count ($person1) ; $i++)
        {
            echo "<td>".$person1[$i]."</td>";
        }
    echo "</tr>";
    echo "</table>";
?>
```

上面的代码将数组的元素以 HTML 表格的形式输出到浏览器中，并使用 array()语句结构创建一个一维数组$person1，声明时没有指定数组的下标，默认采用数字索引方式，这样就可以使用 for 循环语句了。每次循环指定索引值遍历数组的每个元素，并通过 count()函数传入数组名称、返回数组的长度，for 循环语句的循环次数由数组的长度决定。运行结果如图 6-8 所示。

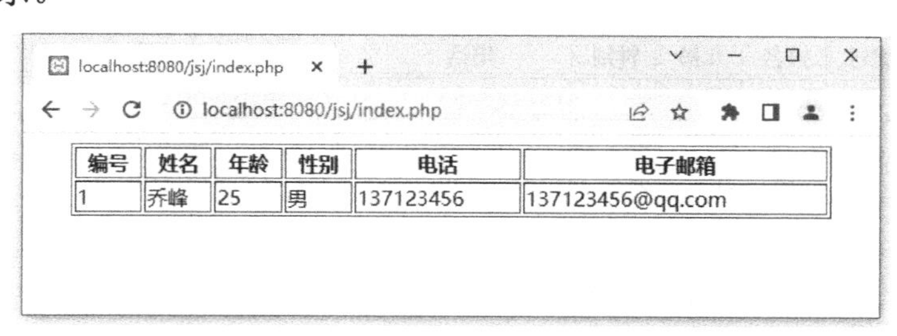


图 6-8　使用 for 循环语句遍历输出一维数组的运行结果

遍历多维数组时，要使用循环嵌套逐层遍历。但如果使用 for 循环语句嵌套来完成遍历，就需要在每层循环中指定正确的索引名称，每层循环的索引值都必须是顺序的数字索引。下方代码使用双层 for 循环遍历二维数组，将二维数组中的数据以 HTML 表格的形式输出。

```
<?php
    $person1=array (
    array (1, "乔峰", 25, "男", 137123456, "137123456@qq.com") ,
    array (2, "虚竹", 22, "男", 135123456, "135123456@qq.com") ,
    array (3, "段誉", 20, "男", 155123456, "155123456@qq.com")
    ) ;
    echo "<table border='1' width='600' align='center'>";
    echo  "<th> 编 号 </th><th> 姓 名 </th><th> 年 龄 </th><th> 性 别 </th><th> 电 话
</th><th>电子邮箱</th>";
    for ($row=0; $row<count ($person1) ; $row++)
        {
            echo "<tr>";
            for ($col=0; $col<count ($person1[$row]) ; $col++)
                {
                    echo "<td>".$person1[$row][$col]."</td>";
                }
            echo "</tr>";
        }
    echo "</table>";
?>
```

上面的代码将二维数组的元素以 HTML 表格的形式输出到浏览器中，并使用 array()函数创建一个二维数组$person1，没有指定数组的下标，默认采用数字索引方式。内层循环遍历每一条记录的一维数组，每循环一次就输出一列数据，而外层循环每执行一次则输出一行数据。其中，代码“count($person1)”返回二维数组$person1 中的元素个数，用于决定外层循环次数。在内层循环中，代码“count($person1[$row])”返回二维数组中每个子数组的元素个数，用决定内层循环次数。运行结果如图 6-9 所示。

localhost:8080/jsj/index.php

| 编号 | 姓名 | 年龄 | 性别 | 电话 | 电子邮箱 |
| --- | --- | --- | --- | --- | --- |
| 1 | 乔峰 | 25 | 男 | 137123456 | 137123456@qq.com |
| 2 | 虚竹 | 22 | 男 | 135123456 | 135123456@qq.com |
| 3 | 段誉 | 20 | 男 | 155123456 | 155123456@qq.com |

图 6-9　使用 for 循环语句遍历输出二维数组的运行结果

### 6.3.2　使用 foreach 语句遍历数组

由于使用 for 循环语句遍历数组时有很多的局限性，所以很少使用。PHP4 引入的 foreach 语句是为 PHP 数组设计的语句，和 Perl 及其他语言很像，是一种遍历数组的简便方法。使用 foreach 语句遍历数组与数组下标无关，不管是连续的数字索引数组，还是以字符串为下标的关联数组，都可以使用 foreach 语句遍历。foreach 语句只能用于数组，自 PHP5 起才可以遍历对象。当将其用于其他数据类型或者一个未初始化的变量时会产生错误。foreach 语句有两种语法格式，如下所示，其中的第二种比较次要，但却是第一种的有用的扩展。

```
<?php
    //第一种语法格式：
    foreach (array_expression as $value)
    {
        //循环体
    }
    //第二种语法格式：
    foreach (array_expression as  $key=>$value)
    {
        //循环体
    }
?>
```

使用第一种语法格式遍历给定的 array_expression 数组时，每次循环中，当前元素的值都被赋给变量$value（$value 是自定义的任意变量），并且把数组内部的指针向后移动一步，因此下一次循环将会得到该数组的下一个元素，直至数组的结尾才停止循环，结束数组的遍历，示例代码如下所示。

```
<?php
    $person1=array (1, "乔峰", 25, "男", 137123456, "137123456@qq.com") ;
    $number=0;
    foreach ($person1 as $value)
    {
        echo "在数组 person1 中第".$number."元素是". $value."<br>";
        $number++;
    }
?>
```

在上面的代码中声明了一个一维数组$person1，将数组$person1 的元素指定了下标，接着使用 foreach 语句遍历数组$person1。第一次循环时，将数组$person1 的第一个元素的值赋给变量$value，输出变量$value 的值，并且把数组内部的指针移动到第二个元素。第二次循环时，再将第二个元素的值重新赋给变量$value，再次输出变量$value 的值，依此类推，直至数组结尾才停止循环。运行结果如图 6-10 所示。

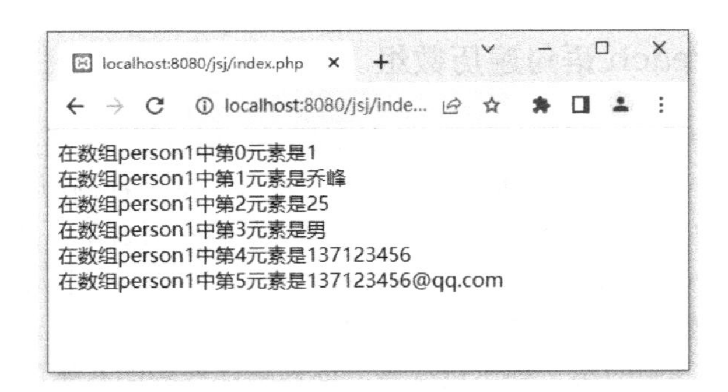


图 6-10　使用 foreach 语句遍历数字索引数组的运行结果

foreach 语句的第二种语法格式和第一种语法格式的作用是一样的，只是前者的当前元素的键名也会在每次循环中被赋给变量$key，代码如下所示。

```
<?php
    $person1=array ( "Id"=>1 , "name"=>" 乔 峰 " , "age"=>25 , "sex"=>" 男 " ,
"phone"=>137123456, "Email"=>"137123456@qq.com") ;
    foreach ($person1 as $key=>$value)
    {
        echo $key."=>".$value."<br>";
    }
?>
```

运行结果如图 6-11 所示。

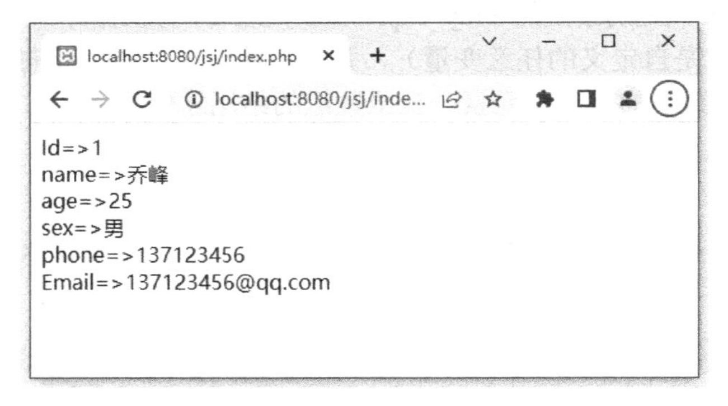


图 6-11　使用 foreach 语句遍历关联数组的运行结果

foreach 语句不但可以遍历一维数组，还可以遍历二维数组或多维数组，现在我们使用 foreach 语句来遍历一个二维数组，代码如下。

```
<?php
    $person1=array (
    array (1, "乔峰", 25, "男", 137123456, "137123456@qq.com") ,
    array (2, "虚竹", 22, "男", 135123456, "135123456@qq.com") ,
    array (3, "段誉", 20, "男", 155123456, "155123456@qq.com")
    ) ;
```

```
        echo "<table border='1' width='600' align='center'>";
        echo  "<th>编号</th><th>姓名</th><th>年龄</th><th>性别</th><th>电话
</th><th>电子邮箱</th>";
        foreach ($person1 as $value)
        //另一种写法：foreach ($person1 as $key=>$value)
            {
                echo "<tr>";
                foreach ($value as $values)
                //另一种写法：foreach ($value as $keys=>$values)
                    {
                        echo "<td>".$values."</td>";
                    }
                echo "</tr>";
            }
        echo "</table>";
    ?>
```

运行结果如图 6-12 所示。

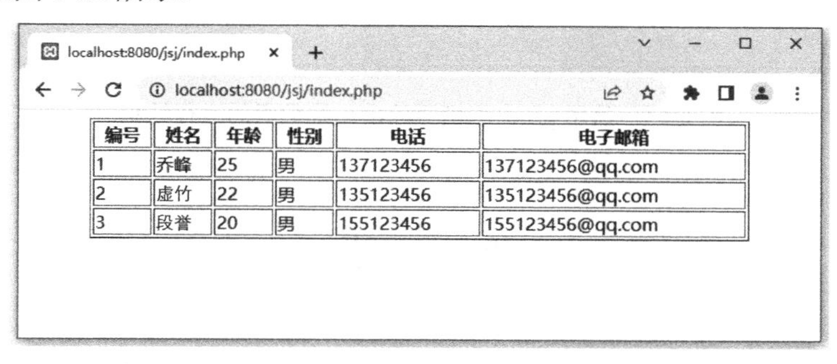

| 编号 | 姓名 | 年龄 | 性别 | 电话 | 电子邮箱 |
|---|---|---|---|---|---|
| 1 | 乔峰 | 25 | 男 | 137123456 | 137123456@qq.com |
| 2 | 虚竹 | 22 | 男 | 135123456 | 135123456@qq.com |
| 3 | 段誉 | 20 | 男 | 155123456 | 155123456@qq.com |

图 6-12　使用 foreach 语句遍历二维数组的运行结果

# 小　　结

本章的重点是一维数组和二维数组的定义方法、一维数组和二维数组的遍历方法，数组在后期开发过程中将会被大量用到，待学过数据库的应用之后，我们将通过数组和数据库中的数据进行转换。

# 上机指导

定义一个二维数组，将数组中的数据通过 print_r()函数输出，参考代码如下。

```
<?php
header ("Content-Type: text/html; charset=utf-8") ;
$atr = array (
"网站"=>array ("PHP", "中文", "网") ,
"体育用品"=>array ("M"=>"足球", "N"=>"篮球") ,
"水果"=>array ("橙子", 8=>"葡萄", "苹果")
) ; //声明数组
print_r ($atr) ; //打印数组
?>
```

运行结果如图 6-13 所示。

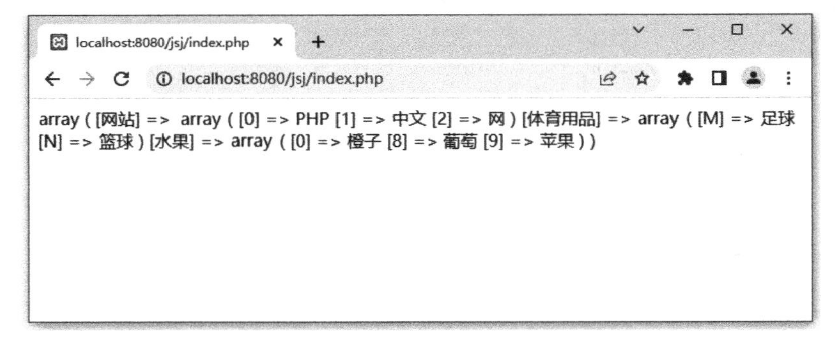


图 6-13　使用 print_r()函数输出二维数组的运行结果

# 作　　业

1. 分别用两种方法创建一个一维数组和一个二维数组。
2. 遍历数组的方法有哪些？

# 第 7 章　PHP 与 Web 的页面交互

**本章要点**

- PHP 的执行过程
- Web 表单的提交方式和接收方式
- 应用 PHP 全局变量获取表单数据
- 文件上传
- 服务器获取数据的其他方法

通过前面的学习可以知道，PHP 是用于 Web 开发的脚本语言。PHP 与 Web 的页面交互是学习 PHP 编程语言的基础。本章将针对 PHP 与 Web 的页面交互的相关知识进行详细讲解。

## 7.1　解析 PHP 的执行过程

PHP 是一种运行在服务器端的语言，可以被嵌入到 HTML 中。其中，HTML 只能提供静态的数据，而 PHP 则可以提供动态的数据。为了方便用户进行交互，通常情况下会将二者结合使用，当用户通过 HTML 页面输入数据后，输入的内容就会从客户端传送到服务器，经过服务器上的 PHP 程序处理后，再将用户所需要的信息返回给客户端。

**【例 7-1】**通过 PHP 程序的提交与接收来了解 PHP 的执行过程，程序代码如下。

```
<form name="form1" method="post" action="index.php">
    <p>姓名：<input type="text" name="user"/></p>
    <p>年龄：<input type="text" name="age"  /></p>
    <p><input type="submit"> </p>
</form>

<?php
if ($_SERVER['REQUEST_METHOD']=='POST')
{
    echo "姓名：".$_POST['user']."<br>";
    echo "年龄：".$_POST['age']."<br>";
    exit;
}
```

```
?>
```

运行结果（PHP 程序提交页面）如图 7-1 所示。

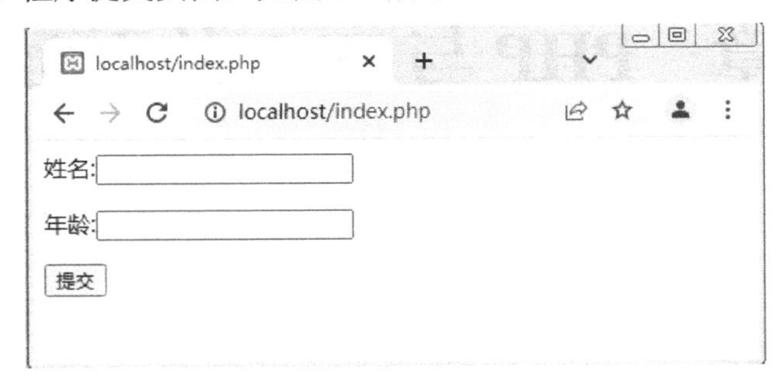


图 7-1　PHP 程序提交页面

当在如图 7-1 所示的 PHP 程序提交页面中输入的姓名是“李明”，年龄是“20”，然后单击“提交”按钮，此时页面显示的结果（PHP 程序接收页面）如图 7-2 所示。

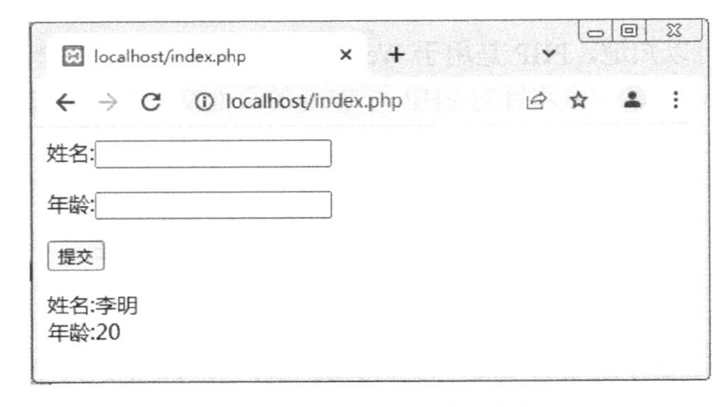


图 7-2　PHP 程序接收页面

从图 7-2 可以看出，姓名和年龄都成功提交了。这个过程看起来非常简单，但 PHP 程序在处理这种页面交互是相当复杂的，如图 7-3 所示是 PHP 页面的处理过程。

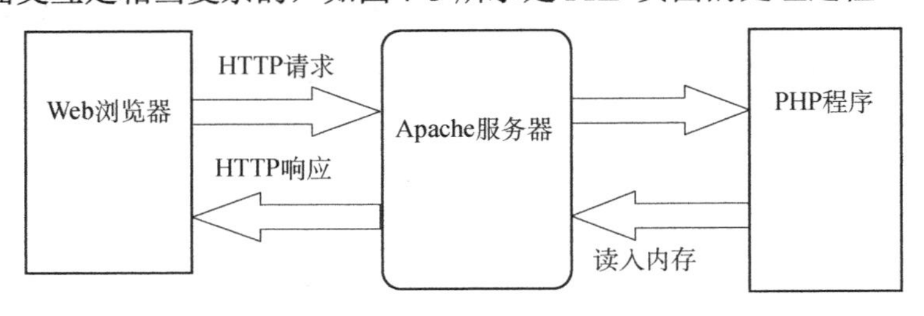


图 7-3　PHP 页面的处理过程

# 7.2　Web 表单

Web 表单主要用来在网页中发送数据到服务器，如提交注册信息时就需要使用表单。当用户填写完信息后进行提交，就会将表单的内容从客户端浏览器传送到服务器，经过服务器上的 PHP 程序进行处理后，再将用户所需要的信息传递回客户端浏览器。一个完整的表单由两部分组成，分别是表单标签和表单元素。

### 7.2.1　表单标签

表单标签用<form></form>标签来表示，它属于 HTML 标签的一种，可以用来显示和提交数据，其基本形式如下。

```
<form name="" method="" action="" enctype="" target="">
    ...
</form>
```

<form></form>标签的属性及其作用如表 7-1 所示。

**表 7-1　<form></form>标签的属性及其作用**

| 属性 | 作用 |
| --- | --- |
| name | 设置表单的名称 |
| method | 设置表单的提交方式，有 GET 和 POST |
| action | 设置接收数据的路径 |
| enctype | 设置提交数据的编码格式 |
| target | 设置返回信息的显示格式 |

### 7.2.2　表单元素

表单元素是指在表单中的一些元素标签，这些元素用于提供用户输入数据的可视化界面。

1. 单行文本输入框（text）

text 属性值一般用来定义表单单行文本输入框，可以输入任何类型的文本、数字或字母，并且只能单行显示，具体语法如下。

```
<input type="text" name="field_name" maxlength=max_value size=size_value value=
"field_value"/>
```

- name：表示文本输入框的名称。
- maxlength：表示文本输入框的最大输入字符数。
- size：表示文本输入框的宽度。
- value：表示文本输入框的默认值。

| 示例代码 | <input name="user"　type="text"　value="请在此输入内容"size="12" maxlength="1000"/> |
| --- | --- |
| 运行效果 | 请在此输入内容 |

2. 密码输入框（password）

password 属性值用来定义密码输入框，输入的内容均以星号“*”或句点“.”显示，具体语法如下。

```
<input type="password" name="filed_name" maxlength="max_length" size="size_ value"/>
```

- name：表示密码输入框的名称。
- maxlength：表示密码输入框的最大输入字符数。
- size：表示密码输入框的宽度（以字符为单位）。

| 示例代码 | <input name="pwd" type="password" size="12" maxlength="20"/> |
|---|---|
| 运行效果 | ········· |

3. 单选按钮（radio）

radio 属性值用来定义单选按钮，在网页中以圆形选项框表示，在单选按钮中必须设置参数 value 的值和 name 属性值，而对于选中的单选按钮来说，往往要设定同样的 name 属性值，这样在传递时才能更好地对某一个选择内容的取值进行判断，具体语法如下。

```
<input type="radio" name="field_name" checked value="value"/>
```

- name：表示单选按钮的名称。
- checked：表示此项为默认选中项。
- value：表示选中后传递到服务器的值。

| 示例代码 | <input name="sex" type="radio" value="1" checked/>男<br><input name="sex" type="radio" value="0"/>女 |
|---|---|
| 运行效果 | ◉男 ○女 |

4. 复选框（checkbox）

checkbox 属性值用来定义复选框，复选框能够进行多项选择，它以一个方框表示，浏览者在若干个选项中进行选择，具体写法如下。

```
<input type="checkbox" name="field_name" value="value"/>
```

- name：表示复选框的名称。
- value：表示选中项目后传送到服务器的值。

| 示例代码 | <input type="checkbox" name= "interest1" value= "sports" checked/>体育<br><input type="checkbox" name= "interest2" value= "music" checked/>音乐<br><input type="checkbox" name= "interest3" value= "film" />影视 |
|---|---|
| 运行效果 | ☑体育 ☐音乐 ☐影视 |

### 5. 普通按钮（button）

button 属性值用来定义普通按钮。普通按钮一般配合脚本进行表单处理，具体语法如下。

```
<input type="button" name="field_name" value="button_text"/>
```

- name：普通按钮的名称。
- value：表示按钮上显示的文字。

| 示例代码 | <input type= "button" name= "submit" value= "按钮" /> |
|---|---|
| 运行效果 | 按钮 |

### 6. 提交按钮（submit）

submit 属性值用来定义提交按钮，提交按钮是一种特殊的按钮，单击该类按钮可以实现表单内容的提交，具体语法如下。

```
<input type="submit" name="field_name" value="submit_text"/>
```

- name：提交按钮的名称。
- value：表示按钮上显示的文字。

| 示例代码 | <input type="submit" name="tijiao" value= "提交" /> |
|---|---|
| 运行效果 | 提交 |

### 7. 重置按钮（reset）

reset 属性值用来定义重置按钮，单击重置按钮可以清除表单的内容，恢复默认设定的表单内容，具体语法如下。

```
<input type= "reset" name= "file_name" value= "重置" />
```

- name：重置按钮的名称。
- value：表示按钮上显示的文字。

| 示例代码 | <input type="reset" name="chongzhi" value="重置" /> |
|---|---|
| 运行效果 | 重置 |

### 8. 图像域（image）

image 属性值用来定义图像域，图像域是可以用在提交按钮位置上的指定图片，这张图片具有按钮的功能，具体语法如下。

```
<input type="image" name="field_name" src="image_url"/>
```

- name：图像域的名称。
- src：图片的路径。

| 示例代码 | <input type="image"name="tuxiangyu"src="image_url"/> |
|---|---|
| 运行效果 | 登录 |

9．隐藏域（hidden）

hidden 属性值用来定义隐藏域，表单中的隐藏域主要用来传递一些参数，而且这些参数不需要在页面中显示，具体语法如下。

```
<input type="hidden"name="field_name"value="value"/>
```

- name：隐藏域的名称。
- value：隐藏域的值。

| 示例代码 | <input type="hidden"name="yincangyu"id=""/> |
|---|---|
| 运行效果 | （看不到任何内容） |

10．文件域（file）

file 属性值用来定义文件域（即文件输入框），在上传文件时经常用到文件域，它可用于查找硬盘中的文件路径，然后通过表单将文件上传，具体语法如下。

```
<input type="file"name="field_name"maxlength="max_value"size="size_ value"/>
```

- name：表示文件域的名称。
- maxlength：表示最大的输入字符数。
- size：表示文件域的宽度（以字符为单位）。

要实现文件上传功能，必须将<form></form>标签的 enctype 属性值设置为 multipart/from-data，method 属性值设置为 POST。

| 示例代码 | <input type="file"name="file"size="16"maxlength="200"> |
|---|---|
| 运行效果 | 选择文件 pic01.jpg |

11．多行文本域（<textarea></textarea>）

<textarea></textarea>标签用来定义多行文本输入框（即多行文本域），它与单行文本输入框的区别在于可以添加多行文字，从而输入更多的文本，具体语法如下。

```
<textarea name="textname"rows="rows_value"cols="cols_value"> </textarea>
```

- name：多行文本域的名称。

- rows：多行文本域的行数。
- cols：多行文本域的列数。

| 示例代码 | <textarea name="remark" cols="20" rows="4"></textarea> |
|---|---|
| 运行效果 | 请输入你的建议 |

12. 选择域（<select></select>和<option></option>）

<select></select>和 <option></option>标签用来定义选择域，又称下拉菜单。下拉菜单可以显示一定数量的选项，如果超出这个数量，会自动出现滚动条，浏览者可以通过拖动滚动条来查看选项，语法如下。

```
<select name="name" size="value">
<option value="value">选项 1</option>
<option value="value">选项 2</option>
<option value="value">选项 3</option>
......
</select>
```

- name：表示选择域的名称。
- size：表示列表的行数。
- value：表示菜单的选项值。

| 示例代码 | <select name="spec" id="spec"><br>　　<option value="0">java 程序设计</option><br>　　<option value="1">html 脚本语言</option><br>　　<option value="2">javascript 脚本语言</option><br>　　<option value="3">php 程序设计</option><br></select> |
|---|---|
| 运行效果 | java程序设计<br>java程序设计<br>html脚本语言<br>javascript脚本语言<br>php程序设计 |

**注意：**上面的示例代码给出了静态菜单项的添加方法。在 Web 程序开发过程中，也可以通过循环语句动态添加菜单项。

### 7.2.3　使用数组提交表单数据

在一个网页中有时并不知道某个表单元素的具体个数，如果在选择复选框的选项时不能确定用户选择了哪几项，这时就需要使用数组命名的方式来解决这个问题。

使用数组的命名方式就是在表单元素的 name 属性值后面加方括号“[]”。当提交表单数据时，相同 name 属性的表单元素就会以数组的方式向 Web 服务器提交多个数据。

例如，对表单中的多个复选框和多个文件域使用数组的命名方式，代码如下。

```
<form name="myform" method="post">
    <input name="interest[]" type="checkbox" value="sports">体育
    <input name="interest[]" type="checkbox" value="music">音乐
    <input name="interest[]" type="checkbox" value="film">影视<br/>
    <input name="pic[]" type="file"><br/>
    <input name="pic[]" type="file"/><br/>
    <input name="pic[]" type="file">
</form>
```

### 7.2.4 表单综合应用

使用表单输入用户的个人信息，并用 POST 传输方法使数据提交到 action 制定的地址中。

**【例 7-2】** 应用$_POST 全局变量获取用户输入的个人信息。

① 新建一个动态网页 index.php，创建一个 form 表单（设置表单数据处理页为 post.php），添加单行文本输入框、单选按钮、复选框、多行文本域、提交按钮和重置按钮，应用表格对表单元素进行合理的布局，程序代码如下。

```
<h1>请输入你的个人信息</h1>
<form id="form1" name="form1" method="post" action="post.php">
  姓名：<input type="text" name="name"><br /><br />
  性别：<input type="radio" name="sex" value="男">男   
     <input type="radio" name="sex" value="女" />女 <br /><br />
  生日：<select name="year">
           <?php
             for ($i=1900; $i<=2010; $i++) {
    echo "<option value='".$i."'". ($i==1988?"selected": "") .">".$i."年
        </option>";
    }
    ?>
        </select>
        <select name="month">
           <?php
            for ($i=1; $i<=12; $i++) {
            echo "<option value='".$i."'". ($i==1?"selected": "") .">".$i.
```

```
                "月</option>";
        }
?>
            </select><br/><br />
    爱好：
        <input type="checkbox" name="interest[]" value="看电影">看电影
        <input type="checkbox" name="interest[]" value="听音乐">听音乐
        <input type="checkbox" name="interest[]" value="演奏乐器">演奏乐器
        <input type="checkbox" name="interest[]" value="打篮球">打篮球
        <input type="checkbox" name="interest[]" value="看书">看书
        <input type="checkbox" name="interest[]" value="上网">上网<br/><br />
      地址：<input type="text" name="address"><br /><br />
      电话：<input type="text" name="tel"><br /><br />
      qq：<input type="text" name="qq"><br /><br />
     自我评价：<textarea name="comment" cols="30" rows="5"></textarea><br/><br />
        <input type="submit" name="Submit" value="提交" />
        <input  type="reset" name="Submit2" value="重置"/>
</form>
```

② 创建一个post.php页面，代码如下。

```
<h1>您输入的个人信息</h1>
<?php
echo "姓名：".$_POST['name']."<br/>";
echo "性别：".$_POST['sex']."<br/>";
echo "生日：".$_POST['year']."年".$_POST['month']."月"."<br/>";
echo "爱好：";
for ($i=0; $i<count ($_POST['interest']) ; $i++) {
 echo $_POST['interest'][$i]."\n";
 }
echo "<br/>";
echo "地址：".$_POST['address']."<br/>";
echo "电话：".$_POST['tel']."<br/>";
echo "QQ：".$_POST['qq']."<br/>";
echo "自我评价：".$_POST['comment'];
?>
```

在浏览器中运行index.php，并输入用户的个人信息，如图7-4所示。然后单击“提交”按钮，可以看到post.php页面中会显示输入的个人信息，如图7-5所示。

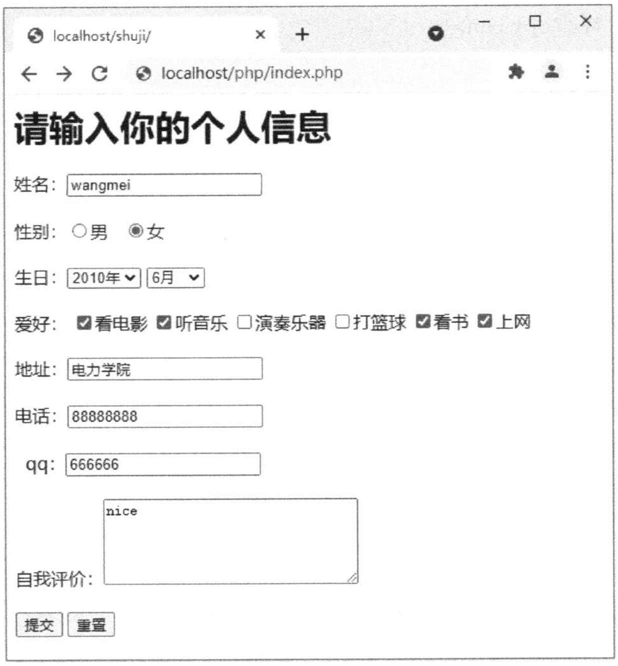

图 7-4　输入个人信息

图 7-5　显示个人信息

表单元素一般都有 name 属性和 type 属性，type 属性可以指定不同的表单元素。

## 7.3　表单数据的提交

表单数据的提交是 PHP 网站客户端页面和服务器数据交互的主要方式之一，表单数据的提交主要通过<form></form>标签的 method 属性来实现，method 属性有两个属性值，即 GET 和 POST，也就是说客户端 Web 网页表单提交数据有两种方法：GET 方法和 POST 方法。

### 7.3.1　使用 GET 方法提交表单数据

当表单以 GET 方法提交时，会将用户填写的内容放在 URL 参数中进行提交。以例 7-2 为例，将表单的 method 属性值设置为“get”，然后提交表单，会得到如下的 URL。

```
http://localhost/login.php?username=test&pwd=123456
```

在上述 URL 中，“？”后面的内容为参数信息，参数是由参数名和参数值组成的，中间使用等号“=”进行连接，多个参数之间使用“&”隔开。其中，username 和 pwd 是参数名，对应表单中的 name 属性。test 和 123456 是参数值，对应用户填写的内容。

**【例 7-3】** 建立一个名为 login_get.php 的登录网页，网页中有登录表单，其中表单名称是 log，action 地址为空，method 方法是 GET，具体代码如下。

```
<form name="log" method="get" action=" ">
        用户名：<input type="text"  name="username" /><br/><br/>
        密  码：<input type="password"  name="pwd" /><br/><br/>
              <input  type="submit"  value="登录">
</form>
```

运行结果如图 7-6 所示。

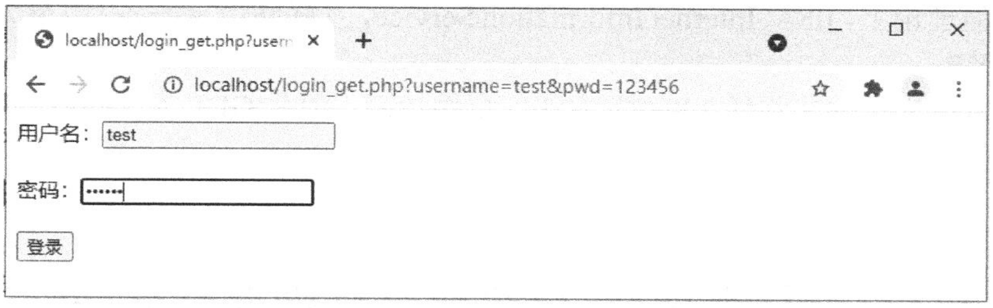

图 7-6　使用 GET 方法提交表单数据的运行结果

### 7.3.2　使用 POST 方法提交表单数据

POST 方法提交表单数据不依赖 URL，不会将传递的信息显示在地址栏中，并且对传输的数据量没有限制，提交的信息在后台传输，用户在浏览器端看不到传输过程，安全性较高。

**【例 7-4】** 建立一个名为 login_post.php 的登录网页，网页中有登录表单，其中表单名称是 log，action 地址为空，method 方法是 POST，具体代码如下。

```
<form name="log" method="post" action="">
      用户名：<input type="text"  name="username" /><br/><br/>
      密  码：<input type="password"  name="pwd" /><br/><br/>
            <input  type="submit" value="登录">
</form>
```

运行结果如图 7-7 所示。

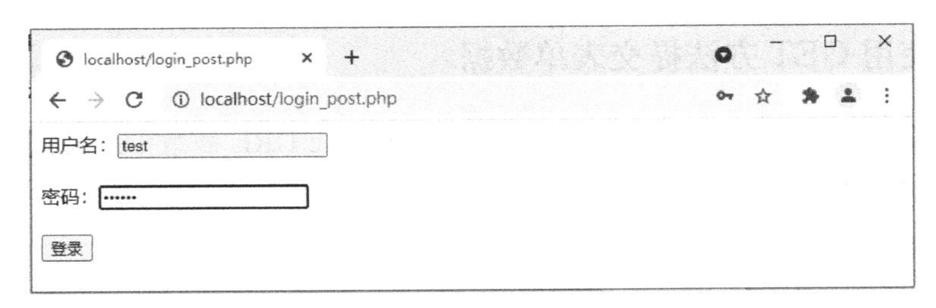


图 7-7 使用 POST 方法提交表单数据的运行结果

### 7.3.3 POST 方法与 GET 方法的区别

POST 方法和 GET 方法在提交表单数据上有着本质的不同，总结如下：

① GET 方法是从服务器上获取数据，POST 方法是向服务器传送数据。

② GET 方法是把参数数据队列加到提交表单的 action 属性所指的 URL 中，值和表单内的各个字段一一对应。POST 方法是通过 HTTP POST 机制将表单内各个字段与其内容放置在 HTML header 内，再一起传送到 action 属性所指的 URL，用户看不到这个过程。

③ 对于 GET 方法，服务器端用 Request.QueryString 获取变量的值。对于 POST 方法，服务器端用 Request.Form 获取提交的数据。

④ GET 方法传送的数据量较小，不能大于 2KB。POST 方法传送的数据量较大，一般默认不受限制。但理论上，IIS4（Internet Information Service，互联网信息服务）中最大量为 80KB，IIS5 中为 100KB。

⑤ GET 方法安全性非常低，POST 方法安全性较高，但是 GET 方法执行效率却比 POST 方法高。

## 7.4 应用 PHP 全局变量获得表单数据

PHP 提供了很多全局变量，其中，通过全局变量$_POST[]和$_GET[]可以获得表单提交的数据，下面分别进行详细介绍。

### 7.4.1 $_POST[]全局变量

预定义的$_POST[]全局变量可用于收集来自“method="post"”的表单中的值。

通过$_POST[]全局变量获取表单数据，实际上就是获取不同的表单元素数据，并以数组的形式存储。获取的数据是各个表单元素的 value 属性值，所以添加的所有控件必须定义 name 属性值。另外，为了避免获取的数据出现错误，name 属性值尽可能不要重复，使用具有一定意义的英文缩写或拼音命名。

**【例 7-5】**通过$_POST[]获取用户输入的用户名和密码，具体代码如下。

```
<?php
echo "用户名：".$_POST['username'];
```

```
echo "密　码: ".$_POST['pwd'];
?>
<form name="log" method="post" action="">
        用户名: <input type="text"  name="username" /><br/><br/>
        密　码: <input type="password"  name="pwd" /><br/><br/>
                <input  type="submit" value="登录">
</form>
```

单击“登录”按钮后，运行结果如图 7-8 所示。

图 7-8　通过$_POST[]获取用户名和密码的运行结果

### 7.4.2　$_GET[]全局变量

预定义的$_GET[]全局变量可用于收集来自“method="get"”的表单中的值。

GET 方法获取的表单发送的信息跟 POST 方法相类似，也是把获取到的表单元素的 value 属性值存到对应的数组中，所以也需要给每一个表单元素定义 name 属性值。

**【例 7-6】**通过$_ GET []获取用户输入的用户名和密码，具体代码如下。

```
<?php
echo "用户名: ".$_GET['username'];
echo "密　码: ".$_GET['pwd'];
?>
<form name="log" method="get" action="">
        用户名: <input type="text"  name="username" /><br/><br/>
        密　码: <input type="password"  name="pwd" /><br/><br/>
                <input  type="submit" value="登录">
</form>
```

运行结果如图 7-9 所示。

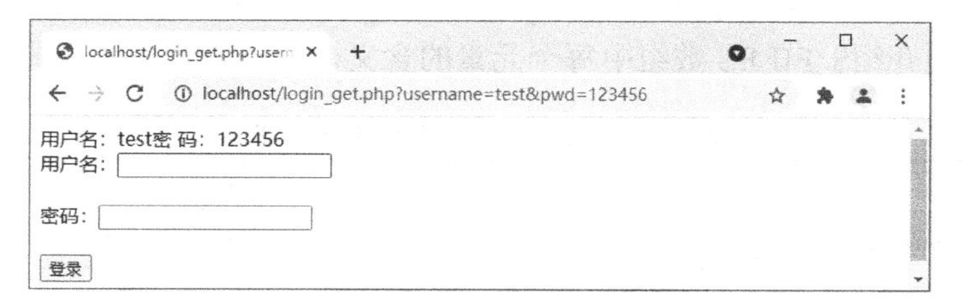


图 7-9　通过$_GET[]获取用户名和密码的运行结果

**注意：** 预定义全局变量要区分字母大小写。

# 7.5 文件上传

要使用文件上传功能，首先要在配置文件 php.ini 中做一些上传设置，然后通过预定义变量$_FILES 对上传文件做限制和判断，最后使用 move_uploaded_file()函数实现上传。

## 7.5.1 上传文件相关配置

PHP 通过 php.ini 文件对上传文件进行控制，包括是否支持上传、上传文件的临时目录、上传文件的大小、指令执行的时间、指令分配的内存空间。

在 php.ini 中定位到“File Uploads”处，完成对上传相关选项的设置。上传相关选项的含义如下。

File_uploads：如果值是 on，说明服务器支持文件上传；如果值为 off，则不支持文件上传。一般默认支持。

Upload_tmp_dir：指上传文件临时目录。在文件被成功上传之前，文件首先存到服务器的临时目录中，多数使用系统默认目录，但是也可以自行设置。

Upload_max_filesize：指服务器允许上传文件的最大值，以 MB 为单位，系统默认为 2MB。如果网站需要上传超过 2MB 的数据，就要修改这个值。

除了上述选项外，php.ini 中还有其他几个选项会影响文件的上传。

Max_execution_time：指 PHP 中一个指令所能执行的最大时间，单位是秒。在上传超大文件时必须修改该选项，否则即使上传文件的大小在服务器允许的范围内，但是超过了指令所能执行的最大时间，仍然无法实现上传。

Memory_limit：指 PHP 中一个指令所分配的内存空间，单位为 MB。它的大小同样会影响超大文件的上传。

php.ini 文件配置完成后，需要重新启动 Apache 服务器，配置才能生效。

## 7.5.2 $_FILES 全局变量

对文件进行判断，应用的是全局变量$_FILES。$_FILES 是一个数组，包含所有上传文件的相关信息。下面介绍$_FILES 数组中每个元素的含义，如表 7-2 所示。

**表 7-2 $_FILES 数组元素的含义**

| 元素名 | 说明 |
| --- | --- |
| $_FILES['filename']['name'] | 存储上传文件的文件名，如 text.txt、title.jpg |
| $_FILES['filename']['size'] | 存储文件大小，单位为字节 |

续表

| 元素名 | 说明 |
|---|---|
| $_FILES['filename']['tmp_name'] | 存储文件在临时目录中使用的文件名。因为文件在上传时，首先要将其以临时文件的身份保存在临时目录中 |
| $_FILES['filename']['type'] | 存储上传文件的 MIME 类型。MIME 类型规定各种文件格式的类型。每种 MIME 类型都是由"/"分隔的主类型和子类型组成的。例如"image/gif"，主类型为图像，子类型为 GIF 格式的文件，"text/html"代表 HTML 格式的文本文件 |
| $_FILES['filename']['error'] | 存储上传文件的结果。如果返回 0，则说明文件上传成功 |

在$_FILES 数组元素中，最为常见的是$_FILES["filename"]["name"]、$_FILES ["filename"]["size"]和$_FILES["filename"]["tmp_name"]。通过这 3 个元素即可实现基本的文件上传功能。

**【例 7-7】**实现上传文件，通过$_FILES 变量输出上传文件的信息，代码如下。

```
<!--上传文件的<form></form>标签中必须有 enctype 属性-->
<form action="" method="post" enctype="multipart/form-data">
   <input type="file" name="upfile"/>
   <input type="submit" name="submit" value="上传">
</form>
<!-- 处理表单返回结果  -->
<?php
   if (!empty ($_FILES) ) {
        foreach ($_FILES['upfile'] as $name=>$value)
        echo $name.'='.$value.'<br>';
      }
?>
```

运行效果如图 7-10 所示。

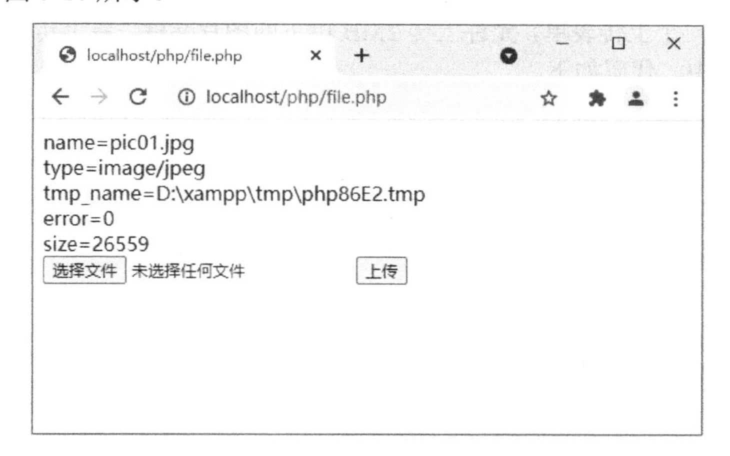


图 7-10　通过$_FILES 变量输出上传文件的信息的运行效果

### 7.5.3 实现 PHP 文件上传

PHP 中应用 move_uploaded_file()函数实现文件上传。但是，在上传文件之前，为了防止潜在的攻击对原本不能通过脚本交互的文件进行非法管理，可以先应用 is_uploaded_file()函数判断指定的文件是否是通过 HTTP POST 上传的，如果是则返回 True，并可以继续执行文件的上传操作，否则将不能继续执行。

1. is_uploaded_file()函数

is_uploaded_file()函数用于判断指定的文件是否是通过 HTTP POST 上传的。

其语法如下：

```
bool is_uploaded_file (string filename)
```

参数 filename 必须指定类似于$_FILES["filename"]["tmp_name"]的变量，不可以使用从客户端上传的文件名$_FILES["filename"]["name"]。

通过 is_uploaded_file()函数对上传文件进行判断，可以确保恶意的用户无法欺骗脚本去访问本不能访问的文件，如“/etc/passwd”。

2. move_uploaded_file()函数

move_uploaded_file()函数用于将文件上传到服务器中的指定位置。如果成功则返回 True，否则返回 False。

其语法如下：

```
Bool move_uploaded_file (string filename, string destination)
```

- filename：指定上传文件的临时文件名。
- destination：指定文件上传后保存的新路径和名称。

如果参数 filename 不是合法的上传文件名，则不会执行任何操作，move_uploaded_file()函数将返回 False。如果参数 filename 是合法的上传文件名，但出于某些原因无法移动，同样也不会执行任何操作，move_uploaded_file()函数将返回 False，此外会发出一条警告。

下面编写一个实例，应用 move_uploaded_file()函数实现文件的上传。

**【例 7-8】**创建一个上传表单，允许上传 2MB 以下的图片文件，将上传文件保存在根目录下的 upfile 文件夹中，代码如下。

```
<h3>请选择上传文件： </h3>
<form action="" method="post" enctype="multipart/form-data">
<input type="file" name="up_file">
   <input type="submit" name="submit" value="上传">
 </form>
<?php
   if (!empty ($_FILES['up_file']['name']) ) {
       $fileinfo=$_FILES['up_file'];
       if ($fileinfo['size']<2097152&&$fileinfo['size']>0) {
           $path="upfile/".$_FILES['up_file']['name']; //必须在站点目录下建一个
```

```
upfile 文件夹
            move_uploaded_file ($fileinfo['tmp_name'], $path) ;
            echo "文件上传成功";
            }else{
                echo '文件大小不符合要求';                    }
            }
    ?>
```

# 7.6　服务器获取数据的其他方法

应用 PHP 提供的一些全局变量，可以获得与环境有关的信息，如获取客户端与服务器主机的 IP 地址等信息。

## 7.6.1　$_REQUEST[]全局变量

可以用$_REQUEST[]全局变量获取 GET 方法、POST 方法和 HTTP Cookie 传递到脚本的信息。如果在编写程序时不能确定通过什么方法提交数据，则可以通过$_REQUEST[]全局变量获取提交到当前页面的数据。

例如，建立一个表单，在表单中添加一个文本框，将其命名为 user，通过$_REQUEST[]获取表单元素值的代码如下。

```
<form action="" method="post" >
   <input type="text" name="user"/>
   <input type="submit" />
</form>
<?php
echo "您输入的内容是：". $_REQUEST['user'];
?>
```

## 7.6.2　$_SERVER[]全局变量

$_SERVER[]全局变量包含 Web 服务器创建的信息，应用该全局变量可以获取服务器、客户配置及当前请求的有关信息。下面对$_SERVER[]全局变量进行介绍，如表 7-3 所示。

**表 7-3　$_SERVER[]全局变量**

| 数组元素 | 说明 |
| --- | --- |
| $_SERVER['SERVER_ADDR'] | 当前运行脚本所在服务器的 IP 地址 |
| $_SERVER['SERVER_NAME'] | 当前运行脚本所在服务器的主机的名称。如果该脚本运行在一个虚拟的主机上，则该名称由虚拟主机设置的值决定 |

续表

| 数组元素 | 说明 |
| --- | --- |
| $_SERVER['REQUEST_METHOD'] | 访问页面时的请求方法，如“GET”“HEAD”“POST”“PUT”。如果请求的方式是 HEAD，则 PHP 脚本将在送出 HEAD 信息后终止（这意味着在产生任何输出后，不再输出缓冲） |
| $_SERVER['REMOTE_ADDR'] | 正在浏览当前页面的用户的 IP 地址 |
| $_SERVER['REQUEST_HOST'] | 正在浏览当前页面的用户的主机名。反向域名解析基于该用户的 REQUEST_ADDR |
| $_SERVER['REQUEST_POST'] | 用户连接到服务器时所使用的端口 |
| $_SERVER['SCRIPT_FILENAME'] | 当前执行脚本的绝对路径名。注意：如果脚本在 CLI 中作为相对路径，如 file.php 或者../file.php，$_SERVER['SCRIPT_ FILENAME']将包含用户指定的相对路径 |
| $_SERVER['SERVER_PORT'] | 服务器使用的端口号默认为 80。如果使用 SSL 安全连接，则这个值为用户设置的 HTTP 端口 |
| $_SERVER['SERVER_SIGNATURE'] | 包含服务版本和虚拟主机名的字符串 |
| $_SERVER['DOCUMENT_ROOT'] | 当前运行脚本所在文档的根目录，在服务器配置文件中定义 |

**【例 7-9】** 下面应用$_SERVER[]全局变量获取服务器和客户端的 IP 地址、客户端连接主机的端口号，以及服务器的根目录，代码如下。

```
<?php
  echo "当前服务器 IP 地址：<b>".$_SERVER['SERVER_ADDR']."</b><br>";
  echo "当前服务器的主机名称：<b>".$_SERVER['SERVER_NAME']."</b><br>";
  echo "客户端 IP 地址：<b>".$_SERVER['REMOTE_ADDR']."</b><br>";
  echo "客户端连接到主机所使用的端口：<b>".$_SERVER['REMOTE_PORT']."</b><br>";
  echo "当前运行的脚本所在文档的根目录：<b>".$_SERVER['DOCUMENT_ROOT']."</b><br>";
?>
```

运行结果如图 7-11 所示。

图 7-11　$_SERVER[]全局变量的运行结果

# 小　　结

本章主要讲解了解析 PHP 的执行过程、Web 表单、表单数据的提交、应用 PHP 全局变量获得表单数据、文件上传，以及服务器获取数据的其他方法。

通过本章的学习，我们熟练掌握了编写具有安全性的各种表单应用程序，以及熟练掌握了预定义变量和全局变量的概念和使用方法。

# 上机指导

应用所学的表单知识配合表单数据的提交与接收方式，实现页面信息交互的功能，如图 7-12 所示。

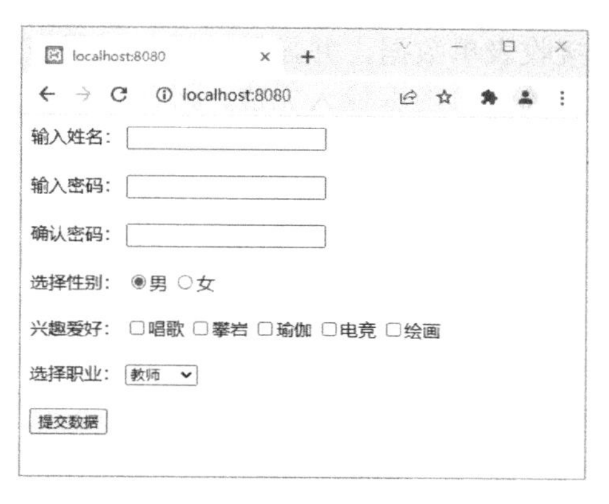


图 7-12　页面信息交互

① 创建一个表单文件 index.php，用于显示表单的各项信息，代码如下。

```
<meta charset="UTF-8">
<form name="form1" action="show.php" method="post">
    <label>输入姓名：</label>
    <input type="text" name="username"/><br /><br />
    <label>输入密码：</label>
    <input type="password" name="password"/><br /><br />
    <label>确认密码：</label>
    <input type="password" name="repassword"/><br /><br />
    <label>选择性别：</label>
    <input type="radio" name="gender" value="男" checked="checked"/>男
    <input type="radio" name="gender" value="女"/>女<br /><br />
    <label>兴趣爱好：</label>
    <input type="checkbox" name="interest[]" value="唱歌"/>唱歌
    <input type="checkbox" name="interest[]" value="攀岩"/>攀岩
    <input type="checkbox" name="interest[]" value="瑜伽"/>瑜伽
    <input type="checkbox" name="interest[]" value="电竞"/>电竞
    <input type="checkbox" name="interest[]" value="绘画"/>绘画<br /><br />
```

```
    <label>选择职业：</label>
    <select name="occup">
        <option value ="教师">教师</option>
        <option value ="商人">商人</option>
        <option value ="工人">工人</option>
        <option value ="司机">司机</option>
        <option value ="售票员">售票员</option>
    </select><br /><br />
    <input type="submit" name="submit" value="提交数据" />
</form>
```

② 创建 show.php 文件接收表单数据，并显示结果。如果在表单中没有输入表单数据，则会显示提示信息。如果所有的表单数据输入完成，则会显示所输入的表单信息，如图 7-13 所示。

a. 没有输入表单数据　　　　b. 有输入表单数据

图 7-13　根据是否接收表单数据显示不同的信息

主要代码如下。

```
<meta charset="UTF-8">
<?php
$username = $_POST['username'];                //获取姓名
$password = $_POST['password'];                //获取密码
$repassword = $_POST['repassword'];
$gender = $_POST['gender'];                    //获取性别
$interest = $_POST['interest'];                //获取兴趣爱好
$occup = $_POST['occup'];                      //获取职业

if ($_SERVER['REQUEST_METHOD'] == 'POST') {
    //判断姓名是否为空
    if ($username == "") {
       echo "<script>alert ('姓名不能为空！请重新输入！') </script>"; //弹出信息提示框
        exit;        //程序中断，不再向下执行
    }
    elseif (strlen ($username)  <2) {
```

```
        echo "<script>alert ('姓名的长度应大于 2 个字符！请重新输入！') </script>";
        exit;
    }
    //判断密码是否为空
    if ($password == "") {
        echo "<script>alert ('密码不能为空！请重新输入！') </script>";
        exit;
    }
    elseif (strlen ($password)  <6) {
        echo "<script>alert ('密码长度不能小于 6 个字符！请重新输入！') </script>";
        exit;
    }
    elseif (strlen ($password)  >12) {
        echo "<script>alert ('密码长度不能大于 12 个字符！请重新输入！') </script>";
        exit;
    }
    //判断两次输入的密码是否一致
    if ($password != $repassword) {
        echo "<script>alert ('两次输入的密码不一致！请重新输入！') </script>";
        exit;
    }
    //判断兴趣爱好是否已选择

    if ($interest == "") {
        echo "<script>alert ('兴趣爱好未选择！请重新选择！') </script>";
        exit;
    }
}
    echo "用户名为：$username ，密码是： $password ，性别是：$gender ，职业是：$occup";
?>
```

# 作　　业

1. 简述使用 GET 方法和 POST 方法提交数据的区别。
2. 服务器获取数据的其他方式有哪些？

# 第 8 章　字符串处理

**本章要点**

- 字符串的定义方法
- 字符串处理函数

字符串是 PHP 中重要的数据类型之一。在 Web 应用中，有很多情况都需要对字符串进行处理和分析，通常涉及字符串的格式化、字符串的连接与分割、字符串的比较与查找等一系列操作。

## 8.1　字符串的定义方法

字符串最简单的定义方法是使用单引号（'）或双引号（"），除此以外，还可以使用定界符。

### 8.1.1　使用单引号或双引号定义字符串

字符串通常以“串”的整体作为操作对象，一般用单引号或者双引号标识一个字符串。单引号和双引号有一定区别。

下面分别使用双引号和单引号来定义一个字符串。

```
<?php
$str1="I Like PHP";                    //使用双引号定义一个字符串
$str2='I Like PHP';                    //使用单引号定义一个字符串
echo $str1;                            //输出双引号中的字符串
echo $str2;                            //输出单引号中的字符串
?>
```

运行结果如图 8-1 所示。

图 8-1　定义字符串的运行结果 1

从上面的结果可以发现，使用双引号和单引号定义的普通字符串在输出后没有区别。但通过对变量的处理，即可轻松理解两者之间的区别，具体示例如下。

```
<?php
$test = "PHP";
$str = "I Like $test";
$str1 ='I Like $test';
echo $str;                              //输出双引号中的字符串
echo $str1;                             //输出单引号中的字符串
?>
```

运行结果如图 8-2 所示。

图 8-2　定义字符串的运行结果 2

从以上代码可以看出，双引号中的内容是经过 PHP 解析器解析的，任何变量在双引号中都会被转换为 PHP 的值进行输出、显示。而单引号中的内容是“所见即所得”的，无论有无变量，都被当作普通字符串原样输出。

**说明：**单引号中的字符串和双引号中的字符串在 PHP 中的处理是不相同的。双引号中的字符串可以被解释且替换，而单引号中的字符串会被作为普通字符处理。

## 8.1.2　使用定界符定义字符串

关于定界符的描述已经在 2.2.1 中进行了详细介绍，这里不再赘述。

**【例 8-1】**使用定界符输出变量值，发现和使用双引号的效果一样，字符串包含的变量也被替换成了实际数值，代码如下。

```
<?php
    $str="信息学院计算机班";
    echo <<<strabc
    <h3>我来自$str </h3>
strabc;
?>
```

在上面的代码中值得注意的是，在定界符内不允许添加注释，否则程序将运行出错。结束标识符所在的行不能包含任何其他字符，而且不能缩进，在结束标识符前后不能有任何空白字符或制表符。如果破坏了规则，则程序不会识别结束标识符，PHP 程序将继续运行下去。如果在这种情况下找不到合适的结束标识符，将会导致脚本最后一行出现语法错误。

运行结果如图 8-3 所示。

图 8-3　使用定界符定义字符串的运行结果

**说明：**定界符中的字符串支持单引号、双引号，无须转义，并支持变量替换。

# 8.2　字符串处理函数

## 8.2.1　转义和还原字符串

在 PHP 编程过程中，将数据插入数据库时可能引起一些问题，如出现错误或者乱码等，因为数据库将传入的数据中的字符解释成了控制符。针对这种问题，可以使用标记符或者转义字符这类特殊的字符。

PHP 语言提供了专门处理这些问题的技术：转义和还原字符串。方法有两种，一种是手动转义、还原字符串数据；另一种是自动转义、还原字符串数据。下面分别对这两种方法进行详细讲解。

### 1. 手动转义和还原字符串

字符串可以用单引号（''）、双引号（""）、定界符来定义。指定一个简单字符串的最简单的方法是用单引号（' '）。但当使用字符串时，这几种符号可能与 PHP 脚本混淆，因此必须做转义，即在符号前面使用转义字符“\”。

“\”是一个转义字符，紧跟在“\”后面的第一个字符将变得没有意义或失去特殊意义。例如，“'”是字符串的定界符，写成“\'”就会失去定界符的意义，变为普通的单引号“'”。我们可以通过“echo\'";”输出单引号“'”，同时转义字符“\”不会显示。

**说明：**如果要在字符串中表示单引号，则需要用反斜线“\”进行转义。例如，要表示字符串“I'm”，则需要写成“I\'m”。

**【例 8-2】**使用转义字符“\”对字符串进行转义，代码如下。

```
<?php
    echo 'select * from tb_book where bookname = \ 'PHP 程序设计\' ';
?>
```

结果如图 8-4 所示。

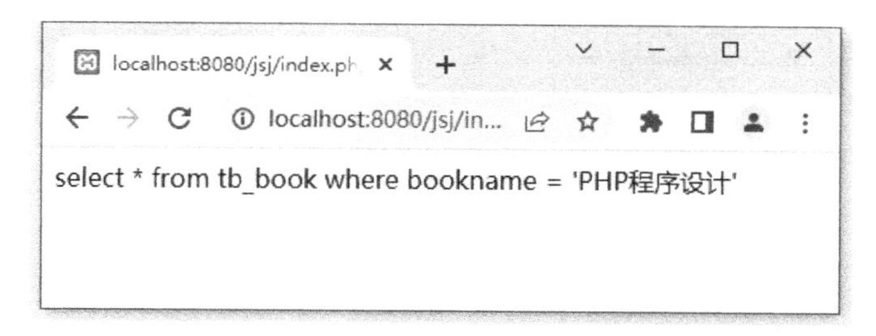


图 8-4　使用转义字符的输出结果

**说明：**对于简单的字符串，建议采用手动方法进行字符串转义。而对于数据量较大的字符串，建议采用自动转义函数实现字符串转义。

### 2. 自动转义和还原字符串

自动转义和还原字符串可以用 PHP 提供的 addslashes()函数和 stripslashes()函数实现。

- addslashes()函数

addslashes()函数用来给字符串加入反斜线“\”，对指定字符串中的字符进行转义。该函数可以转义的字符包括单引号“'”、双引号“"”、反斜线“\”、null 字符“0”。该函数比较常用的是在生成 SQL 语句时，对 SQL 语句中的部分字符进行转义。

语法如下：

```
addslashes (string str) ;
```

式中的参数 str 为将要被操作的字符串。

- stripslashes()函数

stripslashes()函数用来将经过 addslashes()函数转义后的字符串原样返回。

语法如下：

```
stripslashes (string str) ;
```

式中的参数 str 为将要被操作的字符串。

**【例 8-3】**使用自动转义函数 addslashes()函数对字符串进行转义，然后应用 stripslashes()函数进行还原，代码如下。

```
<?php
    $str = "select * from tb_book where bookname ='PHP自学视频教程";
    $a = addslashes ($str) ;                    //对字符串进行转义
    echo $a."<br>";                             //输出转义后的字符串
    $b = stripslashes ($str) ;                  //对转义后的字符串进行还原
    echo $b."<br>";                             //将字符串原样输出
?>
```

运行结果如图 8-5 所示。

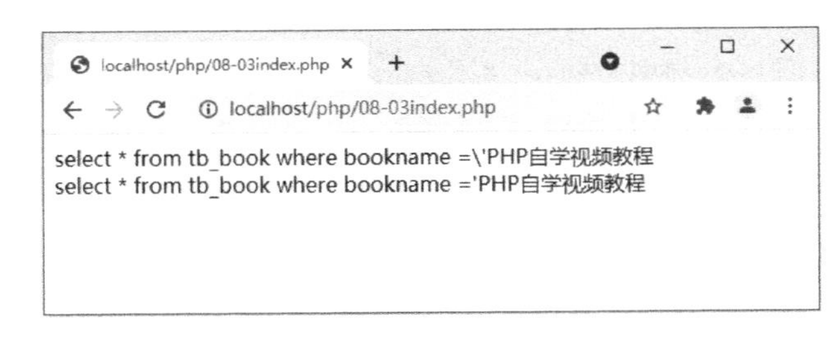


图 8-5　自动转义和还原字符串的运行结果

**说明：**所有数据在插入数据库之前，有必要应用 addslashes()函数进行字符串转义，以免特殊字符未经转义而在插入数据库时出现错误。另外，对于应用 addslashes()函数实现自动转义的字符串，可以应用 stripslashes()函数进行还原，但数据在插入数据库之前必须再次进行转义。

以上两个函数实现了对指定字符串进行自动转义和还原的操作。除了上面介绍的方法外，还可以对要转义、还原的字符串进行一定范围的限制，如通过应用 addcslashes()函数和 stripcslashes()函数实现对指定范围内的字符串进行自动转义、还原。

- addcslashes()函数

addcslashes()函数用来实现对指定字符串中的字符进行转义，即在指定的字符前加上反斜线。通过该函数可以将要添加到数据库中的字符串进行转义，从而避免出现乱码等问题。

语法如下：

```
addcslashes ( string str, string charlist)
```

式中的参数 str 为将要被操作的字符串；参数 charlist 用于指定在字符串中的哪些字符前加上反斜线“\”，如果参数 charlist 中包含“\n”“\r”等字符，将以 C 语言风格转换。

**注意：**在定义参数 charlist 的范围时，需要明确在开始和结束范围内的字符。

- stripcslashes()函数

stripcslashes()函数用来将经过 addcslashes()函数转义的字符串 str 原样返回。

语法如下：

```
string stripcslashes (string str)
```

式中的参数 str 为将要被操作的字符串。

**【例 8-4】**使用 addcslashes()函数对字符串“电力学院”进行转义，再应用 stripcslashes()函数对转义的字符串进行还原，代码如下。

```
<?php
    $a="电力学院";                                 //对指定范围内的字符串进行转义
    $b=addcslashes ($a, "电力学院") ;              //转义指定的字符串
    echo"转义字符串：".$b;                         //输出转义后的字符串
    echo "<br>";                                   //执行换行
    $c=stripcslashes ($b) ;                        //对转义的字符串进行还原
    echo"还原字符串：".$c;                         //输出还原后的字符串
?>
```

运行结果如图 8-6 所示。

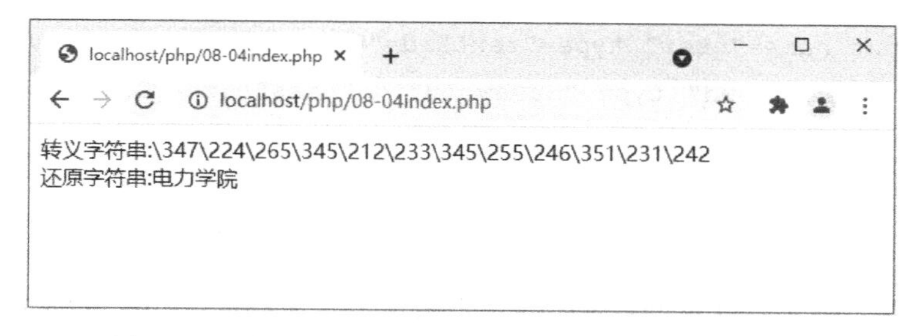


图 8-6　对指定范围的字符串进行转义和还原的运行结果

**说明：**在缓存文件中，一般对缓存数据的值采用 addcslashes()函数进行指定范围的转义。

### 8.2.2　获取字符串长度

获取字符串长度主要通过 strlen()函数实现。下面重点讲解 strlen()函数的语法及其应用。

语法如下：

```
strlen (string str)
```

**【例 8-5】**使用 strlen()函数获取字符串长度，代码如下。

```
<?php
    echo strlen ("电力学院：www.zzdl.com")；//输出字符串长度
?>
```

结果如图 8-7 所示。

图 8-7　使用 strlen()函数获取字符串长度的结果

**说明：**汉字占 2 个字符，数字、英文字母、小数点、下画线和空格各占 1 个字符。注意在 UTF-8 编码格式下使用 strlen()函数获取字符串的长度时，汉字占 3 个字符，因此在不同的编码格式下使用 strlen()函数得到的结果可能会有所不同。

该函数可以获取字符串长度，也可以用来检测字符串的长度。

**【例 8-6】**使用 strlen()函数对提交的用户密码的长度进行检测，如果其长度小于 6 位，则弹出提示信息，具体步骤如下。

① 利用开发工具新建一个 PHP 动态网页，存储为 index.php。

② 添加一个表单，将表单的 action 属性设置为“show.php”，代码如下。

```
<form name="form1"method="post"action="show.php">
```

```
    用户名：<input name="user" type="text"id="user"size="15"/><br/><br/>
    密码：<input name="pwd" type="password"id="pass"size="15"/>*密码长度不能少于 6
位<br /><br/>
    <input type="submit"/>
    </form>
```

③ 应用 HTML 标记设计页面，添加一个“用户名”文本框，命名为 user；添加一个“密码”文框，命名为 pwd；添加一个“提交”按钮。

④ 再新建一个 PHP 动态网页，存储为 show.php。通过 POST 方法（POST 方法将在后面章节进行详细讲解）接收用户输入的用户密码。使用 strlen()函数获取用户密码的长度，使用 if 条件控制语句判断密码长度是否小于 6 位，并给出相应的提示信息，代码如下。

```
<?php
    if (strlen ($_POST["pwd"]) <6) {
    //检测用户密码的长度是否小于 6 位，弹出提示信息
    echo "<script>alert('用户密码的长度不得少于 6 位!请重新输入'); history.back();
            </script>";
    }else{
    //用户密码长度大于等于 6 位! 则弹出该提示信息
    echo "用户信息输入合法!";
    }
?>
```

⑤ 在浏览器中输入地址，然后按 Enter 键，运行结果如图 8-8 所示。

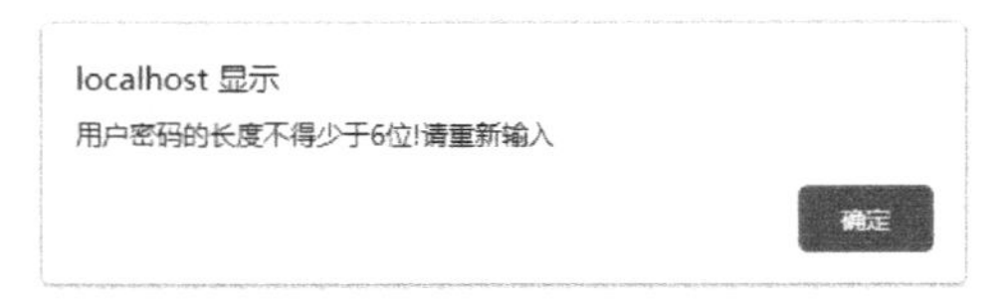


图 8-8　使用 strlen()函数检测密码长度的运行结果

### 8.2.3　截取字符串

#### 1. substr()函数

在 PHP 中可应用 substr()函数对字符串进行截取。截取字符串是一个非常常用的方法。

substr()函数用于从字符串中按照指定位置截取一定长度的字符。如果使用一个正数作为子串起点来调用这个函数，将得到从起点到字符串结束的这个字符串；如果使用一个负数作为子串起点来调用该函数，将得到原字符串尾部的一个子串，字符个数等于给定负数的绝对值。其语法如下。

```
string substr (string str, int start [, int length])
```

str：用来指定字符串对象。

start：用来指定开始截取字符串的位置。如果参数 start 为负数，则从字符串的末尾开始截取。

length：可选项，指定截取字符的个数。如果 length 为负数，则表示截取到倒数第 length 个字符。

substr()函数的操作流程如图 8-9 所示。

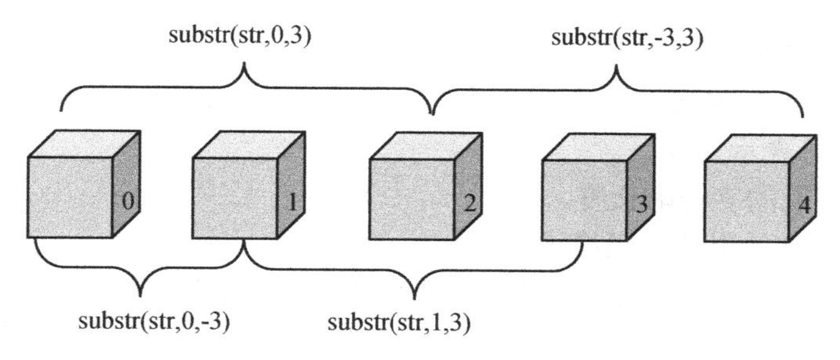


图 8-9　substr()函数的操作流程

在 substr()函数中，参数 start 的指定位置是从 0 开始计算的，即将字符串中的第一个字符表示为 0，第二个字符表示为 1，以此类推。而最后一个字符表示为-1，倒数第二个字符表示为-2，以此类推。

**【例 8-7】** 使用 substr()函数截取超长字符串。

在开发 Web 程序时，为了保持整个页面的合理布局，经常需要对一些超长字符串（如公告标题、公告内容、文章标题、文章内容等）进行截取，并通过“...”代替省略内容，代码如下。

```
<?php
$str="请每一位学子谨记：厚德精技，自强不息";
    if (strlen ($str) >40) {                    //如果文本的字符串长度大于 40
    echo substr ($str, 0, 40) ."...";           //输出文本的前 40 个字符串，然后输出省略号
}else{                                          //如果文本的字符串长度小于 40
    echo $str;                                  //直接输出文本
}
?>
```

结果如图 8-10 所示。

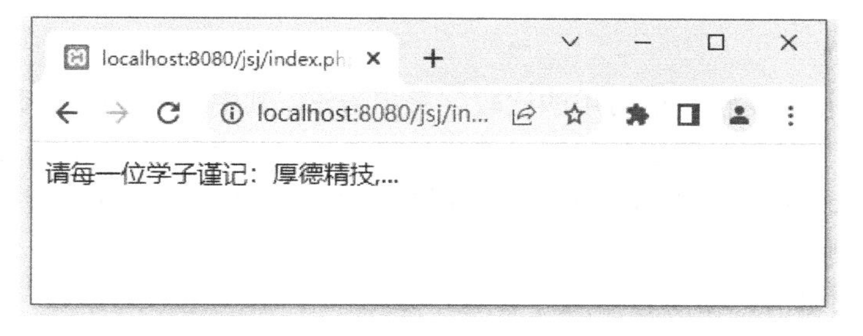


图 8-10　substr()函数的应用结果

2. mb_substr()函数

mb_substr()函数支持对中文字符串的截取。通过 mb_substr()函数对中文字符串进行截取，可以避免截取中文字符串时出现乱码。其语法如下。

```
string mb_substr (string str, in start [, int length[, string encoding]])
```

mb_substr()函数的参数说明如下。

str：必要参数，指定操作的字符串。

start：必要参数，指定截取的开始位置。参数 start 的指定位置是从 0 开始计算的，即字符串中的第一个字符表示为 0。

length：指定截取的字符串长度。

encoding：设置字符串的编码格式。

**【例 8-8】**使用 mb_substr()函数对字符串“厚德精技，自强不息”截取 5 字节，代码如下。

```
<?php
  $str="厚德精技，自强不息"; //定义字符串变量
echo mb_substr ($str, 0, 5, "UTF-8") ; //截取 5 字节，编码格式为 UTF-8
?>
```

结果如图 8-11 所示。

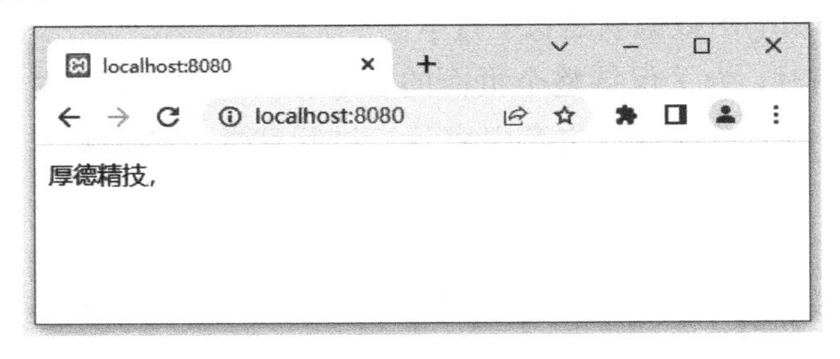


图 8-11　mb_substr()函数的应用结果

## 8.2.4　比较字符串

在 PHP 中，字符串的比较方法有三种：第一种是应用 strcmp()函数按字节进行比较；第二种是应用 strnatcmp()函数按自然排序法进行比较；第三种是应用 strncmp()函数从字符串的指定位置开始比较。下面分别对这三种方法进行讲解。

1. 按字节比较

按字节进行字符串比较是最常用的比较字符串方法。其中，strcmp()函数和 strcasecmp()函数都可以实现按字节对字符串进行比较。这两种方法的区别是，strcmp()函数区分字符的字母大小写，而 strcasecmp()函数不区分字符的字母大小写。这两个函数的实现方法基本相同，这里只介绍 strcmp()函数。

strcmp()函数用来对两个字符串进行比较，语法如下。

```
int strcmp (string str1, string str2)
```

式中，参数 str1 和参数 str2 为指定要比较的两个字符串。如果两者相等，则返回 0；如果参数 str1 大于参数 str2，则返回 1；如果参数 str1 小于参数 str2，则返回-1。

**注意：**strcmp()函数区分字母大小写。

**【例 8-9】**应用 strcmp()函数和 strcasecmp()函数分别对两个字符串按字节进行比较，代码如下。

```
<?php
   $str1="PHP 编程字典!";                    //定义字符串变量
   $str2="PHP 编程字典!";                    //定义字符串变量
   $str3="mrsoft";                           //定义字符串变量
   $str4="MRSOFT";                           //定义字符串变量
   echo strcmp ($str1, $str2) ;              //这两个字符串相等
   echo strcmp ($str3, $str4) ;              //该函数区分字母大小写
   echo strcasecmp ($str3, $str4) ;          //该函数不区分字母大小写
?>
```

结果如图 8-12 所示。

图 8-12　strcmp()函数和 strcasecmp()函数的比较结果

**说明：**在 PHP 中，在字符串之间进行比较的应用也是非常广泛的。例如，使用 strcmp()函数判断用户登录系统时输入的用户名和密码是否正确。如果在验证用户名和密码时不应用此函数，那么输入的用户名和密码无论是大写字母还是小写字母，只要正确就可以登录。而使用 strcmp()函数就避免了这种情况，即使输入正确，也必须大小写字母匹配才可以登录，从而提高了网站的安全性。

2. 按自然排序法比较

在 PHP 中，按自然排序法进行字符串比较是通过 strnatcmp()函数实现的。自然排序法比较的是字符串中的数字部分，即将字符串中的数字按大小进行排序。

strnatcmp()函数通过自然排序法比较字符串，语法如下。

```
int strnatcmp (string str1, string str2)
```

如果两个参数相等，则返回 0；如果参数 str1 大于参数 str2，则返回 1；如果参数 str1 小于参数 str2，则返回−1。这个函数区分字母大小写。

**注意：**在自然排序法中，2 比 10 小。在计算机序列中，10 比 2 小，因为 10 的第一个数字是“1”，1 小于 2。

【例 8-10】使用 strnatcmp()函数按自然排序法进行字符串的比较，代码如下。

```
<?php
$str1="str2.jpg";
$str2="str10.jpg";                    //定义字符串常量
$str3="mrbook1";                      //定义字符串常量
$str4="MRBOOK2";                      //定义字符串常量
echo strcmp ($str1, $str2) ;          //按字节进行比较
echo strcmp ($str3, $str4) ;          //按字节进行比较
echo strnatcmp ($str1, $str2) ;       //按自然排序法进行比较
echo strnatcmp ($str3, $str4) ;       //按自然排序法进行比较
?>
```

结果如图 8-13 所示。

图 8-13　strnatcmp()函数的应用结果

**说明：**还有一个与 strnatcmp()函数相似但不区分字母大小写的 strnatcasecmp()函数。它的作用和 strnatcmp()函数相同。

### 3. 从字符串的指定位置比较

strncmp()函数用来比较两个字符串，语法如下。

```
int strncmp (string str1, string str2, int len)
```

- str1：用来指定参与比较的第一个字符串对象。
- str2：用来指定参与比较的第二个字符串对象。
- len：必选参数，用来指定每个字符串中参与比较的字符的数量。

如果前两个参数相等，则返回 0；如果参数 str1 大于参数 str2，则返回 1；如果参数 str1 小于参数 str2，则返回−1。该函数区分字母大小写。

【例 8-11】使用 strncmp()函数比较字符串的前 6 个字符是否与源字符串相等，代码如下。

```
<?php
    $str1="I like PHP"; //定义一个字符串常量
    $str2="i like my student!"; //再定义一个字符串常量
    echo strncmp ($str1, $str2, 6) ; //比较前 6 个字符
```

```
?>
```

结果如图 8-14 所示。

图 8-14　strncmp()函数的应用结果

从上面的代码可以看出，由于变量$str2 中的字符为小写字母，与变量$str1 中的字符串不匹配，因此返回值为–1。

### 8.2.5　检索字符串

PHP 提供了很多用于字符串检索的函数，如 strstr()函数和 substr_count()函数。PHP 也可以像 Word 那样实现字符串检索。

1. strstr()函数

strstr()函数用来获取一个指定字符串在另一个字符串中首次出现的位置后的所有字符。如果执行成功（即存在相匹配的字符），则返回剩余字符串，否则返回 False。其语法如下。

```
string strstr (string haystack, string needle)
```

- haystack：指定从哪个字符串进行检索。
- needle：指定搜索的对象。如果该参数是一个数值，那么将搜索与这个数值的 ASCII 码相匹配的字符。

**注意：**本函数区分字母大小写。如果不区分字母大小写，则可以用 stristr()函数。

**【例 8-12】**应用 strstr()函数获取指定字符串在字符串中首次出现的位置后的所有字符，代码如下。

```
<?php
    echo strstr ("计算机科学与技术", "科") ; //输出查询的字符串
    echo "<br>"; //执行换行
    echo strstr  ("http://www.mimgribook.com", "w") ; //输出查询的字符串
    echo "<br>"; //执行换行
    echo strstr ("0371622****", "8") ; //输出查询的字符串
 ?>
```

结果如图 8-15 所示。

图 8-15　strstr()函数的应用结果

通过上面的代码可以看出，应用 strstr()函数检索字符串非常方便。另外，strrchr()函数与其正好相反，该函数是从字符串的结尾位置开始检索字符串的。

2. substr_count()函数

substr_count()函数用来获取子串在字符串中出现的次数，语法如下。

```
int substr_count (string haystack, string needle)
```

- haystack：指定的字符串。
- needle：指定的子串。

**【例 8-13】** 使用 substr_count()函数获取子串在字符串中出现的次数，代码如下。

```
<?php
    $str="PHP 程序设计、JavaWeb 程序设计、html 脚本语言、visual 程序设计"; //定义字符串
    echo substr_count ($str, "程序设计") ; //输出检索的结果
?>
```

结果如图 8-16 所示。

图 8-16　substr_count()函数的应用结果

**说明：** 检索子串出现的次数一般用于搜索引擎中，对子串在字符串中出现的次数进行统计，便于用户第一时间掌握子串在字符串中出现的次数。

## 8.2.6　替换字符串

应用字符串的替换技术，可以实现对指定字符串中的指定字符进行替换。此项功能最常见的就是在搜索引擎的关键字处理中，将搜索到的字符串中的关键字替换颜色，使搜索到的结果便于查看。字符串的替换技术可以通过以下两个函数实现：str_ireplace()函数和 substr_replace()函数。

1. str_ireplace()函数

str_ireplace()函数用于使用新的子字符串（子串）替换原始字符串中被指定要替换的字符串，语法如下。

```
mixed str_ireplace(mixed search, mixed replace, mixed subject[, int &count])
```

将所有在 subject 中出现的参数 search 用参数 replace 替换，参数&count 表示替换字符串的次数。

str_ireplace()函数的参数说明如表 8-1 所示。

**表 8-1　str_ireplace()函数的参数说明**

| 参数 | 说明 |
|---|---|
| search | 必要参数，指定需要查找的字符串 |
| replace | 必要参数，指定替换的值 |
| subject | 必要参数，指定查找的范围 |
| &count | 可选参数，获取替换的次数 |

下面编写一个实例，看一下 str_ireplace()函数是如何完成字符串替换操作的。

**【例 8-14】** 应用 str_ireplace()函数将文本中的字符串“mrsoft”替换为“电力学院”。

首先创建 str_ireplace.php 脚本文件。然后定义字符串变量，利用 str_ireplace()函数将字符串“mrsoft”替换为“电力学院”，其核心代码如下。

```
<?php
    $str=" mrsoft 是省级发展成长最快的，园林式职业院校实验室建设先进单位。"; //定义字符串常量
    echo str_ireplace ("mrsoft", "电力学院", $str) ; //输出替换后的字符串
  ?>
```

运行结果如图 8-17 所示。

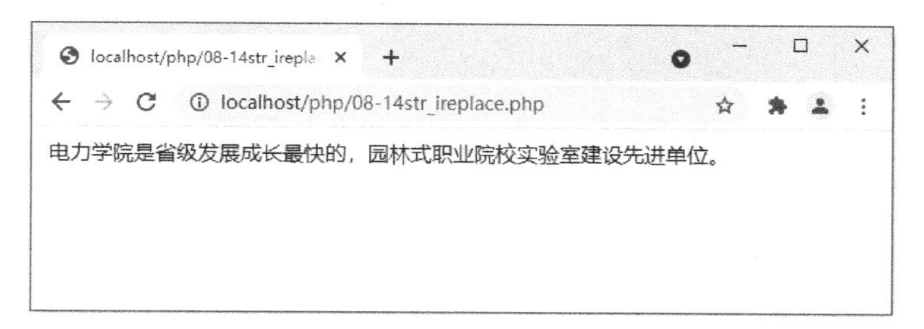


图 8-17　使用 str_ireplace()函数替换字符串的运行结果

**注意：** 本函数不区分字母大小写。

2. substr_replace()函数

substr_replace()函数用于对指定字符串中的部分字符串进行替换，语法如下。

```
string substr_replace (string str, string repl, int start, [int length])
```

substr_replace()函数的参数说明如表 8-2 所示。

表 8-2　substr_replace()函数的参数说明

| 参数 | 说明 |
| --- | --- |
| str | 指定要操作的原始字符串 |
| repl | 指定替换后的新字符串 |
| start | 指定开始替换字符串的位置。正数表示起始位置是字符串的开头，负数表示起始位置是字符串的结尾，0 表示起始位置是字符串的第一个字符 |
| length | 可选参数，指定返回的字符串长度。默认值是整个字符串的长度。正数表示起始位置是字符串的开头，负数表示起始位置是字符串的结尾，0 表示“插入”而非“替代” |

**注意**：如果参数 start 设置为负数，而参数 length 的值小于或等于 start 的值，那么 length 的值自动为 0。

**【例 8-15】** 使用 substr_replace()函数将指定字符串中指定位置的“一身”替换为“宇宙”，代码如下。

```
<?php
    $str="一物从来有一身，一身还有一乾坤！"; //定义字符串常量
    $replace="宇宙"; //定义要替换的字符串
    echo substr_replace ($str, $replace, 24, 6) ; //替换字符串
?>
```

结果如图 8-18 所示。

图 8-18　substr_replace()函数的应用结果

## 8.2.7　去掉字符串首尾空白字符和特殊字符

用户在输入数据时经常会在无意中输入空白字符和特殊字符，在有些情况下，字符串中不允许出现空白字符和特殊字符，这就需要去除字符串中的空白字符和特殊字符。PHP 提供了 ltrim()函数用于去除字符串左边的空白字符和特殊字符；rtrim()函数用于去除字符串右边的空白字符和特殊字符；trim()函数用于去除字符串左右两边的空白字符和特殊字符。

### 1. ltrim()函数

ltrim()函数用于去除字符串左边的空白字符和特殊字符，语法如下。

```
string ltrim (string str[, string charlist]) ;
```

str：要操作的字符串对象。

charlist：可选参数，是从指定的字符串中删除的字符。如果不设置该参数，则所有的可选字符都将被删除。参数 charlist 的可选值如表 8-3 所示。

**表 8-3　参数 charlist 的可选值**

| 参数值 | 说明 |
|---|---|
| \0 | null，空值 |
| \t | Tab，制表符 |
| \n | 换行符 |
| \xOB | 垂直制表符 |
| \r | 回车符 |
| "" | 空白字符 |

**【例 8-16】** 使用 ltrim()函数去除字符串左边的空白字符及特殊字符“(:*_*”，代码如下。

```
<?php
    $str="(:@_@ 能知万物备于我! @_@:) ";
    $strs="(:*_* 肯把三才别立根! *_*:) ";
    echo $str."<br>"; //输出原始字符串
    echo ltrim ($str) ."<br>"; //去除字符串左边的空白字符
    echo $strs."<br>"; //输出原始字符串
    echo ltrim ($strs, "(:*_*") ; //去除字符串左边的特殊字符“(:*_*)”
  ?>
```

运行结果如图 8-19 所示。

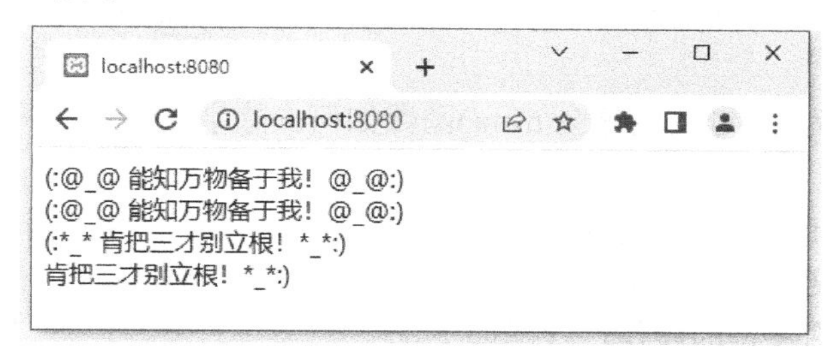


图 8-19　去除字符串左边的空白字符及特殊字符的运行结果

2. rtrim()函数

rtrim()函数用于去除字符串右边的空白字符和特殊字符，语法如下。

```
string rtrim (string str[, string charlist]) ;
```

str：要操作的字符串对象。

charlist：可选参数，是从指定的字符串中删除的字符。如果不设置该参数，则所有的可选字符都将被删除。

**【例 8-17】** 使用 rtrim()函数去除字符串右边的空白字符及特殊字符“(：*_*”，代码如下。

```
<?php
    $str="(: @_@ 能知万物备于我! @_@: ) ";
    $strs="(: *_* 肯把三才别立根! *_*: ) ";
    echo $str."<br>"; //输出原始字符串
    echo rtrim ($str) ."<br>"; //去除字符串右边的空白字符
    echo $strs."<br>"; //输出原始字符串
    echo rtrim ($strs, "*_*: ") ; //去除字符串右边的特殊字符(: *_*
  ?>
```

运行结果如图 8-20 所示。

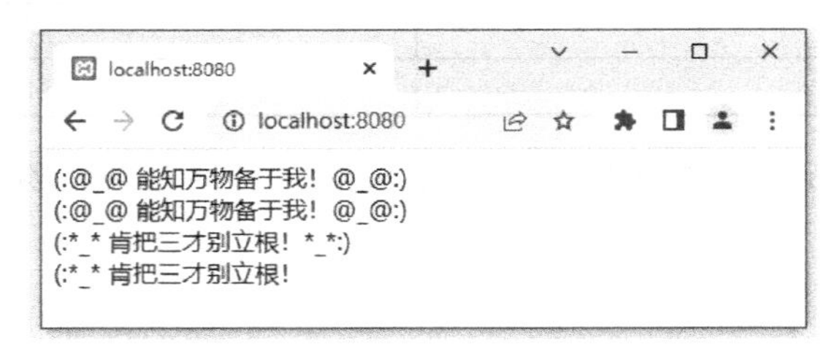


图 8-20　去除字符串右边的空白字符及特殊字符的运行结果

3. trim()函数

trim()函数用于去除字符串左右两边的空白字符和特殊字符，并返回去掉空白字符和特殊字符后的字符串，语法如下。

```
string trim (string str [, string charlist]) ;
```

str：要操作的字符串对象。

charlist：可选参数，是从指定的字符串中删除的字符。如果不设置该参数，则所有的可选字符都将被删除。

下面编写一个实例，通过实例体会 trim()函数如何去除字符串左右两边的空白字符和特殊字符。

**【例 8-18】** 使用 trim()函数去除字符串左右两边的空白字符及特殊字符。

首先定义字符串变量，为了显示明显，在此多次使用了特殊字符。然后通过 trim()函数实现去除空白字符和特殊字符的操作，代码如下。

```
<?php
    $str="\r\r (: @_@ 去除字符串左右两边的空白字符和特殊字符@_@: ) ";
    echo $str."\n"; //输出原始字符串
    echo trim ($str) ."\n"; //去除字符串左右两边的空白字符
    echo trim ($str, "\r\r (: @_@ @_@: ) ") ; //去除字符串左右两边的空白字符和特殊字
符\r\r (: @_@ @_@: )
  ?>
```

运行结果如图 8-21 所示。

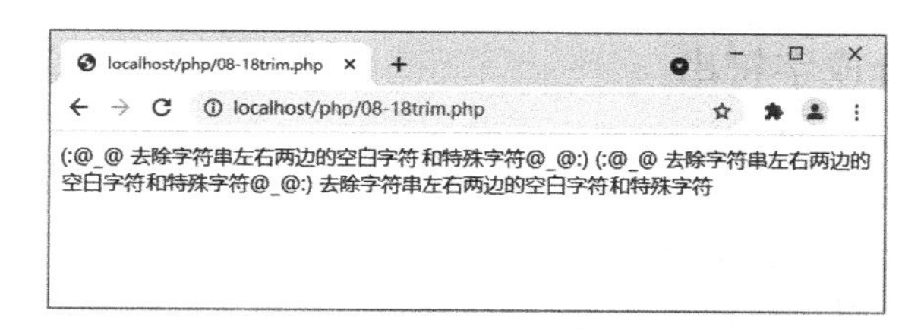


图 8-21　去除字符串左右两边的空白字符及特殊字符的运行结果

### 8.2.8　格式化字符串

通过字符串格式化技术可以实现对指定字符的个性化输出，并以不同的类型进行显示。例如，在输出数字字符串时，可以应用格式化技术指定数字输出的格式，如保留几位小数或者不保留小数。

number_format()函数用来将数字字符串格式化，语法如下。

```
string number_format (float number, [int num_decimal_places], [string dec_seperator], string thousands_seperator)
```

式中，参数 number 为格式化后的字符串。该函数可以有 1 个、2 个或 4 个参数，但不能有 3 个参数。如果只有 1 个参数 number，number 格式化后会舍去小数点后的值，且到千位就会添加逗号“,”；如果有 2 个参数，number 格式化到小数点第 num_decimal_places 位，且到千位也会添加逗号；如果有 4 个参数，number 格式化到小数点第 num_decimal_places 位。dec_seperator 用来替代小数点“.”，thousands_seperator 用来替代标志千位的逗号“,”。

【例 8-19】使用 number_format()函数对指定的数字字符串进行格式化处理，代码如下。

```
<?php
    $number=3665.256; //定义数字字符串常量
    echo number_format ($number) ; //输出 1 个参数格式化后的数字字符串
    echo "<br>"; //执行换行
    echo number_format ($number, 2) ; //输出 2 个参数格式化后的数字字符串
    echo "<br>"; //执行换行
    $number2=123456.7890; //定义数字字符串常量
    echo number_format ($number, 2, '.', '.') ; //输出格式化后的数字字符串
  ?>
```

运行结果如图 8-22 所示。

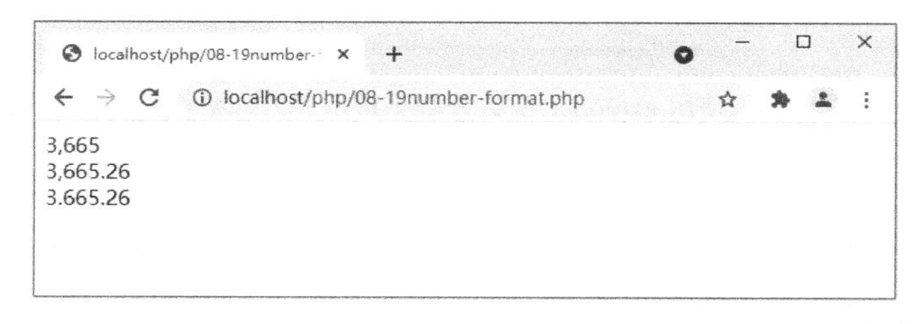


图 8-22　对数字字符串进行格式化的运行结果

### 8.2.9 分割、合成字符串

1. explode()函数

分割字符串是通过 explode()函数实现的。使用该函数可以将指定字符串中的内容按照某个规则进行分类、存储，进而实现更多的功能。例如，在电子商务网站的购物车中，可以通过特殊标识符“@”将购买的多种商品组合成一个字符串存储在数据表中。在显示购物车中的商品时，通过以“@”作为分割的标识符进行拆分，将商品字符串分割成 $N$ 个数组元素，最后通过 for 循环语句输出数组元素，即输出购买的商品。

explode()函数用于按照指定的规则对一个字符串进行分割，返回值为数组，语法如下。

```
array explode (string seperator, string str, [int limit])
```

参数说明：

seperator：必要参数，指定分割符。如果 seperator 为空字符串（""），则 explode()函数返回 False。如果 seperator 包含的值在 str 中找不到，那么 explode()函数将返回包含 str 单个元素的数组。

str：必要参数，指定将要被分割的字符串。

limit：可选参数。如果设置了 limit 参数，则返回的数组包含最多 limit 个元素，而最后的元素将包含 string 的剩余部分。如果 limit 参数是负数，则返回除了最后的-limit 个元素的所有元素。

**【例 8-20】**使用 explode()函数对指定的字符串以“@”为分隔符进行拆分，并输出返回的数组，代码如下。

```
<?php
    $str= "PHP 程序设计@ASP.NET 自学教材@ASP 脚本语言@html 脚本语言"; //定义字符串变量
    $str_arr=explode ("@", $str) ; //应用“@”分割字符串
    print_r ($str_arr) ; //输出字符串分割结果
  ?>
```

运行结果如图 8-23 所示。

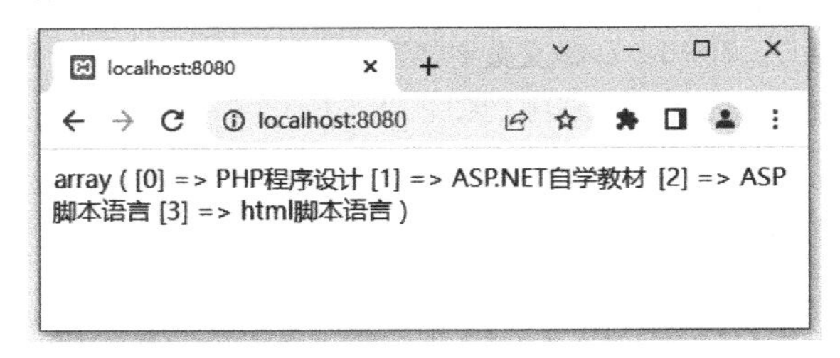


图 8-23　使用 explode()函数分割字符串并返回数组的运行结果

2. implode()函数

既然可以对字符串进行分割并返回数组，就可以对数组进行合成并返回一个字符串。implode()函数可以将数组中的元素组合成一个新的字符串，其语法如下。

```
string implode (string glue, array pieces)
```

glue：字符串类型，指定分隔符。

pieces：数组类型，指定要被合并的数组。

**【例 8-21】** 使用 implode()函数将数组中的内容以“*”为分隔符进行连接，从而组合成一个新的字符串，代码如下。

```
<?php
    $str= "PHP 自学视频教程@ASP.NET 自学视频教程@ASP 自学视频教程@JSP 自学视频教程";
    //定义字符串变量
    $str_arr=explode ("@", $str) ; //应用“@”分割字符串
    $array=implode ("*", $str_arr) ; //将数组合成字符串
    echo $array; //输出字符串
?>
```

运行结果如图 8-24 所示。

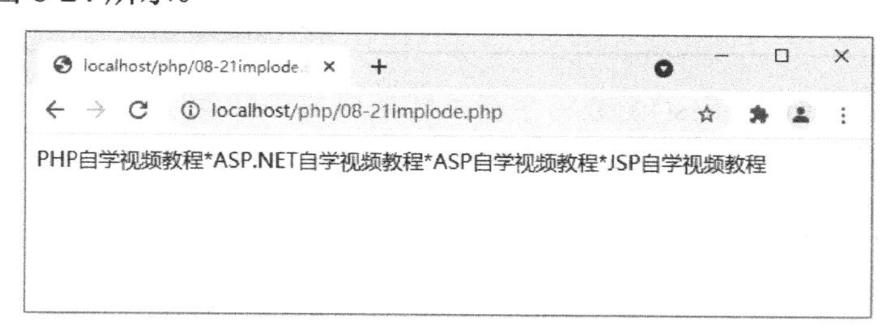


图 8-24　使用 implode()函数合成字符串的运行结果

### 8.2.10　字符串与 HTML 转义字符串转换

字符串与 HTML 转义字符串之间的转换是为了将字符串转换为能直接在网页中显示的转义字符串，而不会被解析为网页标签或源代码。这个操作应用最多的是论坛或者博客，通过转换直接将用户提交的源码输出，确保源码不被解析。这个操作主要是使用 htmlentities()函数完成的。

htmlentities()函数用于将所有的字符都转换成 HTML 转义字符串，语法如下，函数的参数说明如表 8-4 所示。

```
string htmlentities (string string, [int quote_style], [string charset])
```

**表 8-4　htmlentities()函数的参数说明**

| 参数 | 说明 |
| --- | --- |
| string | 必要参数，指定要转换的字符串 |
| quote_style | 可选参数，选择如何处理字符串中的引号，有 3 个可选值：<br>① ENT_COMPAT，转换双引号，忽略单引号，是默认值；<br>② ENT_ NOQUOTES，忽略双引号和单引号；<br>③ ENT_QUOTES，转换双引号和单引号 |
| charset | 可选参数，确定转换所使用的字符集，默认字符集是“ISO-8859-1”，指定字符集能避免转换中文字符时出现乱码的问题 |

htmlentities()函数支持的字符集如表 8-5 所示。

**表 8-5　htmlentities()函数支持的字符集**

| 字符集 | 说明 |
| --- | --- |
| BIG5 | 繁体中文 |
| BIG5-HKSCS | 扩展的 BIG5，繁体中文 |
| cp866 | DOS 特有的西里尔（Cyrillic）字符集 |
| cp1251 | Windows 特有的西里尔字符集 |
| cp1252 | Windows 特有的西欧字符集 |
| EUC-JP | 日文 |
| GB2312 | 简体中文 |
| ISO-8859-1 | 西欧，Latin-1 |
| ISO-8859-15 | 西欧，Latin-9 |
| KOI8-R | 俄语 |
| Shift-JIS | 日文 |
| UTF-8 | 兼容 ASCII 的多字节编码 |

**【例 8-22】** 使用 htmlentities()函数将字符串转换成 HTML 转义字符串。

本实例将论坛中的帖子进行输出，将转换后的代码和未转换的代码的输出结果进行对比，看有何不同，代码如下。

```
<?php
$str='<table width="300" border="1" cellpadding="1" cellspacing="1" bordercolor="#FFFFFF" bgcolor="#0198FF">
    <tr>
        <td align="center" height="35" bgcolor="#FFFFFF">电力学院--是省级发展成长最快的，园林式职业院校实验室建设先进单位。</td>
    </tr>
    <tr>
        <td align="center" bgcolor="#FFFFFF"><img src="images/beg.JPG"></td>
        </tr>
        </table>';
        echo htmlentities ($str, ENT_QUOTES, "utf-8") ."<br>"; //设置转换的字符集为UTF-8
?>
```

结果如图 8-25 所示。

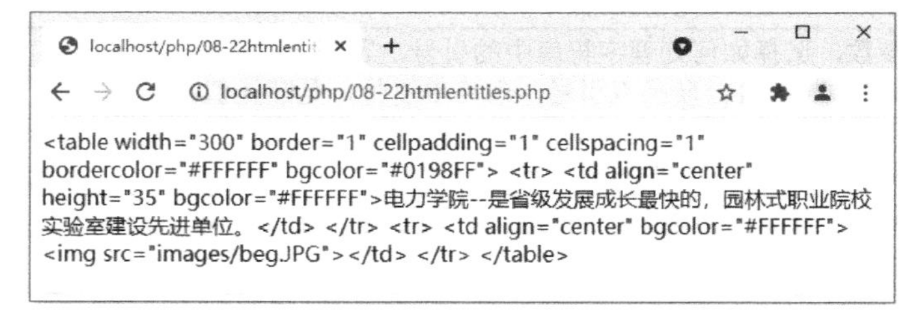


图 8-25　字符串与 HTML 转义字符串的对比结果

### 8.2.11　其他常用字符串函数

1. strrev()函数

strrev()函数用于将英文字符串的前后顺序颠倒过来，语法如下。

```
string strrev (string str)
```

式中，参数 str 为将要被操作的字符串。

【例 8-23】将字符串“I like PHP”的前后顺序颠倒，代码如下。

```
<?php
    echo strrev ("I like PHP") ;
  ?>
```

运行结果如图 8-26 所示。

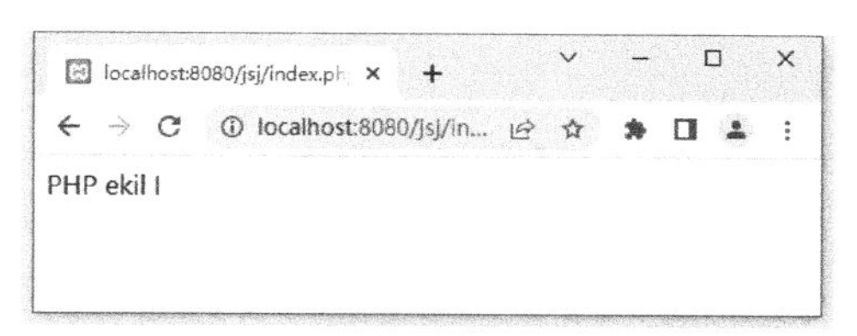


图 8-26　使用 strrev()函数反向输出字符串的运行结果

**注意：**strrev()函数不能用于对中文字符串的操作，否则可能会出现乱码。

2. str_repeat()函数

str_ repeat()函数用于重复输出指定字符串，语法如下。

```
string str_repeat  (string str, int times)
```

参数说明：

str：必要参数，指定要被重复输出的字符串。

times：必要参数，指定重复输出的次数。

【例 8-24】使用 str_repeat()函数重复输出字符串“电力学院@”，代码如下。

```
<?php
    echo str_repeat ("电力学院@", 3) ;
 ?>
```

运行结果如图 8-27 所示。

图 8-27　使用 str_repeat()函数重复输出字符串的运行结果

3. mb_convert_encoding()函数

mb_convert_encoding()函数用于将字符串从一种编码格式转换成另一种编码格式，语法如下。

```
string mb_convert_encoding (string str, string to_encoding[, mixed form_encoding])
```

参数说明：

str：必要参数，指定要被操作的字符串。

to_encoding：必要参数，指定转换后的编码格式。

form_encoding：可选参数，指定转换前的编码格式。如果指定编码格式，则使用逗号进行分隔；如果没有指定编码格式，则使用默认的内部编码格式。

例如，将字符串“我喜欢 PHP”从 GB2312 编码转换成 UTF-8 编码，代码如下。

```
mb_convert_encoding ("我喜欢 PHP", "UTF-8", "GB2312");
```

# 小　　结

本章主要讲解了字符串的处理技术，包括通过单引号、双引号和定界符定义字符串，字符串的连接、转义和还原，字符串的截取、比较、检索、替换、分割和合成，以及获取字符串的长度、格式化字符串、去除字符串中的空白字符和特殊字符、字符串与 HTML 转义字符串的相互转换。虽然字符串操作技术对程序的开发不起决定性的作用，但是在一些细节的处理上却是必不可少的。

# 上机指导

在开发 Web 程序的过程中经常会遇到超长字符串，为了保持整个页面的合理布局，需要对这种超长字符串进行截取。这里利用 msubstr()函数对字符串进行截取，并使用“...”代替省略了的那部分内容，实现方法如下。

首先，创建 index.php 文件，在文件中创建一个自定义函数 substr()。该函数的作用是避免在截取中文字符时出现乱码，代码如下。

```
<?php
    function  msubstr ($str, $start, $len) {//$str 是字符串，$start 是截取的起始位置，$len 是截取的长度
        $tmpstr=""; //声明变量
        $strlen=$start+$len; //用$strlen 指定截取的结束位置
        for ($i=$start; $i<$strlen; $i++) {//通过 for 循环语句读取字符串
            if (ord (substr ($str, $i, 1) ) >0xa0) {//如果字符串中首个字节的 ASCII
```

```
码值大于 0xa0，则表示为汉字
                    $tmpstr.=substr ($str, $i, 2) ; //每次取出 2 位字符给变量$tmpstr,
等于 1 个汉字
                        $i++;    //变量值加 1
                    }else{  //如果不是汉字，则每次取出 1 位字符赋给变量$tmpstr
                        $tmpstr.=substr ($str, $i, 2) ;
                    }
                }
                return $tmpstr; //输出字符串
            }
    ?>
```

然后，定义要截取的字符串，并且调用 substr()函数完成字符串的截取，代码如下。

```
<?php
$str="郑州某职业技术学院一个比较有发展前途的职业技术性学校"; //定义字符串
if (strlen ($str) >18) {//判断文本的字符串长度是否大于 18 位
echo substr ($str, 0, 18) ."..."; //输出文本的前 18 位的字符串，然后输出省略号
}else{//如果文本的字符串长度小于 18 位
    echo $str; //直接输出文本
}
?>
```

运行结果如图 8-28 所示。

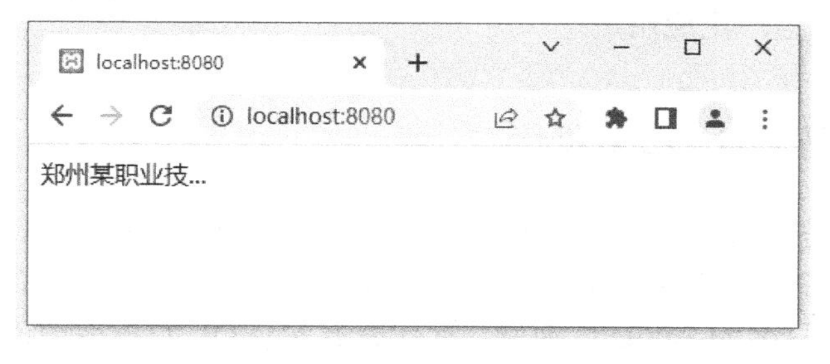


图 8-28　使用 substr()函数截取字符串的运行结果

# 作　　业

1. 三种字符串的定义方法有哪些区别？
2. 在使用定界符定义字符串时有哪些注意事项？

# 第 9 章　MySQL 数据库

**本章要点**

- MySQL 数据库简介
- 在集成开发环境中创建与操作数据库
- 使用代码创建与操作数据库

数据库作为数据的主要载体，在整个项目中扮演着重要的角色。本章使用集成开发环境和代码两种不同的方式建立和操作数据库、数据表。

## 9.1　MySQL 数据库简介

PHP 在开发 Web 站点或管理系统时，需要对大量的数据进行保存。XML 文件和文本文件虽然可以作为数据的载体，但不易对大量数据进行管理和存储，所以在项目开发时，数据库就显得非常重要。PHP 可以连接的数据库种类较多，其中 MySQL 数据库与 PHP 兼容较好，在 PHP 数据库开发中被广泛应用。

### 9.1.1　什么是 MySQL 数据库

MySQL 数据库是一款安全的、跨平台的、高效的，并与 PHP、Java 等主流编程语言紧密结合的数据库系统。该数据库系统由瑞典的 MySQL AB 公司开发、发布并支持。MySQL 数据库的象征符号是一只名为 Sakila 的海豚，它代表着 MySQL 数据库的速度、能力、精确和优秀本质。

目前，MySQL 数据库被广泛应用在 Internet 上的中小型网站。由于其体积小、速度快、总体成本低，加上开放源代码这一特点，很多公司都采用 MySQL 数据库。

MySQL 数据库可以称得上是目前运行速度最快的 SQL 语言数据库之一。除了具有许多其他数据库不具备的功能外，MySQL 数据库还是一种完全免费的产品，用户可以直接通过网络下载 MySQL 数据库，不必支付任何费用。

### 9.1.2　MySQL 数据库的特点

MySQL 数据库具有以下几个主要特点。

- 功能强大：MySQL 数据库提供了多种数据库存储引擎，每个引擎各有所长，适用于不同的应用场合。用户可以选择最合适的引擎以得到最高性能，从而便于处理每天访问量超过数亿的高强度的 Web 站点搜索。MySQL 5 支持事务、视图、存储过程、触发器等。

- 支持跨平台：MySQL 数据库支持 20 种以上的开发平台，包括 Linux、Windows、FreeBSD、IBMAIX、AIX、FreeBSD 等。这使得在任何平台下编写的程序都可以进行移植，而不需要对程序做任何修改。
- 运行速度快：高速是 MySQL 数据库的显著特性。MySQL 数据库使用了极快的 B 树磁盘表（MyISAM）和索引压缩，即通过使用优化的单扫描多连接，能够极快地实现连接。SQL 函数使用高度优化的类库实现，运行速度极快。
- 支持面向对象：PHP 支持混合编程方式。编程方式可分为纯粹面向对象、纯粹面向过程、面向对象与面向过程混合 3 种方式。
- 安全性高：MySQL 数据库是一个灵活和安全的权限与密码系统，允许基本主机的验证。连接到服务器时，所有的密码传输均采用加密形式，保证了密码的安全。
- 成本低：MySQL 数据库是一种完全免费的产品，用户可以直接通过网络下载。
- 支持各种开发语言：MySQL 数据库为各种流行的程序设计语言提供支持，提供了很多 API 函数，包括 PHP、ASP.NET、Java、Eiffel、Python、Ruby、TCL、C、C++、Perl 等语言。
- 存储容量大：MySQL 数据库的最大有效表尺寸通常是由操作系统对文件大小的限制决定的，而不是由 MySQL 数据库内部限制决定的。InnoDB 存储引擎将 InnoDB 表保存在一个表空间内，该表空间可由数个文件创建。表空间的最大容量为 64TB，可以轻松处理拥有上千万条记录的大型数据库。
- 支持强大的内置函数：PHP 提供了大量内置函数，几乎涵盖了 Web 应用开发的所有功能，内置了数据库连接、文件上传等功能。MySQL 数据库支持大量的扩展库，如 MySQLi 等，可以为快速开发 Web 应用提供便利。

### 9.1.3　MySQL 5 支持的特性

MySQL 5 已经是一个非常成熟的企业级的数据库管理系统，在许多大型的开源项目中被广泛应用。MySQL 5 支持许多基本特性和高级特性，具体如下。

- 支持各种数据类型。
- 支持事物、主键外键、行级锁定等特性。
- 在 select 查询语句和 where 字句中提供了完整的操作符和函数支持。
- 支持子查询。
- 支持 group by、order by 子句。
- 支持各种聚合函数。
- 支持 left outer join 和 right outer join 多表连接查询。
- 支持表别名、字段别名。
- 支持跨库多表连接查询。
- 支持查询缓存，极大地提升了查询性能。
- 支持存储过程、视图和触发器等特性。
- 支持多平台、多 CPU 等特性。
- 支持嵌入式，可以将 MySQL 数据库集成到嵌入式程序中。

# 9.2 启动和关闭 MySQL 服务器

启动和关闭 MySQL 服务器的操作非常简单，但通常情况下不要暂停或关闭 MySQL 服务器，否则数据库将无法使用。

## 9.2.1 启动 MySQL 服务器

启动 MySQL 服务器后就可以操作 MySQL 数据库了。启动 MySQL 服务器的方法已经在第 1 章中进行了详细地介绍，这里不再赘述。

## 9.2.2 连接和断开 MySQL 服务器

1. 连接 MySQL 服务器

启动 MySQL 服务器后就可以连接 MySQL 服务器了。MySQL 服务器提供了 MySQL console 命令窗口，在 XAMPP 控制面板中单击“MySQL”选项后的“Start”按钮就可以启动 MySQL 服务器，如图 9-1 所示。

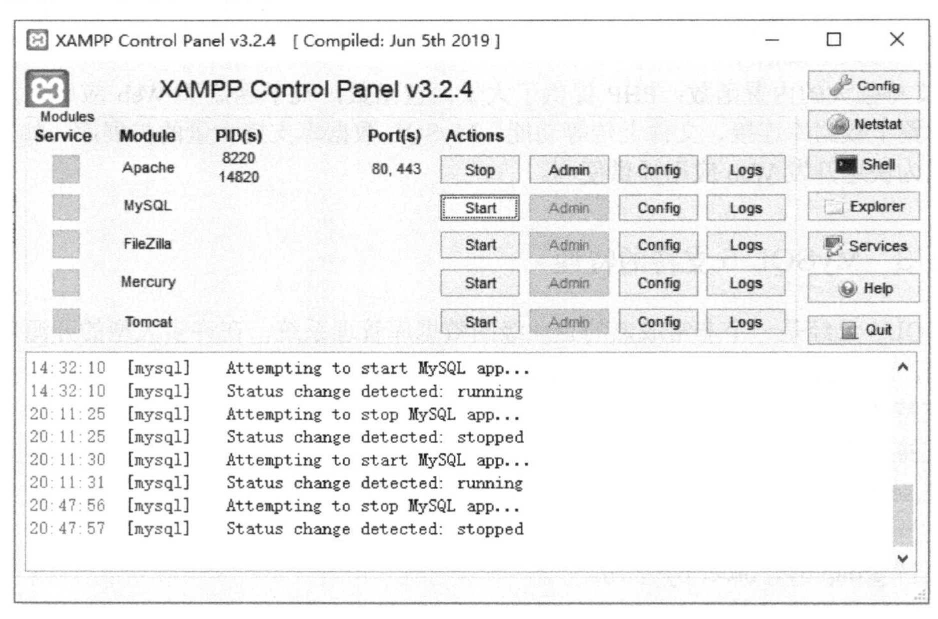


图 9-1　启动 MySQL 服务器

这里提供两种连接 MySQL 服务器的方法：①单击 XAMPP 控制面板中的“Admin”按钮，可以直接进入 phpmyadmin 界面进行数据库操作；②单击 XAMPP 控制面板中的“Shell”按钮，可以打开 MySQL 命令窗口进行数据库操作。在用这两种方法连接 MySQL 服务器后，都需要输入用户名和密码以进入 MySQL 数据库进行数据表的操作，用户名一般默认为“root”，初始密码默认为空或者“root”。在此主要讲解第一种方法，即在 phpmyadmin 界面中使用数据库操作语句来操作数据库。登录数据库出现的界面如图 9-2 所示。

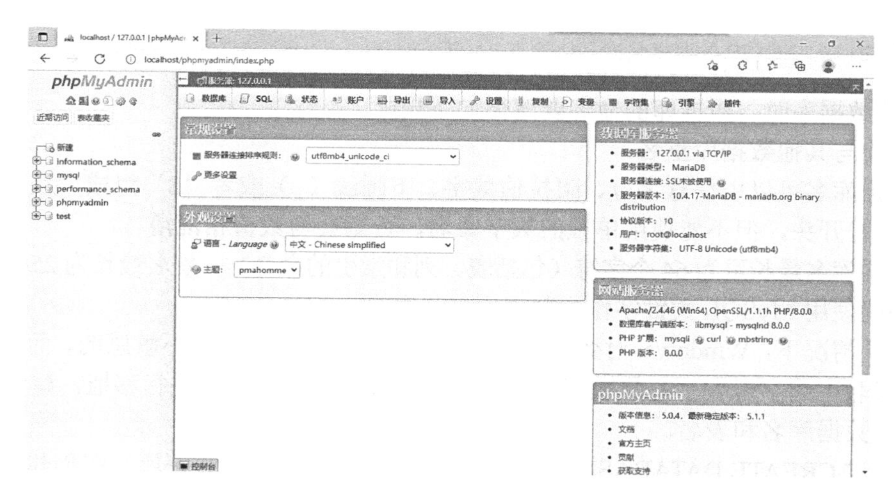


图 9-2　登录数据库出现的界面

### 2. 断开 MySQL 服务器连接

操作完数据库后，打开 XAMPP 控制面板找到“MySQL”所在的那一行，单击后方的“Stop”按钮即可断开 MySQL 服务器连接，如图 9-3 所示。

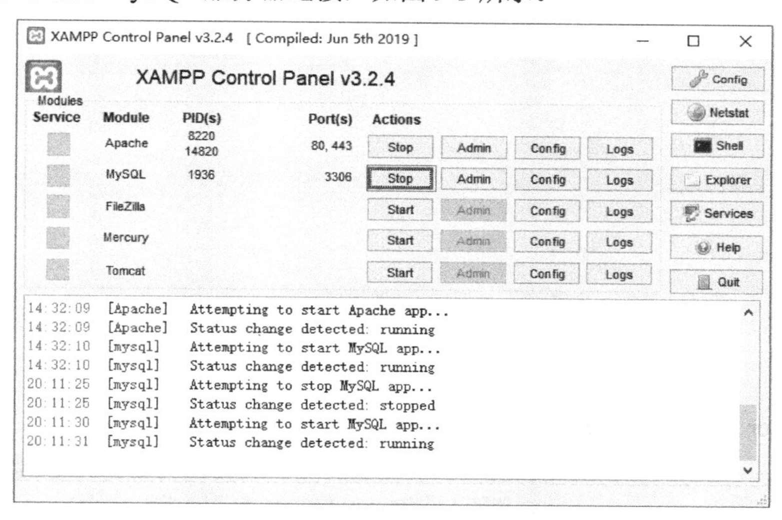


图 9-3　断开 MySQL 服务器连接

# 9.3　操作 MySQL 数据库

MySQL 数据库的操作可以分为创建、选择、查看和删除操作。

## 9.3.1　创建数据库

使用 CREATE DATABASE 语句创建数据库，其语法格式如下。

```
CREATE DATABASE 数据库名;
```

在创建数据库时，数据库的命名要遵循如下规则。

● 不能与其他数据库重名。

● 数据库名可以由任意字母、阿拉伯数字、下画线（_）或者“$”组成，且可以使用上述的任意字符开头，但不能使用单独的数字命名，否则会与数值相混淆。

● 数据库名最长可为 64 个字符（包括表、列和索引的命名），别名最长为 256 个字符。

● 不能使用 MySQL 关键字作为数据库名、表名。

● 默认情况下，Windows 对数据库名、表名中的字母大小写是不敏感的，而 Linux 对数据库名、表名中的字母大小写是敏感的。为了便于数据库在平台间进行移植，建议采用小写字母来定义数据库名和表名。

下面通过 CREATE DATABASE 语句创建一个名为 db_user 的数据库。在创建数据库时，首先连接 MySQL 服务器，然后编写“CREATE DATABASE db_user;” SQL 语句，如图 9-4 所示。

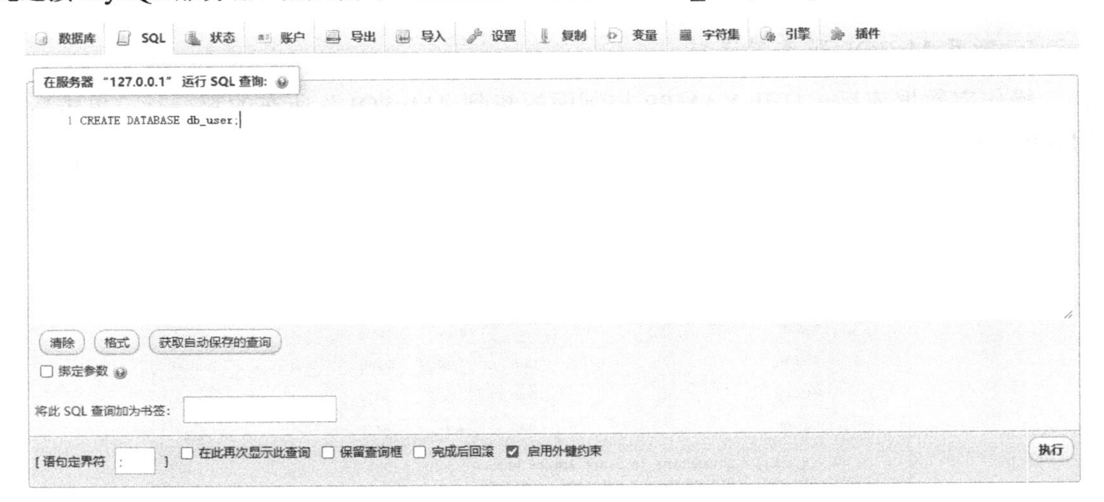


图 9-4　创建数据库

创建 db_user 数据库后，页面左侧会显示数据库列表，如图 9-5 所示。

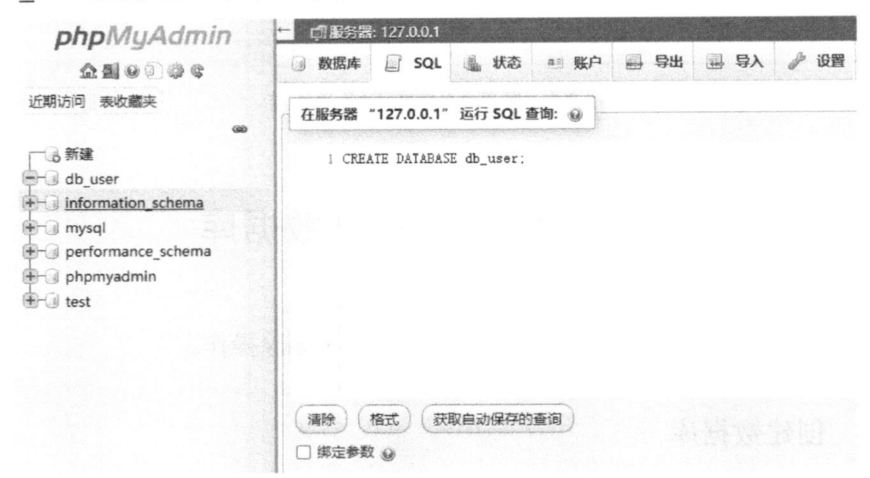


图 9-5　显示数据库列表

## 9.3.2　选择数据库

use 语句用于选择一个数据库，使其成为当前默认数据库，其语法格式如下。

```
use 数据库名;
```

例如，选择名为 db_user 的数据库，操作命令如图 9-6 所示。

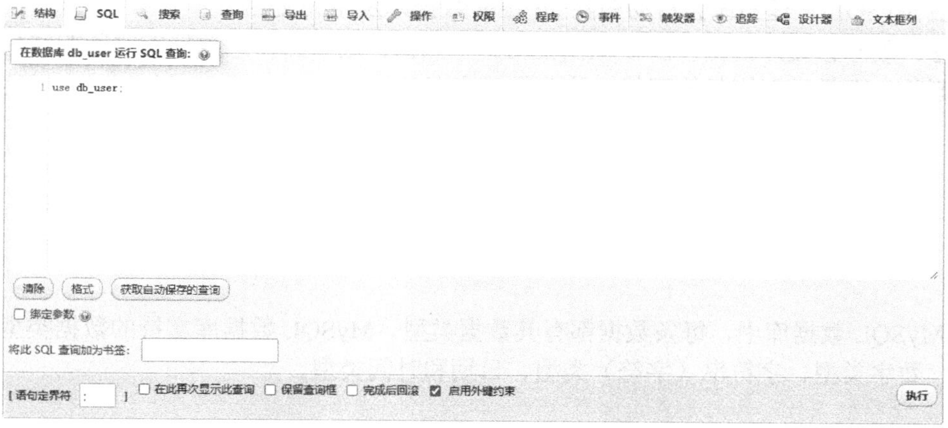

图 9-6　选择数据库的操作命令

选择 db_ user 数据库才可以操作该数据库中的所有对象。

## 9.3.3　查看数据库

数据库创建完成后，可以使用“show databases”命令查看 MySQL 数据库中所有已经存在的数据库，语法如下此处运行的命令为大写字母形式，不影响运行结果。

```
show databases;
```

例如，使用“show databases”命令显示本地 MySQL 数据库中所有已存在的数据库名，如图 9-7 所示（此处运行的命令为大写字母形式，不影响运行结果）。

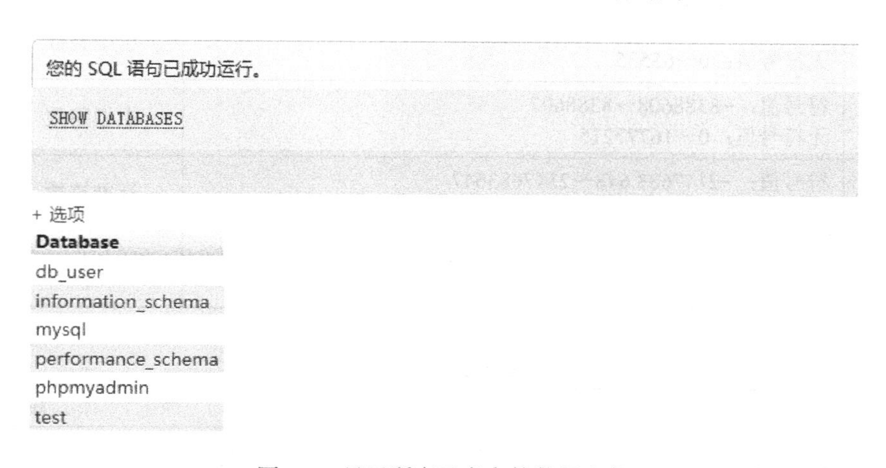


图 9-7　显示所有已存在的数据库名

### 9.3.4 删除数据库

删除数据库使用的是 drop database 语句，语法格式如下。

```
drop database 数据库名;
```

例如，在 MySQL 命令窗口中使用“drop database db_user;”语句，即可删除 db_user 数据库，然后 MySQL 管理系统会自动删除 db_user 数据库及相关文件。

**注意：** 删除数据库的操作应该谨慎使用。一旦执行这项操作，数据库的所有结构和数据都会被删除，而且没有恢复的可能，除非数据库有备份。

## 9.4 MySQL 数据类型

在 MySQL 数据库中，每条数据都有其数据类型。MySQL 数据库支持的数据类型主要分成 3 类：数字类型、字符串（字符）类型、日期和时间类型。

### 9.4.1 数字类型

MySQL 数据库支持所有的 ANS/ISO SQL 92 数字类型，包括准确数字的数据类型（numeric、decimal、integer、smallint）、近似数字的数据类型（float、real 和 double precision）。其中，关键字 int 是 integer 的简写，关键字 dec 是 decimal 的简写。

一般来说，数字类型可以分成整型和浮点型两类，详细内容如表 9-1 和表 9-2 所示。

**表 9-1　整型**

| 数字类型 | 取值范围 | 说明 | 单位 |
|---|---|---|---|
| tinyint | 符号值：−127～127，无符号值：0～255 | 最小的整数 | 1 字节 |
| bit | 符号值：−127～127，无符号值：0～255 | 最小的整数 | 1 字节 |
| bool | 符号值：−127～127，无符号值：0～255 | 最小的整数 | 1 字节 |
| smallint | 符号值：−32768～32767<br>无符号值：0～65535 | 小型整数 | 2 字节 |
| mediumint | 符号值：−8388608～8388607<br>无符号值：0～16777215 | 中型整数 | 3 字节 |
| int | 符号值：−2147683 648～2147683647<br>无符号值：0～4294967295 | 标准整数 | 4 字节 |
| bigint | 符号值：222368547588748～92332032854775 807<br>无符号值：0～18446744073709551615 | 大型整数 | 8 字节 |

**表 9-2　浮点型**

| 数字类型 | 取值范围 | 说明 | 单位 |
|---|---|---|---|
| float | +（−）3.402823466E+38 | 单精度浮点数 | 8 字节或 4 字节 |

续表

| 数字类型 | 取值范围 | 说明 | 单位 |
|---|---|---|---|
| double | +（−）1.797693348623157E+308<br>+（−）2.2250738585072014E−308 | 双精度浮点数 | 8 字节 |
| decimal | 可变 | 一般整数 | 自定义长度 |

在创建数据表时，选择使用的数字类型应遵循以下原则。

① 选择最小的可用类型。如果值永远不超过 127，则使用 tinyint 要比使用 int 合适。

② 对于都是数字的情况，可以选择整型。

③ 浮点型用于具有小数部分的数，如货物单价、网上购物交付金额等。

## 9.4.2 字符串类型

字符串类型可以分为 3 类：普通的文本字符串类型（char 类型和 varchar 类型）、可变类型（text 类型和 blob 类型）和特殊类型（set 类型和 enum 类型）。它们都有一定的区别，取值的范围不同，应用的地方也不同。

### 1. 普通的文本字符串类型（char 类型和 varchar 类型）

普通的文本字符串类型即 char 类型和 varchar 类型。char 类型的列长度要在创建数据表时指定，取值为 1～255。varchar 类型的列值是变长的字符串，取值和 char 类型一样。普通的文本字符串类型如表 9-3 所示。

**表 9-3 普通的文本字符串类型**

| 类型 | 取值范围 | 说明 |
|---|---|---|
| [national]<br>char(M)<br>[binary]<br>ASCII [Unicode] | 0～255 个字符 | 固定长度为 M 的字符串，其取值范围为 0～255。national 关键字指定了应该使用的默认字符集。binary 关键字指定了数据是否区分字母大小写（默认是区分字母大小写的）。ASCII 关键字指定了在该列中使用 Latin1 字符集。 Unicode 关键字指定了使用 UCS 字符集 |
| char | 0～255 个字符 | 和 char(M)类似 |
| [national]<br>varchar(M)<br>[binary] | 0～255 个字符 | 长度可变，其他和 char(M)类似 |

### 2. 可变类型（text 类型和 blob 类型）

text 类型和 blob 类型的大小都可以改变。text 类型适合存储长文本，而 blob 类型适合存储二进制数据，支持任何数据，如文本、声音和图像等。text 类型和 blob 类型如表 9-4 所示。

**表 9-4 text 类型和 blob 类型**

| 类型 | 最大长度（字节数） | 说明 |
|---|---|---|
| tinytext | $2^8$−1（225） | 小 text 字段 |
| tinyblob | $2^8$−1（225） | 小 blob 字段 |

续表

| 类型 | 最大长度（字节数） | 说明 |
|---|---|---|
| text | $2^{16}-1$（65535） | 常规 text 字段 |
| blob | $2^{16}-1$（65535） | 常规 blob 字段 |
| mediumtext | $2^{24}-1$（1677215） | 中型 text 字段 |
| mediumblob | $2^{24}-1$（1677215） | 中型 blob 字段 |
| longtext | $2^{32}-1$（4294967295） | 长 text 字段 |
| longblob | $2^{32}-1$（4294967295） | 长 blob 字段 |

3. 特殊类型（set 类型和 enum 类型）

特殊类型的 enum 类型和 set 类型的介绍如表 9-5 所示。

**表 9-5　enum 类型和 set 类型**

| 类型 | 最大长度（字节数） | 说明 |
|---|---|---|
| enum("value1","value2",...) | 65535 | 该类型的列只可以容纳所列值的其中之一或为 null |
| set("value1","value2",...) | 64 | 该类型的列可以容纳一组值或为 null |

在创建数据表时，使用字符串类型应遵循以下原则。

① 从速度方面考虑，要选择固定的列，可以使用 char 类型。

② 为节省空间，要选择动态的列，可以使用 varchar 类型。

③ 要将列中的内容限制在某一种选择内，可以使用 enum 类型。

④ 允许在一个列中有多于一个的条目，可以使用 set 类型。

⑤ 如果搜索的内容不区分字母大小写，可以使用 text 类型。

⑥ 如果搜索的内容区分字母大小写，可以使用 blob 类型。

## 9.4.3　日期和时间类型

日期和时间类型包括 date、time、datetime、timestamp 和 year。每种类型都有其取值范围，如赋予一个不合法的值，则将会被“0”代替。日期和时间类型如表 9- 6 所示。

**表 9-6　日期和时间类型**

| 类型 | 取值范围 | 说明 |
|---|---|---|
| date | 1000-01-01　9999-12-31 | 日期，格式为 YYYY-MM-DD |
| time | -838:58:59　835:59:59 | 时间，格式为 HH:MM:SS |
| datetime | 1000-01-01　00:00:00<br>9999-12-31　23:59:59 | 日期和时间，格式为 YYYY-MM-DD　HH:MM:SS |
| timestamp | 1970-01-01　00:00:00<br>2037 年的某个时间 | 时间标签 |
| year | 1901～2155 | 年份，可指定为两位数字或四位数字的格式 |

在 MySQL 中，日期是按照标准的 ANSI SQL 格式进行输入的。

# 9.5　操作数据表

数据库创建完成后，即可在命令提示符窗口中对数据表进行操作，如创建数据表、查看表结构、修改表结构、重命名数据表及删除数据表等。

## 9.5.1　创建数据表

可以在 MySQL 数据库中使用 CREATE TABLE 命令创建数据表，语法格式如下。

```
CREATE[TEMPORARY] TABLE [IF NOT EXISTS]数据表名
[ (create_definition, ...) ][table_options][select_statement]
```

CREATE TABLE 命令的参数说明如表 9-7 所示。

**表 9-7　CREATE TABLE 命令的参数说明**

| 关键字 | 说明 |
| --- | --- |
| TEMPORARY | 如果使用该关键字，则表示创建一个临时表 |
| IF NOT EXISTS | 该关键字用于避免表存在时，MySQL 报告错误 |
| create_definition | 这是表的列属性部分。MySQL 要求在创建表时，表要至少包含一列数据 |
| table_options | 表的特性参数 |
| select_statement | select 语句描述部分，用它可以快速地创建表 |

下面介绍列属性 create_ definition 的使用方法，每一列的具体定义格式如下。

```
col_name type [NOT NULL | NULL] [DEFAULT default_value][AUTO_ INCREMENT]
[PRIMARY KEY ] [reference_ definition]
```

列属性 create_definition 的参数说明如表 9-8 所示。

**表 9-8　列属性 create_defintion 的参数说明**

| 参数 | 说明 |
| --- | --- |
| col_name | 字段名 |
| type | 字段类型 |
| NOT NULL \| NULL | 指出该列是否允许是空值。数字“0”和空格都不是空值，系统一般默认允许为空值。当不允许为空值时，必须使用 NOT NULL |
| DEFAULT default_value | 表示默认值 |
| AUTO_INCREMENT | 表示是否是自动编号，每个表只能有一个 AUTO_INCREMENT 列，并且必须被索引 |
| PRIMARY KEY | 表示是否为主键。一个表只能有一个 PRIMARY KEY。如表中没有一个 PRIMARY KEY，而当某些应用程序要 PRIMARY KEY 时，MySQL 将返回第一个没有任何 NULL 列的 UNIQUE 键作为 PRIMARY KEY |
| reference_definition | 为字段添加注释 |

在实际应用中，使用 CREATE TABLE 命令创建数据表的时候，只需指定最基本的属性即可，格式如下。

```
CREATE TABLE table_name (列名 1 属性，列名 2 属性...)；
```

例如，在命令提示符窗口中应用 CREATE TABLE 命令（此处输入的是该命令的大写字母形式）在数据库 db_user 中创建一个名为 tb_user 的数据表，表中包括 id、user、pwd、createtime 等字段，实现过程如图 9-8 所示。

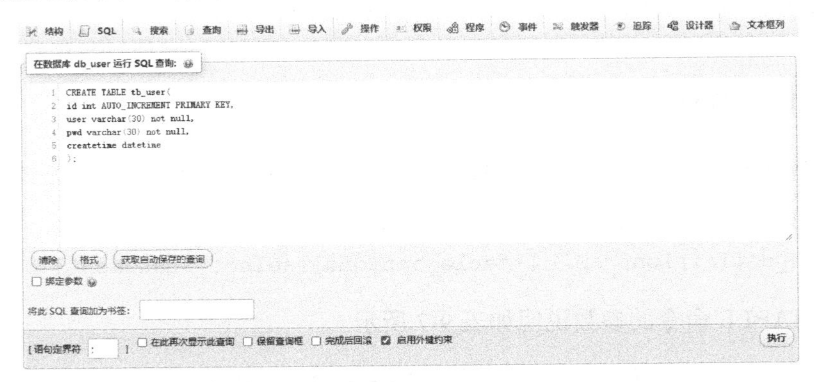


图 9-8　创建数据表的实现过程

## 9.5.2　查看表结构

成功创建数据表后，可以使用 SHOW COLUMNS 命令或 DESCRIBE 命令查看指定数据表的表结构，下面分别对这两个命令进行介绍。

1. SHOW COLUMNS 命令

SHOW COLUMNS 命令的语法格式如下。

```
SHOW [full] COLUMNS FROM 数据表名[FROM 数据库名];
```

或者也可以写成如下形式。

```
SHOW [full] COLUMNS FROM数据库名 数据表名;
```

例如，应用 SHOW COLUMNS 命令查看数据表 tb_user 的表结构（此处输入的是该命令的大写字母形式），如图 9-9 所示。

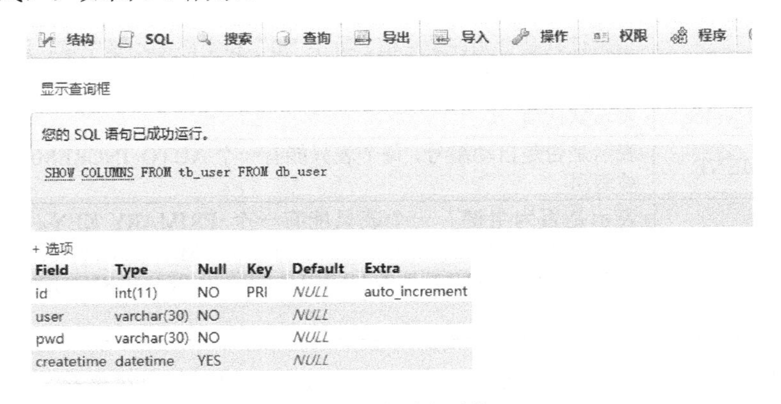


| Field | Type | Null | Key | Default | Extra |
|---|---|---|---|---|---|
| id | int(11) | NO | PRI | NULL | auto_increment |
| user | varchar(30) | NO | | NULL | |
| pwd | varchar(30) | NO | | NULL | |
| createtime | datetime | YES | | NULL | |

图 9-9　查看表结构

2. DESCRIBE 命令

DESCRIBE 命令的语法格式如下。

```
DESCRIBE 数据表名;
```

其中 DESCRIBE 可以简写为 DESC。在查看表结构时，可以只列出某一列的信息，语法格式如下。

```
DESCRIBE 数据表名 列名;
```

例如，应用 DESCRIBE 命令的简写形式查看数据表 tb_user 的某一列信息（此处输入的是该命令的大写字母形式），如图 9-10 所示。

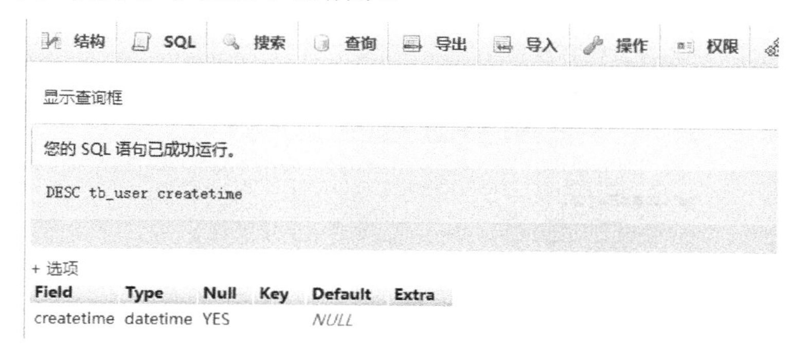


图 9-10　查看数据表的某一列信息

## 9.5.3　修改表结构

采用 ALTER TABLE 命令修改表结构。修改表结构包括增加或者删除字段，如修改字段名称或者字段类型、设置取消主键外键、设置取消索引、修改表的注释等。ALTER TABLE 命令的语法格式如下。

```
ALTER [IGNORE] TABLE 数据表名 alter_spec[, alter_spec]…
```

**注意：**当指定 IGNORE 时，如果出现重复关键的行，则只执行一行，其他重复的行会被删除。其中，alter_ spec 子句（全写为 alter_specification）用于定义要修改的内容，语法格式如下。

```
alter_specification:
ADD [COLUMN] create_definition [FIRST | AFTER column_name ]      --添加新字段
|ADD INDEX [index_ name] (index_col_name, …)      --添加索引名称
|ADD PRIMARY KEY (index_col_name, …)      --添加主键名称
|ADD UNIQUE [index_name] (index_col_name, …)      --添加唯一索引
|ALTER [COLUMN] col_name {SET DEFAULT literal | DROP DEFAULT}      --修改字段名称
|CHANGE [COLUMN] old_col_name create_definition      --修改字段类型
|MODIFY [COLUMN] create_definition      --修改子句
|DROP [COLUMN] col_name      --删除字段名称
```

```
|DROP PRIMARY KEY                                          --删除主键名称
|DROP INDEX index_name                                     --删除索引名称
|RENAME [AS] new_tbl_name                                  --更改表名
|TABLE_options
```

ALTER TABLE 命令允许指定多个动作，动作间使用逗号分隔，每个动作表示一个对表的修改操作。

例如，向 tb_user 数据表中添加一个新的字段 address，类型为 varchar(60)，并且不为空值，即“NOT NULL”。将字段 user 的类型由 varchar(30)改为 varchar(50)，然后用 DESC 命令查看修改后的表结构，如图 9-11 所示。

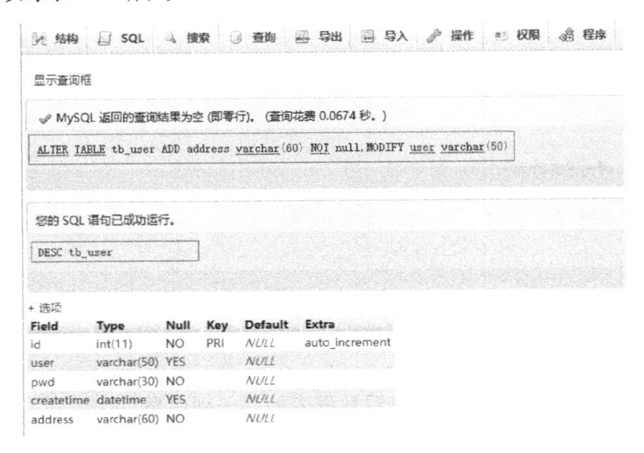


图 9-11　修改表结构

## 9.5.4　重命名数据表

重命名数据表采用 RENAME TABLE 命令，语法格式如下。

```
RENAME TABLE 数据表名 1 to 数据表名 2;
```

例如，对数据表 tb_user 进行重命名，使更名后的数据表名为 tb_member，只需要在 MySQL 的 SQL 语句窗口中使用“RENAME TABLE tb_user to tb_member;”SQL 语句即可实现。

**说明：**该语句可以同时对多个数据表进行重命名，多个表之间以逗号“,”分隔。

## 9.5.5　删除数据表

删除数据表的操作很简单，与删除数据库的操作类似，使用 DROP TABLE 命令即可实现。格式如下。

```
DROP TABLE 数据表名;
```

例如，在 MySQL 的 SQL 语句窗口中使用“DROP TABLE tb_user;”SQL 语句即可删除 tb_user 数据表。删除数据表后，MySQL 管理系统会自动删除其目录下的表文件。

**注意：**删除数据表的操作应该谨慎使用。一旦删除数据表，那么表中的数据将会被全部清除，没有备份则无法恢复。

在删除数据表的过程中，如果删除一个不存在的表，就会产生错误。这时只要在删除语句中加入 if exists 关键字（关键字的字母大小写不会影响程序运行），就可避免出错，语法格式如下。

```
DROP TABLE if exists 数据表名;
```

**注意：** 在对数据表进行操作之前，首先必须选择数据库，否则是无法对数据表进行操作的。

# 9.6　数据表记录的更新操作

数据库包含数据表，数据表包含数据。在 MySQL 与 PHP 的结合应用中，真正被操作的是数据表中的数据，因此如何更好地操作和使用这些数据，才是使用 MySQL 数据库的根本。

向数据表中添加、修改和删除记录可以在 MySQL 命令行中使用 SQL 语句完成，下面介绍如何在 MySQL 命令行中执行基本的 SQL 语句。

## 9.6.1　数据表记录的添加

在建立一个空的数据库和数据表时，首先要想清楚如何向数据表中添加数据。这项操作可以通过 INSERT INTO 命令来实现，语法格式如下。

```
INSERT INTO 数据表名(column_name1,columm_name2,…)values(value1,value2,…);
```

在 MySQL 中，一次可以同时插入多行记录，各行记录的值清单在 values 关键字后以逗号“,”分隔，而标准的 SQL 语句只能一次插入一行记录。

**说明：** 值列表中的值应与字段列表中字段的个数和顺序相对应，值列表中值的数据类型必须与相应字段的数据类型保持一致。

例如，向数据表 tb_user 中插入一条记录，如图 9-12 所示。

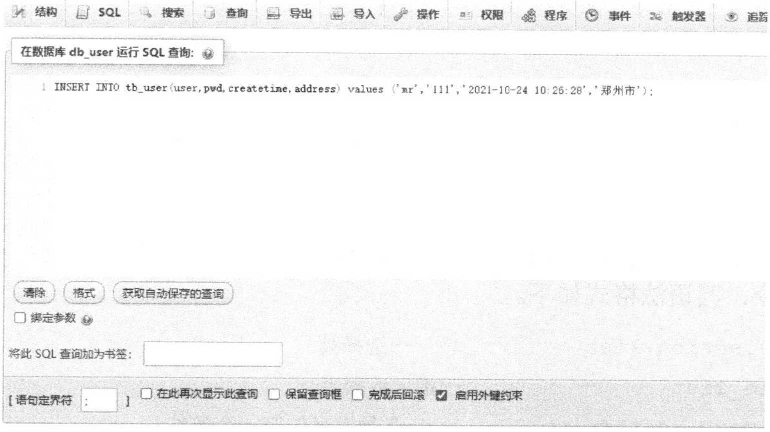

图 9-12　插入一条记录

当向数据表中的所有列添加记录时，INSERT INTO 语句中的字段列表可以省略，具体如下。

```
INSERT INTO tb_user values (null, 'mrsoft', '123', '2021-10-24 12:12:12', '洛阳市');
```

### 9.6.2 数据表记录的修改

要执行修改数据表记录的操作，可以使用 UPDATE 命令，该命令的语法格式如下。

```
UPDATE 数据表名 set  column_name=new_value1, column_name2=new_value2, …where condition;
```

其中，set 子句指出要修改的列及其给定的值；where 子句是可选的，如果给出该子句，则指定记录中哪行记录应该被更新，否则所有的记录都将被更新。

例如，将数据表 tb_user 中的用户名为“mr”的管理员密码从“111”修改为“222”，SQL 语句如下。

```
UPDATE tb_user set pwd='222' WHERE user='mr';
```

### 9.6.3 数据表记录的删除

在数据库中，如果有些数据已经失去意义或者数据是错误的，就需要将它们删除，此时可以使用 DELETE 命令，其语法格式如下。

```
DELETE FROM 数据表名 WHERE condition;
```

**注意：**在执行过程中，如果该语句没有指定 WHERE 条件，那么将删除所有的记录；如果指定了 WHERE 条件，将按照指定的条件进行删除。

使用 DELETE 命令删除整个数据表的效率并不高，因此可以使用 TRUNCATE 命令来快速删除数据表中所有的内容。

例如，删除数据表 tb_user 中用户名为“mr”的记录，SQL 语句如下。

```
DELETE FROM tb_user WHERE user='mr';
```

## 9.7 数据表记录的查询操作

要从数据库中把数据查询出来，就会用到数据查询命令——select 命令。select 命令是最常用的查询命令，其语法格式如下。

```
select selection_list                --选择列
from table_list                  --指定数据表
where primary_constraint           --必须满足的第一个条件
group by grouping_columns          --对结果进行分组
```

```
order by sorting_columns          --对结果进行排序
having secondary_constraint          --需要满足的第二个条件
limit count                     --限定输出查询结果
```

下面对 select 查询语句的参数进行详细讲解。

1. selection_list

在使用 selection_list 设置查询内容时，如果要查询表中所有的列，可以将其设置为“*”；如果要查询表中的某一列或多列，则直接输入列名，并以“,”为分隔符。

例如：查询 tb_mrbook 数据表中所有的列，并单独查询 id 列和 bookname 列，代码如下。

```
select * from tb_mrbook;    //查询数据表中所有的列
select id, bookname from tb_mrbook;    //查询数据表中 id 列和 bookname 列
```

2. table_list

在使用 table_list 指定查询的数据表时，既可以从一个数据表中查询，也可以从多个数据表中查询，多个数据表之间用“,”进行分隔，并且通过 where 子句确定表之间的联系。

例如，从 tb_mrbook 数据表和 tb_bookinfo 数据表中查询“bookname='PHP 自学视频教程'”的编号、书名、作者和价格，代码如下。

```
select tb_mrbook, id, tb_mrbook.bookname,
author, price from tb_mrbook, tb_bookinfo
where tb_mrbook.bookname=tb_bookinfo.bookname and
tb_bookinfo.bookname='PHP 自学视频教程';
```

在上面的 SQL 语句中，因为两个表都有 id 字段和 bookname 字段，所以为了告诉服务器要显示的是哪个表中的字段信息，需要在字段名前加上前缀，语法格式如下。

```
表名.字段名
```

“tb_mrbook.bookname=tb_bookinfo.bookname”将表 tb_mrbook 和 tb_bookinfo 连接起来，也叫等同连接；如果不使用“tb_mrbook.bookname=tb_bookinfo.bookname”，那么产生的结果将是两个表的笛卡儿积，也叫全连接。

3. where 子句

在使用查询语句时，如果要从很多的记录中查询出想要的记录，就需要一个查询的条件。只有设定查询的条件，查询才有实际的意义。设定查询条件应用 where 子句。

where 子句的功能非常强大，通过它可以实现很多复杂的条件查询。在使用 where 子句时，需要使用一些比较运算符。常用的比较运算符如表 9-9 所示。

**表 9-9　常用的比较运算符**

| 比较运算符 | 名称 | 示例 | 比较运算符 | 名称 | 示例 |
|---|---|---|---|---|---|
| = | 等于 | id=10 | is not null | 不为空 | id is not null |
| > | 大于 | id>10 | between | 在两个值之间 | id between 1 and 10 |
| < | 小于 | id<10 | in | 在指定范围内 | id in (4,5,6) |

续表

| 比较运算符 | 名称 | 示例 | 比较运算符 | 名称 | 示例 |
|---|---|---|---|---|---|
| >= | 大于等于 | id>=10 | not in | 不在指定范围内 | name not in (a,b) |
| <= | 小于等于 | id<=10 | like | 模式匹配 | name like ('abc%') |
| !=或<> | 不等于 | id!=10 | not like | 模式不匹配 | name not like ('abc%') |
| is null | 为空 | id is null | regexp | 常规表达式 | name 正则表达式 |

表 9-9 中列举的是 where 子句常用的比较运算符，示例中的 id 用于记录编号，bookname 是表中的书名。

例如，应用 where 子句查询 tb_mrbook 数据表，条件是 type（类别）为“PHP”的所有图书，代码如下。

```
select * from tb_mrbook where type ='PHP';
```

4. distinct 关键字

使用 distinct 关键字可以去除结果中重复的数据。因该参数不是必选参数，所以未在语法格式中出现，在此仅做简要说明。

例如，查询 tb_mrbook 数据表，并在结果中去掉类别字段（type）中的重复数据，代码如下。

```
select distinct type from tb_mrbook;
```

5. order by

使用 order by 可以对查询的结果进行升序和降序（desc）排列。默认情况下，order by 按升序输出结果，如果要按降序排列，可以使用 desc 来实现。

在对含有 null 值的列进行排序时，如果按升序排列，null 值将出现在最前面；如果按降序排列，null 值将出现在最后。

例如，查询 tb_mrbook 数据表中的所有信息，对“id”进行降序排列，并且只显示 5 条记录，代码如下。

```
select * from tb_mrbook order by id desc limit 5;
```

6. like

like 属于较常用的比较运算符，通过它可以实现模糊查询。因该运算符不是必选项，所以未在语法格式中出现，在此仅做简要说明。它有 2 种通配符，即冒号“:”和下画线“_”。“%”可以匹配一个或多个字符，而“_”只匹配一个字符。

例如，查找所有书名（bookname 字段）包含“PHP”的图书，代码如下。

```
select * from tb_mrbook where bookname like ('%PHP%');
```

**说明：**无论是一个英文字符，还是中文字符，都算作一个字符。在这一点上，英文字符和中文字符没有区别。

#### 7. limit 子句

limit 子句可以对查询结果的记录数进行限定，控制输出的行数。

例如，查询 tb_mrbook 数据表，按照图书价格升序排列，并显示 10 条记录，代码如下。

```
select * from tb_mrbook order by price asc limit 10;
```

使用 limit 子句还可以从查询结果的中间部分取值。首先要定义两个参数，第一个参数是开始读取的第一条记录的编号（在查询结果中，第一个结果的记录编号是 0，而不是 1），第二个参数是要查询记录的个数。

例如，查询 tb_mrbook 数据表，从第 3 条记录开始，查询 6 条记录，代码如下。

```
select * from tb_mrbook limit 2, 6;
```

#### 8. 函数和表达式

在对 MySQL 数据库进行操作时，有时需要对数据库中的记录进行统计，如求平均值、最小值、最大值等。这时可以使用 MySQL 中的统计函数，常用的统计函数如表 9-10 所示。

**表 9-10　MySQL 中常用的统计函数**

| 函数名 | 说明 |
|---|---|
| avg(字段名) | 获取指定列的平均值 |
| count(字段名) | 如指定一个字段，则会统计出该字段中的非空记录。如果在字段前面增加关键字 distinct，则会统计不同值的记录，并将相同的值当作一条记录。如果使用 count(*)，则统计包含空值的所有记录数 |
| min(字段名) | 获取指定字段的最小值 |
| max(字段名) | 获取指定字段的最大值 |
| std(字段名) | 获取指定字段的标准差 |
| stddev(字段名) | 与 std 相同 |
| sum(字段名) | 获取指定字段所有记录的总和 |

除了使用函数之外，还可以使用算术运算符、字符串运算符、逻辑运算符来构成表达式。

例如，计算打九折之后的图书价格，代码如下。

```
select *, (price * 0.9) as '90%'from tb_mrbook;
```

在 MySQL 中，可以使用表达式计算各列的值并作为输出结果。其中，表达式还可以包含一些函数。

例如，计算 tb_mrbook 数据表中各类图书的总价格，代码如下。

```
select sum (price) as totalprice, type from tb_mrbook group by type;
```

#### 9. group by 子句

通过 group by 子句可以将数据划分到不同的分组中，实现对记录进行分组查询。在查询记录时，所查询的列必须包含在分组的列中，目的是使查询到的数据没有矛盾。在与 avg()函数或 sum()函数配合使用时，group by 子句能发挥最大作用。

例如，查询 tb_mrbook 数据表，按照 type（类别）进行分组，求每类图书的平均价格，代码如下。

```
select avg (price) , type from tb_mrbook group by type;
```

10. having 子句

having 子句通常和 group by 子句一起使用，用于设定第二个查询条件。在对数据结果进行分组查询和统计之后，还可以使用 having 子句对查询结果做进一步筛选。having 子句和 where 子句都用于指定查询条件，不同的是 where 子句用于分组查询之前，而 having 子句用于分组查询之后，而且 having 子句中还可以包含统计函数。

例如，计算 tb_mrbook 数据表中各类图书的平均价格，并筛选出平均价格大于 60 的记录，代码如下。

```
select avg (price) , type from tb_mrbook group by type having avg (price) >60;
```

# 9.8 MySQL 中的特殊字符

当 SQL 语句中存在特殊字符时，需要使用“\”对特殊字符进行转义，否则将会出现错误。这些特殊字符及转义后对应的字符如表 9-11 所示。

表 9-11 MySQL 中的特殊字符及转义后的字符

| 特殊字符 | 转义后的字符 | 特殊字符 | 转义后的字符 |
|---|---|---|---|
| \' | 单引号 | \t | 制表符 |
| \" | 双引号 | \0 | 0 |
| \\ | 反斜线 | \% | % |
| \n | 换行符 | _ | _ |
| \r | 回车符 | \b | 退格符 |

例如，在数据表 tb_user 中添加一条用户名为“O'Neal”的记录，然后查询表中的所有记录，SQL 语句如下。

```
    INSERT INTO tb_user VALUES (null, 'O\' Neal', '123456', '2021-10-20 12: 12: 
12', '焦作市') ;
    select * from tb_user;
```

运行结果如图 9-13 所示。

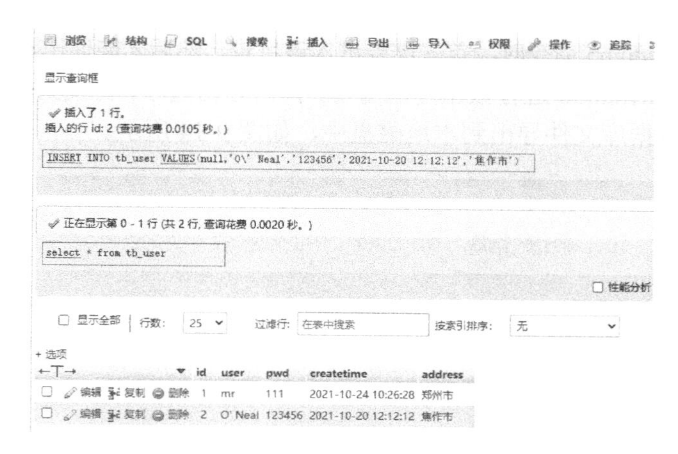


图 9-13　插入并查询记录的运行结果

# 9.9　MySQL 数据库的备份与还原

数据备份是数据库管理最常用的操作。为了保证数据库中数据的安全，数据管理员需要定期进行数据备份。一旦数据库遭到破坏，即可通过备份的文件还原数据库。因此，数据库备份和还原是很重要的工作。本节将介绍备份数据库和还原数据库的方法。

## 9.9.1　备份数据库

在命令提示符窗口中使用 mysqldump 命令，可以将数据库中的数据备份成一个文本文件，表的结构和表的数据将存储在生成的文本文件中。mysqldump 命令的工作原理很简单，它先查出需要备份的表的结构，再在文本文件中生成一个 create 语句。然后，将表中的所有记录转换成一条 insert 语句。这些 create 语句和 insert 语句都是还原数据库时要使用的，还原数据库时就可以使用 create 语句创建表，使用 insert 语句还原数据。

使用 mysqldump 命令备份数据库的基本语法如下。

```
mysqldump -u username -p dbname tablel table2…>BackupName.sql
```

参数说明：

● username：表示连接数据库的用户名。

● dbname：表示要备份的数据库的名称。

● table1 和 table2：表示表的名称。当没有该参数时，将备份整个数据库。

● BackupName.sql：表示备份文件的名称，文件名前面可以加上一个绝对路径。通常将数据库备份成一个后缀名为“.sql”的文件。

**说明：**

① 使用 mysqldump 命令备份的文件并非一定要求后缀名为.sql，备份成其他格式的文件也可以，如后缀名为.txt 的文件。但是，通常情况下是备份成后缀名为.sql 的文件。

② 由于 mysqldump 命令位于“E：\wamp\bin\mysql\mysql5.6.17\bin”目录下，所以在命令提

示符窗口中使用 mysqldump 命令时，首先需要进入该目录，然后才能使用 mysqldump 命令。

还可以使用 phpmyadmin 进行数据库的备份，找到导出选项，再找到相应的数据库文件进行导出，就可以把数据库文件导出到本地磁盘中，如图 9-14 所示。

图 9-14　备份数据库

## 9.9.2　还原数据库

管理员的非法操作和计算机的故障都会破坏数据库文件。当数据库遇到这些意外时，可以通过备份文件将数据库还原到备份时的状态，这样可以将损失降到最小。

通常使用 mysqldump 命令将数据库中的数据备份成后缀名为.sql 的文件。当需要还原数据库时，可以使用 MySQL 命令还原备份的数据。MySQL 命令的基本语法如下。

```
mysql -u root -p dbname <backup.sql
```

其中，dbname 参数表示还原的数据库名称，backup.sql 表示备份文件的名称，文件名前面可以加上一个绝对路径。

**说明：**

① 由于 MySQL 命令同样位于“E：\wamp\bin\mysql\mysql5.6.17\bin”目录下，所以在命令提示符窗口中使用 MySQL 命令时需要首先进入该目录，然后才能使用 MySQL 命令。

② 在还原数据库之前，首先需要在数据库的存储目录中创建一个空的数据库文件夹。如果存在该文件夹，则无须创建。

此外，还可以使用 phpmyadmin 进行数据库还原，找到导入选项，再找到相应的数据库文件进行导入，可以把数据库文件导入到数据库中，如图 9-15 所示。

结构　SQL　搜索　查询　导出　导入　操作　权限　程序　事件　触发器　追踪

正在导入到数据库 "db_user"

要导入的文件：

文件可能已压缩 (gzip, bzip2, zip) 或未压缩。
压缩文件名必须以 .[格式].[压缩方式] 结尾。如：.sql.zip

从计算机中上传：选择文件 未选择文件　(最大限制：40 MB)

您可在各页面间拖放文件。

文件的字符集：utf-8

部分导入：

在导入时脚本若检测到接近PHP超时时限（即需要花费很长时间）则允许中断。(这在导入大文件时是个很好的方法，不过这会中断事务)

从第一个开始跳过这些数量的查询（对于SQL）：0

图 9-15　还原数据库

**注意：**在进行数据库还原时，MySQL 数据库中必须存在一个空的、将要恢复的数据库，否则就会出现错误提示。

# 小　结

本章对 MySQL 数据库的基本概念、特点进行了介绍，并详细介绍了操作 MySQL 数据库、数据表的方法。通过本章的学习，我们了解了 MySQL 数据库的基本操作方法和维护方法，掌握了 MySQL 数据库中最常用命令的语法格式，具备了管理和维护 MySQL 数据库的能力。

# 上机指导

创建数据库 db_shop，并在 db_shop 中创建数据表 tb_goods。在完成数据表的创建后，向数据表中插入两条记录，然后删除第一条记录，最后查询数据表中的数据。

① 打开 phpmyadmin，登录数据库，用户名默认是“root”，密码默认为空。

② 创建数据库 db_shop，输入如下命令。

```
create database db_shop;
```

③ 选择 db_shop 数据库，输入如下命令。

```
use db_shop;
```

④ 创建数据表 tb_goods，输入如下命令。

```
create table tb_goods(id int auto_increment primary key,user varchar (30) not null,count int not null,price float not null,product_address varchar (100) not null);
```

⑤ 使用 insert 命令向 tb_goods 数据表中插入两条记录，输入如下命令。

```
insert into tb_goods(user,count,price,product_address)values('编程词典','20','58','郑州市');
insert into tb_goods(user,count,price,product_address)values('液晶电视','50','1560','郑州市');
```

⑥ 删除第一条记录，输入如下命令。

```
delete from tb_goods where user='编程词典';
```

⑦ 使用 select 命令查询 tb_goods 数据表中的所有记录。

# 作　业

1. 启动 MySQL 服务器的方式有哪些？
2. MySQL 中的数据类型主要有哪些？
3. 操作数据表的方式有哪些？
4. having 子句和 where 子句都是用来指定查询条件的，请说出这两种子句的区别。

# 第 10 章　PHP 操作 MySQL 数据库

**本章要点**

- MySQLi 的使用
- MySQL 数据库的添加、编辑、删除、批量删除操作
- 数据库抽象层 PDO 的使用
- PDO 中预处理语句的使用

PHP 支持的数据库类型较多，包括 MySQL、PostgreSQL、Oracle、msSQL 等，其中 MySQL 数据库与 PHP 结合得最多也最好。PHP 操作 MySQL 数据库使用的是 MySQL 或者 MySQLi 提供的相关函数。MySQL 无法支持 MySQL4.1 及其更高的版本的新特性，面对 MySQL 扩展功能上的不足，PHP 开发人员决定建立一种全新的支持 PHP5 的 MySQLi 扩展程序，就是 MySQLi 扩展。本章将介绍如何使用 MySQLi 扩展来操作 MySQL 数据库。本章后半部分介绍的有关使用面向对象连接数据库的方法，可以等学过第 12 章之后再实践。

## 10.1　PHP 操作 MySQL 数据库的方法

MySQLi 函数和 MySQL 函数的应用基本相同，唯一的区别就是 MySQLi 函数的函数名都是以“mysqli”开始的。

### 10.1.1　连接 MySQL 服务器

使用 PHP 操作 MySQL 数据库时，首先要建立与 MySQL 服务器的连接。MySQLi 扩展提供了 mysqli_connect()函数，用于实现与 MySQL 数据库的连接，语法格式如下。

```
mysqli  mysqli_connect([string server [,string username [,string password
[,string dbname [,int port [,string socket ]]]]]])
```

mysqli_connect()函数用于打开一个到 MySQL 服务器的连接，如果打开成功，则返回一个 MySQL 连接标识，如果失败则返回 False，该函数的参数说明如下所示。

server：可选参数，指 MySQL 服务器地址。

username：可选参数，指 MySQL 服务器用户名。

password ：可选参数，指 MySQL 服务器密码。

dbname：可选参数，指要操作的数据库名。

port：可选参数，指 MySQL 服务器的端口号，默认为 3306。

socket：可选参数，使用设置的 socket 或 pip。

前四个参数比较常用，而后两个参数很少用到。

**【例 10-1】** 使用 mysqli_connect()函数创建与 MySQL 服务器的连接，MySQL 数据库服务器的地址为“127.0.0.1”或“localhost”，用户名为“root”，密码为“123456”，代码如下。

```
<?php
    $host="localhost";
    $username="root";
    $password="123456";
    $connID=mysqli_connect ($host, $username, $password) ;
    if ($connID)
        echo "数据库连接成功";
    else
        echo "数据库连接失败";
?>
```

运行上述代码，如果在本地计算机中安装了 MySQL 数据库，并且连接数据库的用户名为“root”，密码为“123456”，则会打开如图 10-1 所示的数据库连接成功对话框。

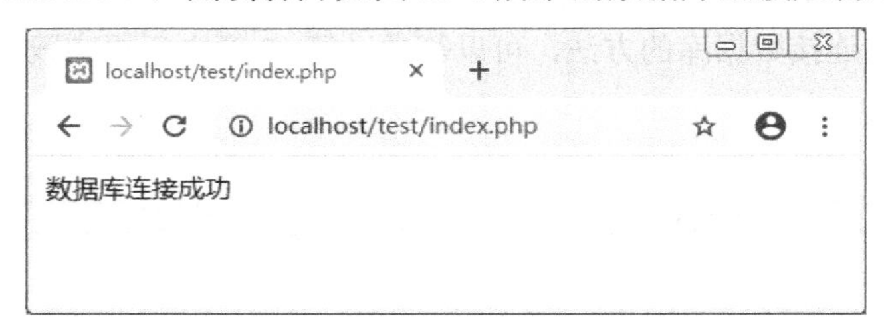


图 10-1　数据库连接成功对话框

### 10.1.2　选择 MySQL 数据库

mysqli_connect()函数可以创建与 MySQL 服务器的连接，同时还可以指定数据库名称。例如，在连接 MySQL 服务器时选择名为“data_book”的数据库，代码如下。

```
<?php
    $host="localhost";
    $username="root";
    $password="123456";
    $dbname="data_book";
    $connID=mysqli_connect ($host, $username, $password, $dbname) ;
    if ($connID)
        echo "数据库 data_book 连接成功";
    else
```

```
        echo "数据库 data_book 连接失败";
    ?>
```

除此之外，MySQLi 扩展还提供了 mysqli_select_db()函数，用来选择 MySQL 数据库，其语法如下。

```
bool mysqli_select_db(mysqli link, string dbname);
```

其中，link 是必选参数，表示使用 mysqli_connect()函数成功连接 MySQL 服务器后返回的连接标识；dbname 为必选参数，表示用户指定的数据库名称。

首先连接 MySQL 服务器，然后选择 MySQL 数据库，这两个步骤通常有三种写法，但三种写法的运行结果是一样的，代码如下所示。

```
<?php
    $host="localhost";
    $username="root";
    $password="123456";
    $dbname="data_book";

    //快速写法
    $mysqli=new mysqli ($server, $username, $password, $dbname) ;

    //兼容写法
    $mysqli=new mysqli ($server, $username, $password) ;
    mysqli_select ($mysqli, $dbname) ;

    //对象写法
    $mysqli=new mysqli();
    $mysqli->connect ($server, $username, $password) ;
    $mysqli->select_db ($mysqli, $dbname)
?>
```

**【例 10-2】**首先使用 mysqli _connect()函数建立与 MySQL 数据库的连接，并返回$connID，然后使用 mysqli_select _db()函数选择 MySQL 服务器中名为“data_book”的数据库，实现代码如下。

```
<?php
    $host="localhost";
    $username="root";
    $password="123456";
    $dbname="data_book";
    $connID=mysqli_connect ($host, $username, $password) ;
    if (mysqli_select_db ($connID, $dbname) )
```

```
        echo "连接 data_book 数据库成功";
    else
        echo "连接 data_book 数据库失败";
?>
```

运行上述代码，如果 MySQL 服务器中存在名为“data_book”的数据库，则将在页面中显示如图 10-2 所示的提示信息。

图 10-2　连接 data_book 数据库成功

在实际的程序开发过程中，MySQL 服务器的连接和数据库的选择被存储于一个单独文件中，可通过 require 语句或 include 语句将这个文件包含在有需要的脚本中。这样做既有利于程序的维护，也避免了代码的冗余。后面的章节将 MySQL 服务器的连接和 MySQL 数据库的选择存储在根目录下的 conn 文件夹中，文件名为 conn.php。

## 10.1.3　执行 SQL 语句

一般情况下，对数据库中的数据表进行操作是使用 mysqli_query()函数执行 SQL 语句，其语法格式如下。

```
mixed mysqli_query (mysqli link, string query[, int resultmode])
```

其中，link 是调用 mysqli_connect()函数返回的 MySQLi 对象；query 是要执行的 SQL 语句；resultmode 是可选参数，其取值有 MYSQLI_USE_RESULT 和 MYSQLI_STORE_RESULT，其中 MYSQLI_STORE_RESULT 为该函数的默认值。如果返回大量数据，可以使用 MYSQLI_USE_ RESULT，但使用该值时，以后的查询调用可能会返回一个“commands out of sync”错误，解决方法是使用 mysqli_free_result()函数释放内存。

如果 SQL 语句是查询指令，查询成功则返回查询结果集，否则返回 False；如果 SQL 语句是 insert、delete、update 等操作指令，操作成功则返回 True，否则返回 False。

下面来看如何通过 mysqli_query()函数执行简单的 SQL 语句，代码如下。

```
<?php
    $server="localhost";
    $username="root";
    $password="123456";
    $dbname="data_book";
    $mysqli=new mysqli ($server, $username, $password, $dbname) ;
//添加一条记录
    $result=mysqli_query ($mysqli, "insert into tb_book (book_name, book_author,
```

```
    book_price) ")   values ('php程序设计', '张三', 46) );
//删除一条记录
    $result=mysqli_query($mysqli, "delete from tb_book where book_author='张三'");
//修改一条记录
    $result=mysqli_query ($mysqli, "update tb_book set book_name='java 程序设计'
    where book_author='张三'") ;
//查询记录
    $result=mysqli_query($mysqli, "select * from tb_book where book_author='张三'");
//设置数据库编码格式
    $result=mysqli_query ($mysqli, "set names utf8") ;
?>
```

mysqli_query()函数不仅可以执行增、删、改、查等操作，还可以执行其他的 SQL 语句，如创建数据库、选择数据库、创建数据表等操作，在此以创建一个数据库为例进行讲解。

```
//创建数据库
    $result=mysqli_query($mysqli,"create database db_authors");
```

### 10.1.4　将结果集返回数组中

使用 mysqli_query()函数执行 select 语句，如果成功则返回查询结果集，并且可以通过一些函数来读取 mysqli_result 中保存的数据，这些函数有一个共同的特点：每调用一次，会自动返回下一条记录，如果已经到达最后一条记录，则会返回 False。需要注意的是，在使用完结果集后，要使用函数或成员方法来释放结果集占用的内存。mysqli_result 常用的函数或成员方法如表 10-1 所示。

**表 10-1　mysqli_result 常用的函数或成员方法**

| 面向对象 | 面向过程 | 说明 |
| --- | --- | --- |
| free()<br>close()<br>free_result() | mysqli_free_result() | 释放结果集占用的内存 |
| fetch_row() | mysqli_fetch_row() | 以索引数组方式返回一行数据 |
| fetch_assoc() | mysqli_fetch_assoc() | 以关联数组方式返回一行数据 |
| fetch_array() | mysqli_fetch_array() | 以数组方式返回一行数据 |
| fetch_object() | mysqli_fetch_object() | 以对象的方式返回一行数据 |
| data_seek() | mysqli_data_seek() | 将结果集中的指针移动到任意一行 |
| num_rows() | mysqli_num_rows() | 获取结果集中行的数量 |

1. mysqli_fetch_row()函数

mysqli_fetch_row()函数可以用来从 mysqli_result 对象中获取一条记录，然后将其放在索引数组中。由于返回的是索引数组，因此还可以和 list()函数配合使用。

**【例 10-3】**将数据库（data_book）中的数据表（tb_book）中的数据通过 mysqli_fetch_row()函数显示在表格中。

```
<?php
    $server="localhost";
    $username="root";
    $password="123456";
    $dbname="data_book";
    $conn=mysqli_connect ($server, $username, $password, $dbname) ;
    mysqli_query ($conn, "set names utf8") ;
    $result=mysqli_query ($conn, "select * from tb_book") ;
    while ($myrow=mysqli_fetch_row ($result) )
    {
        ?>
        <table style="padding: 0px border:  solid 1px; " >
            <tr>
                <td align="left" width="100" style="border:  solid 1px; "><?php
                echo $myrow[0];  ?></td>
                <td align="left" width="200" style="border:  solid 1px; "><?php
                echo $myrow[1];   ?></td>
                <td align="left" width="200" style="border:  solid 1px; "><?php
                echo $myrow[2];  ?></td>
                <td align="left" width="200" style="border:  solid 1px; "><?php
                echo $myrow[3];  ?></td>
            </tr>
            </table>
        <?php
    }
?>
```

运行结果如图 10-3 所示。

| | | | |
|---|---|---|---|
| 0 | node.js | zhang | 26 |
| 1 | php program | zhangsan | 46 |
| 2 | java program | lizhi | 36 |
| 3 | javascript program | huyan | 52 |
| 4 | bootstrap | qiaosan | 26 |
| 5 | node.js | song | 55 |

图 10-3　将数据库中的数据显示到表格中的运行结果

2. mysqli_fetch_assoc()函数

mysqli_fetch_assoc()函数和 mysqli_fetch_row()函数的功能相同，不同的是前者返回的是关联数组，键名是字段名。而关联数组直接用“数组标识符+键名”的形式就可以很方便地获取想要的值，示例代码如下。

```
<?php
    $server="localhost";
    $username="root";
    $password="123456";
    $dbname="data_book";
    $conn=mysqli_connect ($server, $username, $password, $dbname) ;
    mysqli_query ($conn, "set names utf8") ;
    $result=mysqli_query ($conn, "select * from tb_book") ;
    while ($myrow=mysqli_fetch_assoc ($result) )
    {
        ?>
        <table style="padding: 0px border: solid 1px; " >
            <tr>
                <td align="left" width="100" style="border: solid 1px; "><?php
                echo $myrow['id']; ?></td>
                <td align="left" width="200" style="border: solid 1px; "><?php
                echo $myrow['bookname']; ?></td>
                <td align="left" width="200" style="border: solid 1px; "><?php
                echo $myrow['bookauthor']; ?></td>
                <td align="left" width="200" style="border: solid 1px; "><?php
                echo $myrow['bookprice']; ?></td>
            </tr>
        </table>
    <?php
    }
?>
```

运行结果跟例 10-3 的运行结果相同。

3. mysqli_fetch_array()函数

mysqli_fetch_array()函数可以看作是 mysqli_fetch_assoc()函数和 mysqli_fetch_row() 函数的结合，语法格式如下。

```
array mysqli_fetch_array (mysqli_result result[, int type])
```

其中，result 是 select 语句返回的 mysqli_result 对象；type 是可选的，默认值为 MYSQLI_BOTH，表示返回的数组同时包含关联数组和索引数组，还可以设置为 MYSQLI_ASSOC（返回的数组是关联数组，键名是字段名）和 MYSQLI_NUM（返回的数组是索引数组），但后两者的使用频率较少。

**【例 10-4】** 使用 mysqli_fetch_array()函数将数据库（data_book）中的数据表（tb_book）中的数据显示在表格中。

```
<?php
    $server="localhost";
    $username="root";
    $password="123456";
    $dbname="data_book";
    $conn=mysqli_connect ($server, $username, $password, $dbname) ;
    mysqli_query ($conn, "set names utf8") ;
    $result=mysqli_query ($conn, "select * from tb_book") ;
    while ($myrow=mysqli_fetch_array ($result) )
    {
        ?>
        <table style="padding: 0px border: solid 1px; " >
            <tr>
                <td align="left" width="100" style="border: solid 1px; "><?php
                echo $myrow['0']; ?></td>
                <td align="left" width="200" style="border: solid 1px; "><?php
                echo $myrow['1']; ?></td>
                <td align="left" width="200" style="border: solid 1px; "><?php
                echo $myrow['bookauthor']; ?></td>
                <td align="left" width="200" style="border: solid 1px; "><?php
                echo $myrow['bookprice']; ?></td>
            </tr>
        </table>
        <?php
    }
?>
```

运行结果跟例 10-3 的运行结果相同。

mysqli_fetch_array()函数返回的字段名区分字母大小写，这是初学者最容易忽略的问题。

4. mysqli_fetch_object()函数

mysqli_fetch_object()函数和前面三个函数的使用方法一样，但返回的结果不同，它返回的是一个对象，其中键名是对象的成员属性名，示例代码如下。

```
<?php
    $server="localhost";
    $username="root";
    $password="123456";
    $dbname="data_book";
    $conn=mysqli_connect ($server, $username, $password, $dbname) ;
    mysqli_query ($conn, "set names utf8") ;
```

```
    $result=mysqli_query ($conn, "select * from tb_book") ;
    while ($myrow=mysqli_fetch_object ($result) )
    {
        ?>
        <table style="padding: 0px border:  solid 1px; " >
            <tr>
                <td align="left" width="100" style="border: solid 1px; "><?php
                echo $myrow->id;   ?></td>
                <td align="left" width="200" style="border: solid 1px; "><?php
                echo $myrow->bookname;  ?></td>
                <td align="left" width="200" style="border:  solid 1px;  "><?php
                echo $myrow->bookauthor;   ?></td>
                <td align="left" width="200" style="border:  solid 1px;  "><?php
                echo $myrow->bookprice;   ?></td>
            </tr>
        </table>
    <?php
    }
?>
```

运行结果跟例 10-4 的运行结果相同，在此不再赘述。

### 10.1.5　使用面向对象操作 MySQL 数据库

使用面向对象操作 MySQL 数据库，示例代码如下。

```
<?php
    $server="localhost";
    $username="root";
    $password="123456";
    $dbname="data_book";
    $mysqli=new mysqli ($server, $username, $password, $dbname) ;
    //生成索引数组
    $result=$mysqli->query ("select * from tb_book") ;
    while ($re=$result->fetch_row())
    {
        var_dump ($re) ;
        echo "<br>";
    }
    echo "<br>";
    //生成关联数组
```

```
    $result=$mysqli->query ("select * from tb_book") ;
    while ($re=$result->fetch_assoc())
    {
        var_dump ($re) ;
        echo "<br>";
    }
    echo "<br>";
    //生成混合数组
    $result=$mysqli->query ("select * from tb_book") ;
    while ($re=$result->fetch_array())
    {
        var_dump ($re) ;
        echo "<br>";
    }
    echo "<br>";
    //生成对象
    $result=$mysqli->query ("select * from tb_book") ;
    while ($re=$result->fetch_object())
    {
        var_dump ($re) ;
        echo "<br>";
    }
?>
```

运行结果如图 10-4 所示。

```
localhost/qiao/pdo.php
localhost/qiao/pdo.php
array(4) { [0]=> string(1) "0" [1]=> string(7) "node.js" [2]=> string(5) "zhang" [3]=> string(2) "26" }
array(4) { [0]=> string(1) "1" [1]=> string(11) "php program" [2]=> string(8) "zhangsan" [3]=> string(2) "46" }
array(4) { [0]=> string(1) "2" [1]=> string(12) "java program" [2]=> string(5) "lizhi" [3]=> string(2) "36" }
array(4) { [0]=> string(1) "3" [1]=> string(18) "javascript program" [2]=> string(5) "huyan" [3]=> string(2) "52" }
array(4) { [0]=> string(1) "4" [1]=> string(9) "bootstrap" [2]=> string(7) "qiaosan" [3]=> string(2) "26" }
array(4) { [0]=> string(1) "5" [1]=> string(7) "node.js" [2]=> string(4) "song" [3]=> string(2) "55" }

array(4) { ["id"]=> string(1) "0" ["bookname"]=> string(7) "node.js" ["bookauthor"]=> string(5) "zhang" ["bookprice"]=> string(2) "26" }
array(4) { ["id"]=> string(1) "1" ["bookname"]=> string(11) "php program" ["bookauthor"]=> string(8) "zhangsan" ["bookprice"]=> string(2) "46" }
array(4) { ["id"]=> string(1) "2" ["bookname"]=> string(12) "java program" ["bookauthor"]=> string(5) "lizhi" ["bookprice"]=> string(2) "36" }
array(4) { ["id"]=> string(1) "3" ["bookname"]=> string(18) "javascript program" ["bookauthor"]=> string(5) "huyan" ["bookprice"]=> string(2) "52" }
array(4) { ["id"]=> string(1) "4" ["bookname"]=> string(9) "bootstrap" ["bookauthor"]=> string(7) "qiaosan" ["bookprice"]=> string(2) "26" }
array(4) { ["id"]=> string(1) "5" ["bookname"]=> string(7) "node.js" ["bookauthor"]=> string(4) "song" ["bookprice"]=> string(2) "55" }

array(8) { [0]=> string(1) "0" ["id"]=> string(1) "0" [1]=> string(7) "node.js" ["bookname"]=> string(7) "node.js" [2]=> string(5) "zhang"
["bookauthor"]=> string(5) "zhang" [3]=> string(2) "26" ["bookprice"]=> string(2) "26" }
array(8) { [0]=> string(1) "1" ["id"]=> string(1) "1" [1]=> string(11) "php program" ["bookname"]=> string(11) "php program" [2]=> string(8)
"zhangsan" ["bookauthor"]=> string(8) "zhangsan" [3]=> string(2) "46" ["bookprice"]=> string(2) "46" }
array(8) { [0]=> string(1) "2" ["id"]=> string(1) "2" [1]=> string(12) "java program" ["bookname"]=> string(12) "java program" [2]=> string(5) "lizhi"
["bookauthor"]=> string(5) "lizhi" [3]=> string(2) "36" ["bookprice"]=> string(2) "36" }
array(8) { [0]=> string(1) "3" ["id"]=> string(1) "3" [1]=> string(18) "javascript program" ["bookname"]=> string(18) "javascript program" [2]=> string(5)
"huyan" ["bookauthor"]=> string(5) "huyan" [3]=> string(2) "52" ["bookprice"]=> string(2) "52" }
array(8) { [0]=> string(1) "4" ["id"]=> string(1) "4" [1]=> string(9) "bootstrap" ["bookname"]=> string(9) "bootstrap" [2]=> string(7) "qiaosan"
["bookauthor"]=> string(7) "qiaosan" [3]=> string(2) "26" ["bookprice"]=> string(2) "26" }
array(8) { [0]=> string(1) "5" ["id"]=> string(1) "5" [1]=> string(7) "node.js" ["bookname"]=> string(7) "node.js" [2]=> string(4) "song"
["bookauthor"]=> string(4) "song" [3]=> string(2) "55" ["bookprice"]=> string(2) "55" }

object(stdClass)#2 (4) { ["id"]=> string(1) "0" ["bookname"]=> string(7) "node.js" ["bookauthor"]=> string(5) "zhang" ["bookprice"]=> string(2) "26" }
object(stdClass)#4 (4) { ["id"]=> string(1) "1" ["bookname"]=> string(11) "php program" ["bookauthor"]=> string(8) "zhangsan" ["bookprice"]=>
string(2) "46" }
object(stdClass)#2 (4) { ["id"]=> string(1) "2" ["bookname"]=> string(12) "java program" ["bookauthor"]=> string(5) "lizhi" ["bookprice"]=> string(2)
"36" }
object(stdClass)#4 (4) { ["id"]=> string(1) "3" ["bookname"]=> string(18) "javascript program" ["bookauthor"]=> string(5) "huyan" ["bookprice"]=>
```

图 10-4　使用面向对象操作 MySQL 数据库的运行结果

### 10.1.6　mysqli_result 的指针

我们可以通过一些函数来读取 mysqli_result 中保存的数据，这些函数都有一个共同特点，即每调用一次，就会自动返回下一条记录，如果已经到达最后一条记录，则会返回 False。如果想要重新读取 mysqli_result 中保存的数据，则需要用到 mysqli_data_seek()函数，该函数的语法格式如下。

```
bool mysqli_data_seek(mysqli_result result,int offset);
```

其中，result 表示要操作的结果集；offset 表示要移动到的位置，如果要读取第 *n* 行数据，则需要移动到第 *n*-1 行的位置。如果移动成功，则返回 True，否则返回 False。

还可以使用 mysqli_num_rows()来获取结果集的总记录数。mysqli_free_result()函数可用于释放内存，数据库操作完成后，需要关闭结果集以释放系统资源。

**【例 10-5】**使用 mysqli_data_seek()函数获取结果集，显示记录数，并输出返回值，示例代码如下。

```
<?php
    $server="localhost";
    $username="root";
    $password="123456";
    $dbname="data_book";
    $mysqli=new mysqli ($server, $username, $password, $dbname) ;
    //生成索引数组
    $result=mysqli_query ($mysqli, "select * from tb_book") ;
    //查询记录条数
    echo "<p>查询到".mysqli_num_rows ($result) ."条记录</p>";
        while ($re=mysqli_fetch_row ($result) )
    {
        var_dump ($re) ;
        echo "<br>";
    }           //将结果集移动到行首位置
    mysqli_data_seek ($result , 0) ;
    //再次输出结果集数据
    while ($re=mysqli_fetch_assoc ($result) )
    {
        var_dump ($re) ;
        echo "<br>";
    }           //释放结果集
    mysqli_free_result ($result) ;
    mysqli_close ($mysqli) ;
?>
```

运行结果如图 10-5 所示。

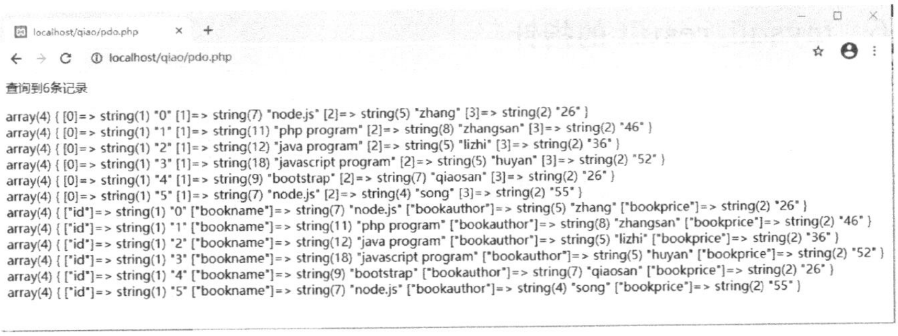

localhost/qiao/pdo.php
localhost/qiao/pdo.php

查询到6条记录

array(4) { [0]=> string(1) "0" [1]=> string(7) "node.js" [2]=> string(5) "zhang" [3]=> string(2) "26" }
array(4) { [0]=> string(1) "1" [1]=> string(11) "php program" [2]=> string(8) "zhangsan" [3]=> string(2) "46" }
array(4) { [0]=> string(1) "2" [1]=> string(12) "java program" [2]=> string(5) "lizhi" [3]=> string(2) "36" }
array(4) { [0]=> string(1) "3" [1]=> string(18) "javascript program" [2]=> string(5) "huyan" [3]=> string(2) "52" }
array(4) { [0]=> string(1) "4" [1]=> string(9) "bootstrap" [2]=> string(7) "qiaosan" [3]=> string(2) "26" }
array(4) { [0]=> string(1) "5" [1]=> string(7) "node.js" [2]=> string(4) "song" [3]=> string(2) "55" }
array(4) { ["id"]=> string(1) "0" ["bookname"]=> string(7) "node.js" ["bookauthor"]=> string(5) "zhang" ["bookprice"]=> string(2) "26" }
array(4) { ["id"]=> string(1) "1" ["bookname"]=> string(11) "php program" ["bookauthor"]=> string(8) "zhangsan" ["bookprice"]=> string(2) "46" }
array(4) { ["id"]=> string(1) "2" ["bookname"]=> string(12) "java program" ["bookauthor"]=> string(5) "lizhi" ["bookprice"]=> string(2) "36" }
array(4) { ["id"]=> string(1) "3" ["bookname"]=> string(18) "javascript program" ["bookauthor"]=> string(5) "huyan" ["bookprice"]=> string(2) "52" }
array(4) { ["id"]=> string(1) "4" ["bookname"]=> string(9) "bootstrap" ["bookauthor"]=> string(7) "qiaosan" ["bookprice"]=> string(2) "26" }
array(4) { ["id"]=> string(1) "5" ["bookname"]=> string(7) "node.js" ["bookauthor"]=> string(4) "song" ["bookprice"]=> string(2) "55" }

图 10-5 使用 mysqli_data_seek()函数获取结果集并显示记录数的运行结果

### 10.1.7 释放内存

mysqli_free_result()函数可用于释放内存。数据库操作完成后，需要关闭结果集以释放系统资源，语法格式如下。

```
void mysqli_free_result (resource result) ;
```

mysqli_free_result()函数将释放所有与结果标识符 result 相关的内存。脚本结束后，所有关联的内存都会被释放。

### 10.1.8 关闭连接

完成数据库的操作后，需要及时断开数据库连接并释放内存，否则会浪费大量的资源。在访问量较大的 Web 项目导致服务器崩溃时，可以使用 MySQL 函数库中的 mysqli_close()函数断开与 MySQL 服务器的连接。

**【例 10-6】** 读取 data_book 数据库中 tb_book 数据表中的数据，然后使用 mysql_free_result()函数释放内存，并使用 mysqli_close()函数断开与 MySQL 数据库的连接，代码如下。

```
<?php
    $server="localhost";
    $username="root";
    $password="123456";
    $dbname="data_book";
    $conn=mysqli_connect ($server, $username, $password, $dbname) ;
    mysqli_query ($conn, "set names utf8") ;
    $result=mysqli_query ($conn, "select * from tb_book") ;
    while ($myrow=mysqli_fetch_row ($result) )
    {
        ?>
        <table style="padding: 0px border:  solid 1px; " >
            <tr>
                <td align="left" width="100" style="border:  solid 1px; "><?php
```

```
            echo $myrow[0];   ?></td>
            <td align="left" width="200" style="border: solid 1px; "><?php
            echo $myrow[1];   ?></td>
            <td align="left" width="200" style="border: solid 1px; "><?php
            echo $myrow[2];   ?></td>
            <td align="left" width="200" style="border: solid 1px; "><?php
            echo $myrow[3];   ?></td>
        </tr>
        </table>
      <?php
    }
    mysqli_free_result ($result) ;        //释放内存
    mysqli_close ($conn) ;              //断开与 MySQL 数据库的连接
  ?>
```

PHP 中数据库的连接是非持久的连接，一般不用设置关闭连接。如果一次性返回的结果集比较大，或网站访问量比较多，则最好使用 mysql_close()函数手动释放内存。

## 10.2　管理 MySQL 数据库中的数据

在开发网站的后台管理系统中，数据库的操作不局限于查询指令，数据的添加、修改、删除等操作指令也是必不可少的，本节将重点介绍在 PHP 页面中对数据库数据进行增、删、改等操作。

### 10.2.1　添加数据

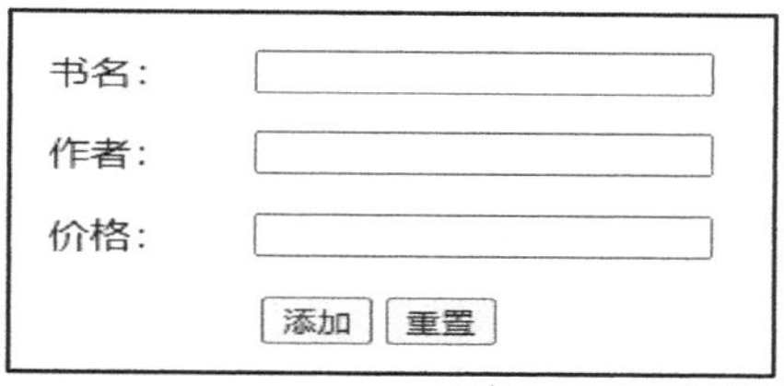

**【例 10-7】**通过 insert 语句和 mysqli_query()函数向 data_book 数据库的 tb_book 数据表中添加一条记录。

这个实例主要包括三个文件，第一个文件是 index.php 文件，用于设计添加数据的表单，效果如图 10-6 所示。

书名：
作者：
价格：
添加　重置

图 10-6　设计添加数据的表单的效果

第二个文件是 conn 文件夹下的 conn.php 文件，用于完成与数据库的连接，并且设置编码格式是 UTF-8，文件代码如下。

```
<?php
    $server="localhost";
    $username="root";
```

```
    $password="123456";
    $dbname="data_book";
    $conn=mysqli_connect ($server, $username, $password, $dbname) ;
    mysqli_query ($conn, "set names utf8") ;
?>
```

第三个文件是 index_ok.php 文件。用于连接数据库，编辑 SQL 语句将表单提交的数据添加到指定的数据表中，关键程序代码如下。

```
<?php
    header ("content-type: text/html;  charset=utf-8") ;
    include ("conn/conn.php") ;
    if (!($_POST['bookname'] and $_POST['bookauthor'] and $_POST['bookprice'] ))
    {
        echo "输入不允许为空。点击<a href='javascript: onclick=history.go (-1) '>这
        里</a> 返回";
    }
    else
    {
        $sqlstr1 = "insert into tb_book values ('', '".$_POST['bookname']."',
        '".$_POST['bookauthor']."', '".$_POST['bookprice']."') ";
        $result = mysqli_query ($conn, $sqlstr1) ;
        if  ($result)
        {
            echo "添加成功，点击<a href='select.php'>这里</a>查看";
        }
        else
        {
            echo "<script>alert ('添加失败') ; history.go (-1) ; </script>";
        }
    }
?>
```

运行结果如图 10-7 所示。

图 10-7　添加成功的页面

### 10.2.2　编辑数据

有时在插入数据后才会发现输入的数据是错误的，或者一段时间后数据需要更新，这时就要对数据进行编辑。数据更新可以使用 update 语句，依然通过 mysqli_query()函数执行该语句。

**【例 10-8】** 通过 update 语句和 mysqli_query()函数实现数据的更新操作。

① 创建 conn 文件夹，编写 conn.php 文件，完成与数据库的连接，并且设置编码格式是 UTF-8。

② 创建 index.php 文件。循环输出数据库中的数据，并且为指定的记录设置“修改”超链接，用于连接 update.php 文件，关键代码如下。

```
<?php
include ("conn/conn.php");
$sqlstr="select * from tb_book";
$result=mysqli_query ($conn, $sqlstr);
echo '<table border="1px solid" >';
while ($row=mysqli_fetch_row ($result) ) {
        echo '<tr>';
        for ($i=0; $i<count ($row) ; $i++) {
            echo '<td width="100px" border="1px solid">'.$row[$i].'</td>';
            }
        echo '<td><a href=update.php?action=update&id='.$row[0].'>修改</a></td>';
        echo '</tr>';
}
echo '</table>';
?>
```

运行结果如图 10-8 所示。

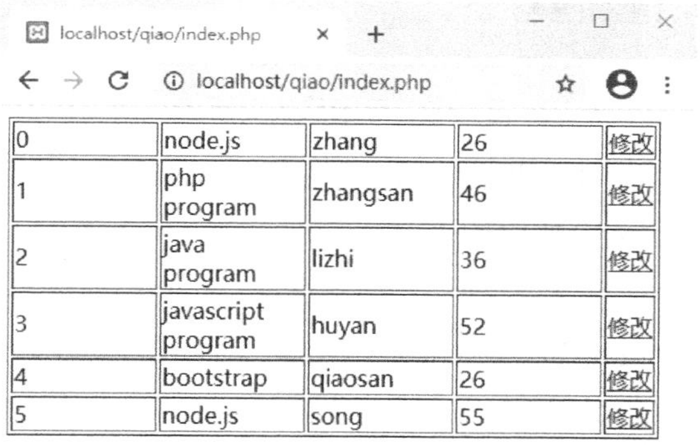

| 0 | node.js | zhang | 26 | 修改 |
|---|---|---|---|---|
| 1 | php program | zhangsan | 46 | 修改 |
| 2 | java program | lizhi | 36 | 修改 |
| 3 | javascript program | huyan | 52 | 修改 |
| 4 | bootstrap | qiaosan | 26 | 修改 |
| 5 | node.js | song | 55 | 修改 |

图 10-8　显示修改页面 1

③ 创建 update.php 文件，添加表单。根据地址栏中传递的 id 值执行查询语句，将查询到的数据输出到对应的表单元素中，然后对数据进行修改，最后将修改后的数据提交到 update_ok.php 文件中，完成修改操作，关键代码如下。

```
<?php
include_once ('conn/conn.php');
if ($_GET['action']=='update'){
    $sqlstr='select * from tb_book where id='.$_GET['id'];
    $result=mysqli_query ($conn, $sqlstr);
    $row=mysqli_fetch_row ($result);
}
?>
<form name="form1" method="post" action="update_ok.php">
书名: <input name="bookname" type="text" value="<?php echo $row[1]; ?>" /><br>
作者: <input name="bookauthor" type="text" value="<?php echo $row[2]; ?>" /><br>
价格: <input name="bookprice" type="text" value="<?php echo $row[3]; ?>" /><br>
<input name="action" type="hidden" value="update" />
<input name="id" type="hidden" value="<?php echo $row[0]; ?>" />
<input type="submit" name="submit" value="修改" />
<input type="reset" name="reset" value="重置" />
</form>
```

运行结果如图 10-9 所示。

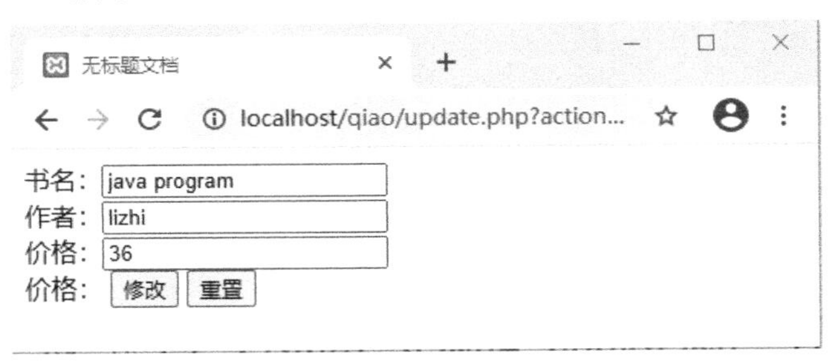


图 10-9　显示修改页面 2

④ 创建 update_ok.php 文件，获取表单提交的数据，根据隐藏域传递的 id 值定义更新语句，完成数据的更新操作，关键代码如下。

```
<?php
include_once ('conn.php');
if ($_POST['action']=='update'){
        if (! ($_POST['bookname']and $_POST['bookauthor']and $_POST['bookprice'])){
            echo '输入不允许为空! 点击<a href="javascript: onclick=history.go (-1) ">
           这里</a>返回';
        }else{
            $sqlstr="update tb_book set bookname ='".$_POST['bookname']."',
```

```
            bookauthor ='".$_POST['bookauthor']."', bookprice ='".$_POST
            ['bookprice']."' where id = ".$_POST['id'];
        $result=mysqli_query ($conn, $sqlstr) ;
        if ($result) {
            echo '修改成功，点击<a href="index.php">这里</a>查看';
        }   else{
            echo "修改失败.<br>$sqlstr";
        }
    }
}
?>
```

运行结果如图 10-10 所示。

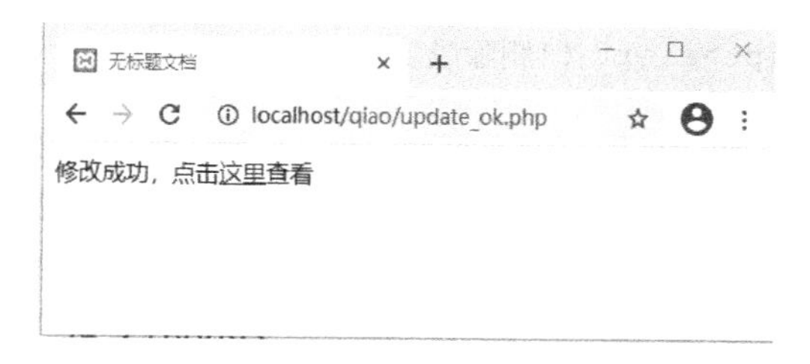


图 10-10　修改成功的页面

## 10.2.3　删除数据

删除数据库中的数据用的是 delete 语句。在不指定删除条件的情况下，将删除指定数据表中所有的数据；如果定义了删除条件，那么只删除数据表中的指定数据。删除操作是一件非常慎重的事情，因为一旦执行该操作，数据就没有恢复的可能。

**【例 10-9】**基于例 10-8 进行分析。如果不小心输入了重复的数据，就要删除多余的数据。删除数据只需利用 mysqli_query()函数执行 delete 语句即可，具体步骤如下。

① 创建 index.php 文件，循环输出数据库中的数据，并且为每一个数据都创建一个“删除”超链接，用于连接 delete.php 文件，传递的参数值是 id 值，关键代码如下。

```
include ("conn/conn.php") ;
$sqlstr="select * from tb_bookinfo order by id';
$result=mysqli_query ($conn, $sqlstr) ;
echo '<table>';
while ($row=mysqli_fetch_row ($result) ) {
    echo '<tr>';
    for ($i=0; $i<count ($row) ; $i++) {
        echo '<td height="25" align="center">'.$row[$i].'</td>';
    }
    echo '<td><a href=update.php?action=delete&id='.$row[0].'>删除</a></td>";
```

```
        echo '</tr>';
    }
    echo '</table>';
    ?>
```

② 创建 delete.php 文件，根据超链接中传递的参数值，定义 delete 语句，完成对数据的删除操作，关键代码如下。

```
    <?php
    include_once ('conn/conn.php') ;
    if ($_GET['action']=='delete') {
        $sqlstr='delete from tb_book where id='.$_GET['id'];
        $result=mysqli_query ($conn, $sqlstr) ;
        if ($result) {
            echo "<script>alert ('删除成功') ; location='index.php'; </script>";
        }else{
            echo "删除失败";
        }
    }
    ?>
```

运行代码，当单击重复记录的“删除”超链接时会打开一个对话框，单击该对话框中的“确定”按钮会提示删除成功，如图 10-11 所示。

图 10-11　删除成功的页面 1

### 10.2.4　批量删除数据

在实际应用中，经常需要删除一些无用的数据，而且这些数据不止一个，这就需要批量删除。批量删除数据的方式和删除一个数据的方式相同，唯一不同的是删除批量数据，需要记录要删除的数据的 id，用于区别要删除的数据。

**【例 10-10】**批量删除数据库中的数据。

① 创建 index.php 文件，用来显示数据库中的所有数据，并在每条记录的前面加一个复选框，所有记录的下面加一个批量删除的按钮（此处将该按钮命名为“删除选中项”）。当单击“删除选中项”按钮时，将跳转到 delall.php 文件，关键代码如下。

```
    <form name="form1" method="post" action="delall.php">
    <?php
```

```
$conn=mysqli_connect ("localhost", "root", "123", "jsj3") ;
$result=mysqli_query ($conn, "select * from tb_book") ;
?>
<table border='1'>
    <tr>
        <td>多选</td>
        <td>图书编号</td>
        <td>图书名字</td>
        <td>图书作者</td>
        <td>图书价格</td>
        <td>出版情况</td>
        <td>操作</td>
    </tr>
    <?php
        while ($row=mysqli_fetch_row ($result) )
        {
            echo "<tr>";
                ?>
                <td><input type="checkbox" name="chk[]" value="<?php echo
                $row[0]; ?>"</td>
                <?php
                for ($i=0; $i<count ($row) ; $i++)
                    {
                        echo "<td>".$row[$i]."</td>";
                    }
                echo "<td><a href=update.php?action=update&id=".$row[0].">
                修改</a> / <a href=delete.php?action=del&id=".$row[0].">
                删除</a></td>";
                echo "</tr>";
        }
        ?>
        <tr>
            <td colspan="7"><input type="submit" name="submit" value="删除
            选中项"></td>
        </tr>
</table>
</form>
```

运行结果如图 10-12 所示。

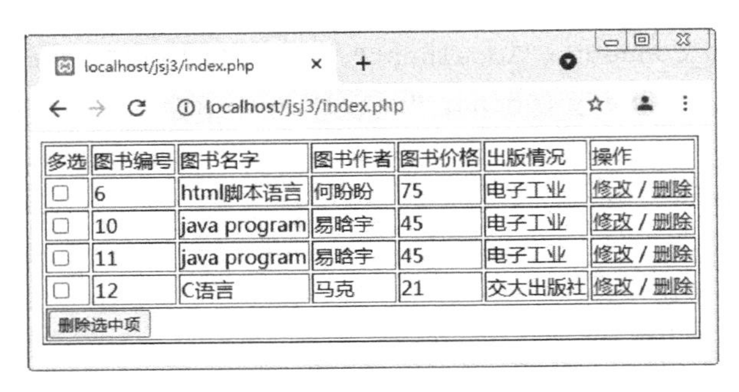


图 10-12　批量删除页面

② 创建 delall.php 文件，获取表单提交的数据。首先，判断提交的数据是否为空，如果不为空，则通过 for 循环输出使用复选框提交的值。然后将 for 循环读取的数据作为 delete 语句的条件，最后通过 mysqli_query()函数执行删除语句，关键代码如下所示。

```
<?php
    $conn=mysqli_connect ("localhost", "root", "123", "jsj3") ;

    if (count ($_POST['chk']) ==0)
    {
        echo "<script>alert('请重新选择要删除的记录'); history.go(-1); </script>";
    }
    else
    {
        for ($i=0; $i<count ($_POST['chk']) ; $i++)
            {
                $sqlstr="delete from tb_book where id=".$_POST['chk'][$i];
                mysqli_query ($conn, $sqlstr) ;
            }
            echo "<script>alert ('删除成功') ; location='index.php';   </script>";
    }
?>
```

如果删除成功，则显示如图 10-13 所示的页面。单击“确定”按钮会返回到 index.php 文件，如图 10-14 所示。

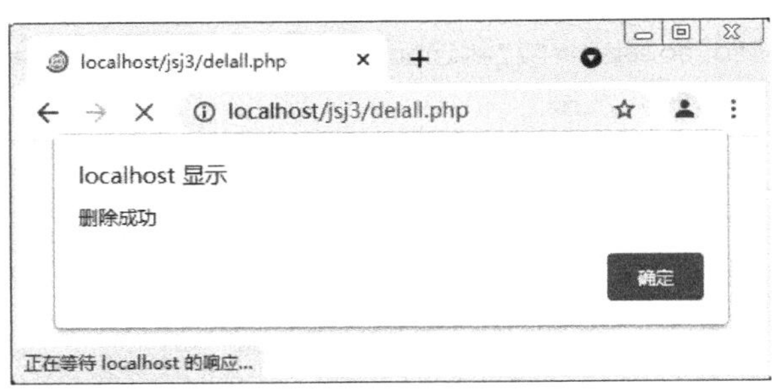


图 10-13　删除成功的页面 2

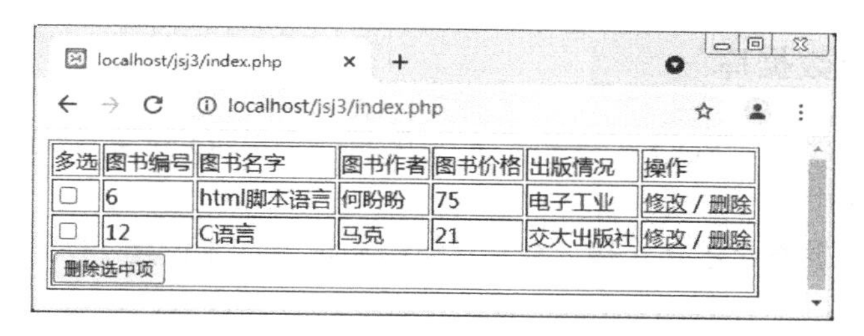

图 10-14　返回到 index.php 文件

# 10.3　PDO 概述

PDO（PHP Data Object，PHP 数据对象）是由 MySQL 官方封装的、基于面向对象编程思想的、使用 C 语言开发的数据库抽象层。开发 PDO 的原因是大部分 PHP 开发者都习惯使用“PHP+MySQL”组合，这导致 PHP 对其他数据库的支持或多或少地模仿 MySQL 的 API，但是不同的数据库总会有一些不同，这就使得 PHP 从一个数据库扩展到另一个数据库有很大的难度。PDO 正是基于这样的情况而诞生的，其作用是提供一个标准一致的数据库访问 API。

## 10.3.1　配置 PDO

在 Windows 系统下启动 PDO 需要在 php.ini 文件中进行配置，本书所用服务器为 XAMPP 服务器，并添加了扩展，代码如下。

```
extension=php_pdo.dll
```

启动其他数据库的扩展只需把以下配置信息前面的分号去掉即可，代码如下。

```
extension=mysqli
extension=oci8_12c
extension=odbc
extension=openssl
extension=pdo_firebird
extension=pdo_mysql
extension=pdo_oci
extension=pdo_odbc
extension=pdo_pgsql
extension=pdo_sqlite
extension=pgsql
extension=shmop
```

在新版本的 PHP 中，PDO 已经默认开启，只需启动其他数据库的扩展即可。PDO 配置完成后，重启 Apache 服务器。

### 10.3.2 访问数据库

与 MySQLi 扩展类似，PDO 扩展也是实例化的一个 PDO 对象，可以调用相关方法和属性来执行数据库的操作。

① 使用 PDO 与服务器建立连接，需要先使用构造方法来创建 PDO 实例，PDO 实例构造方法的语法格式如下。

```
__construct(string data_source_name [,string user [,string pwd [,array driver_
options]]])
```

其中，data_source_name 指的是数据源，该参数包括数据库名和主机名，即 DSN。MySQL 数据库的 DSN 为“mysql:host=localhost;dbname=data_book;port=3307”。Oracle 数据库的 DSN 为“oci:dbname=//localhost:3307/data_book”。user 为服务器的用户名。pwd 为服务器的密码。driver_options 用来指定连接的额外选项。

当连接服务器成功时，会返回一个 PDO 实例。而当连接服务器失败时，则会抛出一个 PDOException 异常，通常使用 try/catch 语句进行处理。

② 对数据库 data_book 分别进行开启连接、关闭连接的操作，代码如下。

```
<?php
    $dbms="mysql";
    $server="localhost";
    $username="root";
    $password="123456";
    $dbname="data_book";
    $dsn="$dbms: host=$server, dbname=$dbname";
    try{
        $pdo=new PDO ($dsn, $username, $password) ;
        echo "PDO 连接 MYSQL 服务器成功";
        $pdo=NULL;
    }
    catch (PDOException $e) {
        echo "PDO 连接 MYSQL 服务器失败";
        die();
    }
?>
```

运行成功如图 10-15 所示。

图 10-15 PDO 连接 MySQL 服务器成功

③ 执行 SQL 语句。PDO 提供了三种执行 SQL 语句的方法，分别是 exec()方法、query()方法和预处理语句。

## 10.3.3 exec()方法

exec()方法可以执行一条语句，并返回受到影响的行数，语法格式如下。

```
int PDO: : exec (string sql)
```

exec()方法通常用于 insert into、delete、update 等语句中。

**【例 10-11】** 向数据库 data_book 中的数据表 tb_book 中添加一条记录，代码如下。

```
<?php
$dbms='mysql';        //数据库类型
$host='localhost';  //数据库主机名
$dbName='data_book';      //使用的数据库
$user='root';         //用户名
$pass='123456';           //密码
$dsn="$dbms: host=$host; dbname=$dbName";
$pdo=new PDO ($dsn, $user, $pass) ;
$pdo->exec ("insert into tb_book (id, bookname, bookauthor, bookprice) values
('6', 'html program', 'zhang', 52) ") ;            //在数据库的数据表中添加一条记录
?>
```

运行结果如图 10-16 所示。

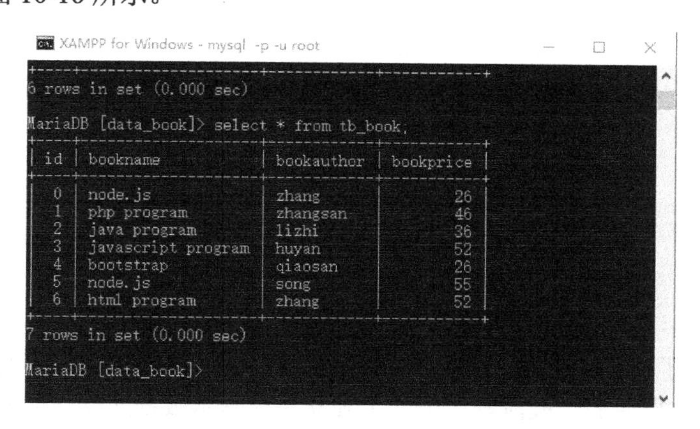


图 10-16　在数据表中添加一条记录

## 10.3.4 query()方法

不同于 exec()方法，query()方法通常用于 select 语句中，它的返回值是 PDOStament 的实例化对象，也是 PDO 的结果集，其语法如下。

```
PDOStament PDO: : query (string sql) ;
```

**【例 10-12】**用 query()方法查询数据库 data_book 中的数据表 tb_book 中的数据，代码如下。

```
<?php
$dbms='mysql'；      //数据库类型
$host='localhost'； //数据库主机名
$dbName='data_book'；    //使用的数据库
$user='root'；       //用户名
$pass='123456'；         //密码
$dsn="$dbms：host=$host；dbname=$dbName"；
$pdo=new PDO ($dsn, $user, $pass) ;
$result=$pdo->query ("select * from tb_book") ;      //生成结果集
foreach ($result as $row)        //循环输出
{
    print_r ($row) ;
    echo "<br>"；
}
?>
```

运行结果如图 10-17 所示。

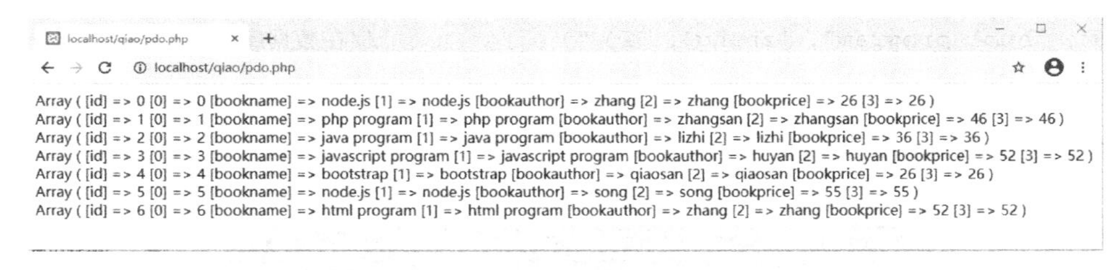


图 10-17　查询数据的结果

# 小　　结

本章主要介绍了使用 PHP 操作 MySQL 数据库的方法。通过本章的学习，我们掌握了 PHP 操作 MySQL 数据库的一般流程，培养了独立完成基本数据库操作的能力。

# 上机指导

我们在登录网站的时候，经常会被要求输入用户名和密码，如果用户名和密码正确，系统才允许我们进入网站，否则不能进入。实际上，用户名和密码存放在网站的数据库中，我们可以尝试通过访问数据库来判断能否登录网站，具体步骤如下。

① 新建数据表 tb_user，表中有两个字段：user 和 password，分别用来存放用户名和密码。

② 新建 index.php 文件，用于制作用户登录界面，如图 10-18 所示。

图 10-18　用户登录界面

参考代码如下。

```
<form name="form1" method="post" action="login.php">
    用户名：<input type="text" name="user" /><br>
    密   码:<input type="password" name="password" /><br><br>
    <input type="submit" name="submit" value="登录" />
    <input type="reset" name="reset" value="重置" />
</form>
```

③ 创建 login.php 文件。首先在连接数据库时，需要从数据库中查找并判断能否匹配 index.php 文件传递过来的用户名和密码，如果在数据库中能查到，则说明用户名和密码是正确的，可以进入下一个页面。如果不能查到，则说明用户名和密码不正确，需要重新输入用户名和密码，示例代码如下。

```
<?php
    $user=$_POST['user'];
    $passwd=$_POST['passwd'];
    $conn=mysqli_connect("localhost", "root", "123456", "qiao");
    $sqlstr="select * from tb_user where user='".$user."' and password='".
    $passwd."'";
    $result=mysqli_query($conn, $sqlstr);
    $nums=mysqli_num_rows($result);
    if($nums>0)
        echo "<script>alert('欢迎进入本网站！');</script>";
    else
        echo "<script>alert('您的用户名和密码不正确，请重新输入！');location=
        'index.php';</script>";
?>
```

如果在数据库中找到输入的用户名和密码，则登录成功页面如图 10-19 所示。

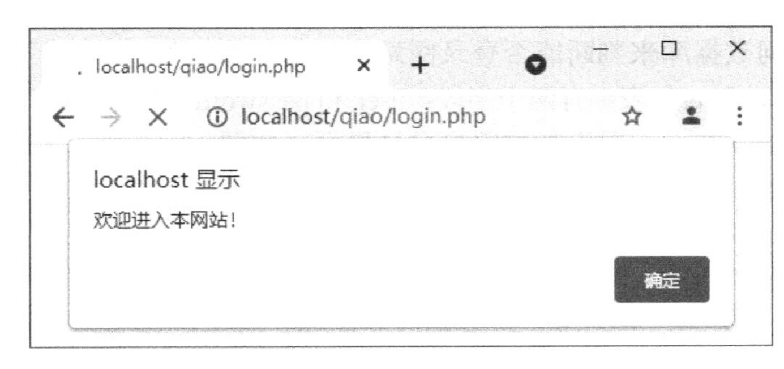


图 10-19　登录成功页面

如果在数据库中找不到输入的用户名和密码，则登录不成功页面如图 10-20 所示。

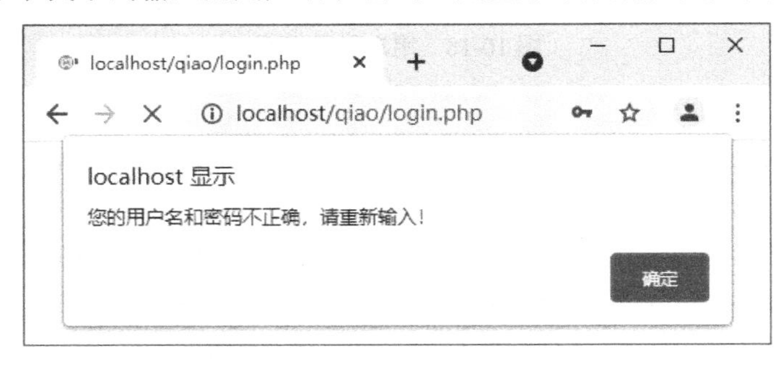


图 10-20　登录不成功页面

# 作　　业

1. 现有数据库 student，请分别使用 MySQLi 和 PDO 连接数据库。

2. 创建一个数据库和数据表，分别使用 mysqli_fetch_array()函数、mysqli_fetch_object()函数、mysqli_fetch_row()函数、mysqli_fetch_assoc()函数从结果集中读取数据。

3. 分别使用数据库的 insert into、delete、update、select 语句对数据表中的数据进行增、删、改、查操作。

4. 使用数据库抽象层 PDO 来连接数据库，并对数据库中的数据进行增、删、修、查操作。

# 第 11 章　PHP 会话控制

**本章要点**

- 什么是 Cookie
- 什么是 Session
- 启动 Session、注册 Session、使用 Session、删除 Session 的方法
- 创建、读取和删除 Cookie
- Cookie 和 Session 的区别

会话控制是一种面向连接的可靠的通信方式，可以根据会话控制记录判断用户登录的行为。在我们登录某一个网站并切换页面时，会话控制能记录我们的登录状态，并且访问的都是登录用户自己的信息，多个页面的登录信息可以实现共享，这些都是会话控制的原理。

## 11.1　会话机制

用户和服务器通常使用 HTTP 进行通信，但是 HTTP 本身是无状态的，这与 HTTP 最初的设计目的是相符的。客户端只需要简单地向服务器请求下载某些文件，无论是客户端还是服务器都没有必要记录彼此之前的行为，所以每一次请求都是独立的。作为传输载体的 HTTP 还添加了会话机制，所谓会话是指有始有终的一系列动作或消息，如打电话时，从拿起电话拨号到挂断电话的一系列过程被称为一个会话。Web 通信的会话有两种，一种是 Cookie，另一种是 Session。下面我们就这两种会话进行介绍。

## 11.2　Cookie 的操作

Cookie 是一种在远程客户端存储数据并用这些数据来跟踪和识别用户的机制，Cookie 是 Web 服务器暂时存储在用户硬盘上的一个文本文件，它包含了有关用户的信息，目的是无论用户何时连接到服务器，服务器都可以通过读取 Cookie 文件来做出迅速响应。Cookie 通常用于以下 3 个方面。

① 记录用户的信息，如上次登录的用户名等。

② 页面之间传递参数。

③ 将 HTML 网页存储在 Cookie 中，提高浏览速度。

因为 Cookie 信息一般不加密，存在泄密风险，所以 Cookie 设置了一套安全机制，只允许创建它的域进行读写操作，其他浏览器或网站都无法进行读写操作。

Cookie 是临时文件，在一般情况下，当用户离开网站时，Cookie 就会被自动删除，目前可以通过脚本设置 Cookie 长期保存，目的是当用户在下次访问网站时可以继续进行操作。

### 11.2.1 浏览器中的 Cookie 设置

浏览器在默认情况下都开启了 Cookie，用户可以在浏览器中设置是否开启 Cookie。以 IE 浏览器为例，其 Cookie 的设置方法如下。

打开 IE 浏览器，单击“工具”菜单栏中的“Internet 选项”，然后选择“隐私”选项卡，在“设置”区域拖动滚动滑块，即可修改 IE 浏览器中的 Cookie 设置。通常情况下，可以将滚动滑块拖动至“中”或者“中高”级别，这样既可以保护用户的隐私，又可以开启 Cookie。

### 11.2.2 创建 Cookie

创建 Cookie 使用的是 setcookie()函数。Cookie 是 HTTP 头标的组成部分，头标必须在其他页面内容之前发送，也必须最先输出，所以在 setcookie()函数之前不能有任何内容输出，即使是一个 HTML 标记、一个 echo 语句，甚至是一个空行，都会导致程序出错，语法格式如下。

```
bool setcookie(string name[, string value[, int expire[, string path[, string domain[, int secure]]]]])
```

在使用 setcookie()函数创建 Cookie 时，至少需要接收一个参数，也就是 Cookie 的名称（如果只设置了名称参数，那么远程客户端上的同名 Cookie 会被删除）。

setcookie()函数的参数说明如表 11-1 所示。

**表 11-1 setcookie()函数的参数说明**

| 参数 | 说明 |
|---|---|
| name | 规定 Cookie 的名称 |
| value | 规定 Cookie 的值 |
| expire | 规定 Cookie 的有效期 |
| path | 规定 Cookie 的服务器路径 |
| domain | 规定 Cookie 的域名 |
| secure | 规定是否通过安全的 HTTPS 连接来传输 Cookie |

在了解了 Cookie 的创建方法之后，在下面例 11-1 中应用 setcookie()函数创建一个 Cookie。

**【例 11-1】**通过 setcookie()函数创建 Cookie。

创建 index.php 文件，使用 setcookie()函数创建 Cookie，设置 Cookie 的名称为 dlzg，设置

Cookie 的值为“电力之光”，设置有效时间为 60 秒，设置有效目录为“/jsj”，设置有效域名为“zzdl.com”，代码如下。

```
<?php
    setcookie ("dlzg", "电力之光") ;
    setcookie ("dlzg", "电力之光", time()+60) ;    //设置 Cookie 的有效时间为 60 秒
    //设置有效时间为 60 秒，设置有效目录为"/jsj"，设置有效域名为"zzdl.com"
    setcookie ("dlzg", "电力之光", time()+60, ".zzdl.com", 1) ;
?>
```

代码运行之后，Temporary Internet Files 系统临时文件夹下会自动生成一个 Cookie 文件。Cookie 的有效时间为 60 秒，Cookie 文件失效后会自动删除。

### 11.2.3　读取 Cookie

PHP 提供了全局数组$_COOKIE[]来读取 Cookie 的值，该数组中的每个元素的键都是 Cookie 的名称，每个元素的值都是 Cookie 的值。在使用该全局数组时，通常需要配合 isset()函数检测 Cookie 是否存在，代码如下。

```
<?php
setcookie ("school", "zzdl", 0, "/") ;
if (isset ($_COOKIE["school"]) )
{
    echo "cookie: ".$_COOKIE["school"];
    }
else
{
    echo "cookie is not exists";
    }
?>
```

第一次运行时，由于 Cookie 是不存在的，因此还需要先进行创建，运行结果如图 11-1 所示。

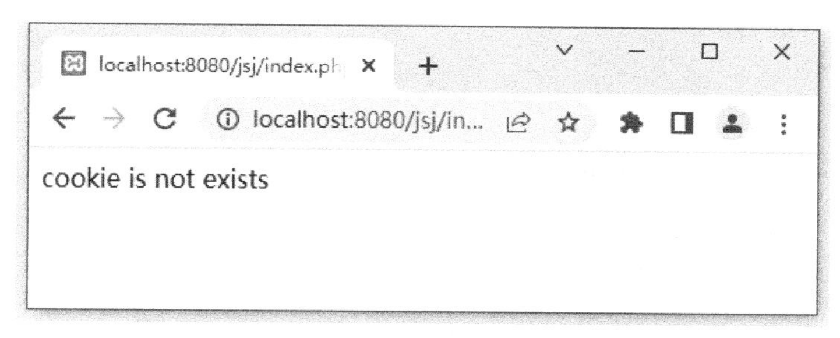


图 11-1　Cookie 不存在的运行结果

在刷新当前页面后，由于 Cookie 已经创建完毕，因此可得到运行结果如图 11-2 所示。

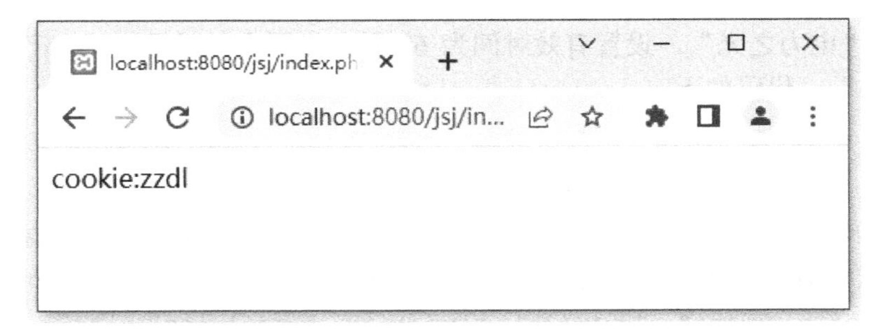


图 11-2　Cookie 已经创建完毕的运行结果

### 11.2.4　删除 Cookie

我们已经了解了如何创建和访问 Cookie。如果创建 Cookie 时没有设置过期时间，那么 Cookie 会在浏览器关闭时被自动删除。在关闭浏览器之前删除 Cookie 有两种方法，一种是使用 setcookie()函数删除，另一种是在客户端手动删除。在客户端手动删除 Cookie 可能会给用户带来不好的体验，较好的做法是使用户选择性地删除浏览器端的 Cookie。删除 Cookie 只需要将 setcookie()函数中的第二个参数设置为空值，再将第三个参数（Cookie 的过期时间）设置为小于系统当前时间的值即可，代码如下。

```
<?php
setcookie ("school", "", time()+1) ;
?>
```

### 11.2.5　创建 Cookie 数组

setcookie()函数还可以创建 Cookie 数组，语法格式如下。

```
<?php
setcookie(string name[下标][, string value[, int expire[, string path[, string
domain[, int secure]]]]])
?>
```

下面用一个例子来说明使用 setcookie()函数创建 Cookie 数组的方法。

index.php 文件代码如下。

```
<?php
setcookie ("user[1]", "张顺") ;
setcookie ("user[2]", "李明") ;
setcookie ("user[school]", "zzdl") ;
header ("location: cookie.php") ;
?>
```

cookie.php 文件代码如下。

```
<?php
foreach ($_COOKIE['user'] as $key=>$value)
{
    echo $key."=>".$value."<br/>";
    }
?>
```

运行结果如图 11-3 所示。

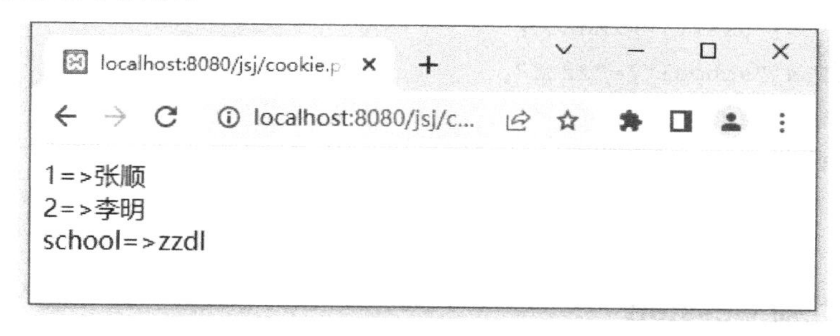


图 11-3　创建 Cookie 数组的运行结果

# 11.3　Session 的操作

Session 是指一个终端用户与交互系统进行通信的时间间隔，通常是指用户从注册进入系统到注销退出系统所经过的时间。PHP 也可以提前主动结束 Session，终止 Session 对象的运行。

Session 在 Web 技术中占有非常重要的地位，由于网页是一种无状态的连接程序，无法记录用户的浏览状态，因此必须通过 Session 记录用户的有关信息，以供用户再次以此身份对 Web 服务器提供要求时做确认。例如，在电子商务网站中，通过 Session 记录用户登录的信息和用户购买的商品。如果没有 Session，用户每进入一个页面都要输入用户名和密码。

当第一次访问网站时，Seesion_start()函数会创建一个唯一的 Session id，并自动通过 HTTP 的请求头将这个 Session id 保存到客户端 Cookie 中。同时，也在服务器端创建一个以 Session id 命名的文件，用于保存这个用户的会话信息。当同一个用户再次访问这个网站时，也会自动通过 HTTP 的请求头将 Cookie 中保存的 Seesion id 再携带过来，这时 Session_start()函数就不会再去分配一个新的 Session id，而是在服务器的硬盘中寻找和这个 Session id 同名的 Session 文件，将之前为这个用户保存的会话信息读出来，并在当前脚本中应用，达到跟踪这个用户的目的。Session 以数组的形式存在，如：$_SESSION['Session 名']。

## 11.3.1　启动 Session

Session 的设置不同于 Cookie，必须先启动 Session，也就是在 PHP 中必须调用 session_start()函数，session_ start()函数的语法格式如下。

```
Bool session_start (void)  //创建 Session，开始一个会话，进行 Session 初始化
```

**注意：**session_start()函数之前不能有任何内容输出。

### 11.3.2 存储 Session

在 PHP 中，全局数组$_SESSION[]可以用来存储 Session，示例代码如下。

```
<?php
    session_start();
    $_SESSION["user"]="zhang";
    $_SESSION["school"]="zzdl";
    $_SESSION["age"]=20;
    $_SESSION["guest"]=false;
?>
```

### 11.3.3 注册 Session

会话变量启动后，Session 会被全部保存在全局数组$_SESSION[]中。通过全局数组$_SESSION[]创建一个会话变量很容易，只需直接给该数组添加一个元素即可。

例如，启动会话，然后创建一个 Session 变量并赋予空值，代码如下。

```
<?php
    session_start();            //启动 Session
    $_SESSION["name"]=null;     //声明一个名为 name 的变量，并赋予空值
?>
```

### 11.3.4 使用 Session

PHP 中的 Session 有一个非常强大的功能，即可以保存当前用户的特定数据和相关信息，可以保存的数据类型包括字符串、数组和对象等。要将各种类型的数据添加到 Session 中，必须使用全局数组$_SESSION[]。

**【例 11-2】**将一个字符串存储到 Session 中。首先判断会话变量是否有一个会话 id 存在，如果不存在，则通过全局数组$_SESSION[]创建一个会话变量，然后将字符串赋给这个会话变量，最后通过全局数组$_SESSION[]输出字符串，代码如下。

```
<?php
    session_start();            //启动 Session
    $string="PHP 程序设计";     //定义字符串
    if (!isset ($_SESSION["name"]) )        //判断 Session 会话变量是否存在
    {
        $_SESSION["name"]=$string;          //将字符串赋给会话变量
        echo $_SESSION["name"];             //输出
    }
```

```
    else
    {
        echo $_SESSION["name"];
    }
?>
```

运行结果如图 11-4 所示。

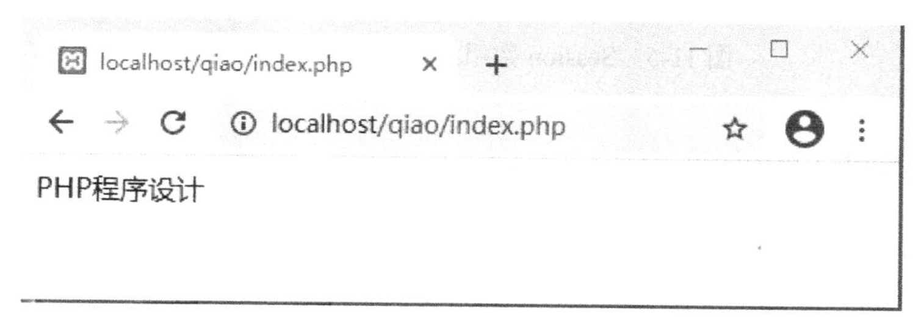


图 11-4　Session 会话显示字符串的运行结果

下面应用全局数组$_SESSION[]将数组中的数据保存到 Session 中，并且输出 Session 中保存的数据。

**【例 11-3】** 首先初始化一个 Session 变量，然后创建一个数组，并通过全局数组$_SESSION[]将数组中的数据保存到 Session 中，最后遍历 Session 数组中的数据，代码如下。

```
<?php
    session_start();          //启动 Session
    $array=array("php 程序设计","java 程序设计","html 脚本语言","javascript 程序设计");
    $_SESSION["bookname"]=$array;      //将数组中的数据保存到 Session 中
?>
<?php
    foreach ($_SESSION["bookname"] as $key=>$value)    //遍历 Session 数组中的数据
    {
        if ($value=="html 脚本语言")        //当$value 的值等于"html 脚本语言"时换行
        {
            $br="<br><br>";
        }
        else
        {
            $br="    ";
        }
        echo $value.$br;                //输出 Session 数组中的数据
    }
?>
```

运行结果如图 11-5 所示。

图 11-5 Session 数组显示数据的运行结果

## 11.3.5 删除 Session

删除 Session 的会话的方法主要有删除单个会话、删除所有会话和结束当前会话，下面分别进行介绍。

### 1. 删除单个会话

删除单个会话同数组的操作一样，直接注销$_SESSION 数组的某个元素即可。

**【例 11-4】** 注销$_SESSION["name"]变量，可以使用 unset()函数实现，代码如下。

```
unset ($_SESSION["name"]) ;
```

上式中的参数 name 用于表示$_SESSION 数组中的指定元素，不可以省略。通过 unset () 函数只能一次删除数组中的一个元素。如果通过 unset()函数一次注销整个数组（unset ($_SESSION)），那么会禁止整个会话功能，而且没有办法将其恢复，用户也不能再注册$_SESSION 变量。所以如果要删除多个会话或全部会话，可以采用下面介绍的方法。

### 2. 删除所有会话

删除所有会话有两种方法。第一种方法是使用 session_unset()函数，代码如下。

```
session_unset();
```

第二种方法是将一个空的数组赋值给$_SESSION，代码如下。

```
$_SESSION=array();
```

### 3. 结束当前会话

如果整个会话已经结束，首先应该注销所有的会话变量，然后使用 session_destory()函数结束当前会话，并清空会话中的所有资源以彻底销毁 Session，代码如下。

```
session_destory();
```

## 11.3.6 Session 的应用

在开发网站的过程中，需要对不同的登录用户（管理员或普通用户）设置不同的权限。

**【例 11-5】** 编写一个实例，通过 Session 控制用户的页面访问权限。

① 首先创建一个 index.php 文件，在 index.php 文件中创建一个用户登录的表单，用于提交用户登录的用户名和密码，以 POST 方式将数据提交到 index.php 文件中，代码如下。

```
<form name="form1" method="post" action="index_ok.php">
 用户名：<input type="text" name="user" /><br />
 密　码：<input type="password" name="password" /><br />
 <input type="submit" name="submint" value="登录" />
 <input type="reset" name="reset" value="重置" />
</form>
```

页面效果如图 11-6 所示。

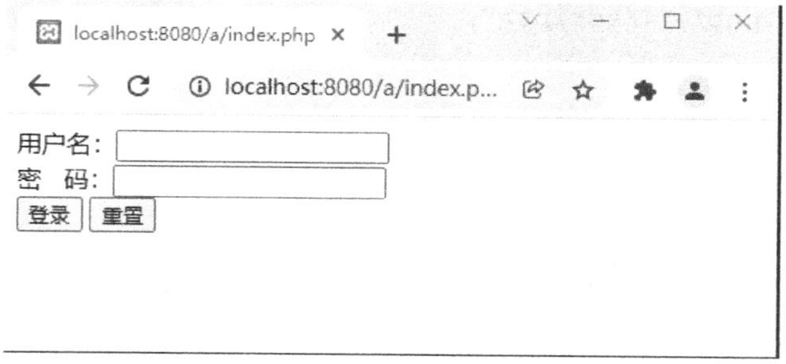

图 11-6　页面效果

② 创建一个 index_ok.php 文件，初始化 Session 变量，再通过$_POST[]方法获取提交的用户名和密码，完成对用户名和密码的验证。如果验证正确，则将用户名和密码赋给 Session 变量，并通过 JavaScript 脚本中转到 main.php 页面，否则通过 JavaScript 脚本给出提示信息，并中转到 index.php 文件，代码如下。

```
<?php
    session_start();
    if ($_POST["user"]=="zzdl" && $_POST["pwd"]=="password") {
        $_SESSION["user"]=$_POST["user"];
        $_SESSION["pwd"]=$_POST["pwd"];
        echo "<script>alert ('欢迎进入 PHP 的世界') ; window.location.href=
       'main.php'; </script>";
    }
    else{
        echo "<script>alert ('您的用户名和密码不正确。') ; window.location.href=
       'index.php'; </script>";
        }
?>
```

③ 创建一个 main.php 文件，初始化 Session 变量，再通过 isset()函数判断 Session 变量是否存在，如果存在，则输出该页面的内容，否则通过 JavaScript 脚本给出提示信息，并中转到 index.php 文件，代码如下。

```
<?php
    session_start();
    if (isset ($_SESSION['user'])  || isset ($_SESSION['pwd']) )
    {
        echo "<script>alert ('欢迎进入个人主页') ; window.location.href=
        'login.php'; </script>";
    }
    else
    {
        echo "<script>alert('对不起，你的权限不能进入主页')；window.location.href=
        'index.php'; </script>";
    }
?>
```

# 11.4 Session 和 Cookie 的区别

Session 和 Cookie 的区别在于 Cookie 保存在客户端，而 Session 保存在服务器，具体体现在以下两个方面。

① Cookie 是通过扩展 HTTP 协议实现的，Cookie 主要包括名字、值、过期时间、路径和域。如果 Cookie 不设置生命周期，则随浏览器的关闭而关闭，这种 Cookie 一般存储在内存中而不是硬盘中。若设置了生命周期则相反，它不随浏览器的关闭而消失，这些 Cookie 仍然有效，直到超过设定的过期时间。

② Session 以一种类似散列表的形式保存信息，当程序需要为某个客户端的请求创建一个 Session 时，服务器首先检查这个客户端的请求里是否已包含了一个 Session 标识（也被称为 Session id）。如果已包含则说明以前已经为此客户端创建过 Session，服务器就按照 Session id 把这个 Session 检索出来使用（检索不到则新建一个），如果客户端请求不包含 Session id，则为此客户端创建一个 Session，并且生成一个与此 Session 相关联的 Session id。Session id 的值应该是一个既不重复，又不容易被找到规律以仿造的字符串，这个 Session id 将在本次响应中返回给客户端保存。保存这个 Session id 的方式可以采用 Cookie，这样浏览器在交互过程中可以自动按照规则把这个标识发送给服务器。Cookie 可以人为禁止，因此必须有其他机制，以便在 Cookie 被禁止时仍然能够把 Session id 传递回服务器。

Session 和 Cookie 的优缺点具体如下。

① Cookie 数据存放在客户端的浏览器上，Session 数据存放在服务器上。

② Cookie 不是很安全，别人可以分析存放在本地的 Cookie 并进行 Cookie 欺骗，考虑到安全问题，应当使用 Session。

③ Session 会在一定时间内保存在服务器上。当访问增多时，Session 会比较占用服务器的性能，考虑到减轻服务器负担，应当使用 Cookie。

④ 单个 Cookie 保存的数据量不能超过 4K，很多浏览器都限制一个站点最多保存 20 个

Cookie。

综上所述，建议将登录信息等重要信息存放在 Session 中，其他信息如果需要保留，可以放在 Cookie 中。

# 小　　结

本章主要介绍 Cookie 和 Session 的概念和用法，重点讲述了 Cookie 和 Session 的创建、读取和删除等操作，以及它们的相同点和不同点，重点要注意它们的应用。

# 上机指导

（1）用 Cookie 登录的案例

在一个页面文件 index.php 中，用户填写了账号和密码，单击“确定”按钮提交这些表单数据到 denglu.php 中处理，代码如下。

```
<form action="denglu.php" method="post">
    账号<input type="text" name="dengluname"><br>
    密码<input type="text"  name="pass"><br>
    确定<input type="submit" value="登录">
</form>
```

在接收表单数据后判断有没有设置 Cookie，浏览器会给服务器发送 Cookie。第三次登录页面的时候，浏览器也会发送 Cookie。每一次请求都会发 Cookie，服务器就会取出 Cookie 来用。

判断用户的账号和密码是不是和第一次登录的一样，如果是一样的，就继续浏览，否则就被当作非法用户。

```
<?php
$hao=$_POST["dengluname"]; //接收表单数据
$ma=$_POST["pass"];
if (isset ($_COOKIE["zhanghao"]) )
{
   if ($hao==$_COOKIE["zhanghao"] and $ma==$_COOKIE["mima"])
   {
         echo "你好啊";
         echo $_COOKIE["zhanghao"]."  ".$_COOKIE["mima"]; //张三丰，110
         echo "你是合法用户啊";
   }
```

```
else {
            echo "你不是合法用户";
            echo "你不可以进来";
            echo "你进错了房间";
    }
} else {
setcookie ("zhanghao", $hao) ;
setcookie ("mima", $ma) ;
 echo "第一次用 Cookie 设置好了登录账号和密码";
  echo "以后每次进来，都检查身份";
}
?>
```

（2）用 Session 登录的案例

用五个页面文件来实现 Session 登录，其中 config.php 文件用来定义数据库的配置，connection.php 文件用来连接数据库，login.html 文件用来登录，loginSession.php 文件用来做登录判断，welcome.php 用来做登录成功的欢迎界面。

config.php 文件代码如下。

```
<?php
    /**1、数据库服务器 */
    define ('DB_HOST', 'localhost') ;
    /**2、数据库用户名 */
    define ('DB_USER', 'root') ;
    /**3、数据库密码 */
    define ('DB_PWD', 'root') ;
    /**4、数据库名 */
    define ('DB_NAME', 'login') ;
    /**5、字符集 */
    define ('DB_CHARSET', 'utf8') ;
?>
```

connection.php 文件代码如下。

```
<?php
    /**1、引入常量配置文件 */
    include './config.php';
    /**2、连接数据库、判断错误、选择数据库和字符集*/
    $connect = mysqli_connect (DB_HOST, DB_USER, DB_PWD, DB_NAME, '3306') ;
    if (!$connect) {
        exit ('连接失败，原因：'.mysqli_error ($connect) ) ;
    }else{
```

```
        echo '连接成功';
    }
    /**设置字符集 */
    mysqli_set_charset ($connect, DB_CHARSET) ;
?>
```

login.html 文件代码如下。

```
<!DOCTYPE html>
<html lang="en">
<head>
    <meta charset="UTF-8">
    <meta name="viewport" content="width=device-width, initial-scale=1.0">
    <title>登录</title>
</head>
<body>
    <form action="./loginSession.php" method="POST">
        用户名：<input type="text" name="username" id="">
        <hr>
        密码：<input type="password" name="password" id="">
        <hr>
        <input type="submit" value="登录">
    </form>
</body>
</html>
```

loginSession.php 文件代码如下。

```
<?php
    /**连接数据库、选择数据库、设置字符集 */
    include './connection.php';
    /**开启 Session */
    session_start();
    /**判断 */
    if ( ($_POST['username'] !=null ) && ($_POST['password'] != null ) ) {
        $userName = $_POST['username'];
        $password = $_POST['password'];
        $res = mysqli_query ($connect, "select * from user where 'username' =
       '$userName' ") ;
        if (!$res) {
            printf ("Error: %s\n", mysqli_error ($connect) ) ;
            exit();
```

```
        }
        $row = mysqli_fetch_assoc ($res) ;
        if  ($row['password'] == $password)  {
            /**密码验证，通过设置 Session 把用户名和密码保存在服务器上 */
            $_SESSION['userName'] = $userName;
            $_SESSION['password'] = $password;
            /**最后跳转到登录成功的欢迎页面    注意：这里没有像 Cookie 一样带参数过去 */
            header ('Location:  welcome.php') ;
        }else{
            exit ('密码有误') ;
        }
    }
?>
```

welcome.php 文件代码如下。

```
<?php
    session_start();
    $userName = $_SESSION['userName'];
?>
<!DOCTYPE html>
<html lang="en">
<head>
    <meta charset="UTF-8">
    <meta name="viewport" content="width=device-width, initial-scale=1.0">
    <title>欢迎</title>
</head>
<body>
    welcome--你好：<?php echo $userName; ?>
</body>
</html>
```

# 作　　业

1. 完成对 Cookie 的创建、读取和删除等操作。
2. 完成对 Session 的创建、读取和销毁操作。

# 第 12 章　面向对象编程

**本章要点**

- 面向对象思想
- 面向对象的三个特性
- 类与对象的使用
- 构造方法与析构方法的使用
- public、private、protected、extends、final 和 static 等关键字
- 继承与多态的使用
- 抽象类与接口的使用

和一些面向对象的编程语言有所不同，PHP 并不是一种纯面向对象的编程语言，但 PHP 也支持面向对象的程序设计，并可以用于开发大型的商业程序，因此学好面向对象编程对 PHP 程序员来说也是至关重要的。本章将针对面向对象编程在 PHP 语言中的使用进行详细讲解。

## 12.1　面向对象概述

面向对象是一种符合人类思维习惯的编程思想。现实生活中存在各种形态的事物，这些事物之间存在着各种各样的联系。在程序中使用对象来映射现实中的事物，或使用对象的关系来描述事物之间的联系，这种思想就是面向对象思想。

提到面向对象，自然会想到面向过程，面向过程就是分析、解决问题所需要的步骤，然后用函数把这些步骤一一实现，使用函数的时候一个个依次调用就可以了。面向对象则是把要解决的问题按照一定规则划分为多个独立的对象，然后通过调用对象的方法来解决问题。当然，一个应用程序会包含多个对象，通过多个对象的相互配合来实现应用程序的功能，这样当应用程序功能发生变动时，只需要修改个别的对象就可以了，这使代码更容易维护。面向对象的特性主要可以概括为封装性、继承性和多态性，接下来针对这三种特性进行介绍。

### 1. 封装性

封装是面向对象的核心思想，将对象的属性和行为封装起来，不让外界知道具体的实现细节，这就是封装的思想。例如，用户使用计算机，只需要使用手指敲键盘就可以了，无须知道计算机内部是如何工作的，即使用户可能知道计算机的工作原理，但在使用时也不需要完全依赖计算机的工作原理。

### 2. 继承性

继承性主要用于描述类与类之间的关系。通过继承，可以在无须重新编写原有类的情况下，对原有类的功能进行扩展。例如，有一个汽车的类，该类中描述了汽车的普通特性和功能，而轿车的类中不仅应该包含汽车的特性和功能，还应该增加轿车特有的功能，这时可以让轿车类继承汽车类，只用在轿车类中单独添加轿车的特有功能。继承不仅增强了代码的复用性，提高了程序的开发效率，而且为程序的修改、补充提供了便利。

### 3. 多态性

多态性描述的是同一操作作用于不同的对象，会产生不同的执行结果。例如，当听到“Cut”这个单词时，理发师想到的是剪发，演员想到的是停止表演，不同对象表现的行为是不一样的。

面向对象的编程思想博大精深，初学者仅仅靠文字介绍是不能完全理解的，必须通过大量的实践和思考才能真正领悟。希望大家带着面向对象的思想来学习后续的课程，不断加深对面向对象的理解。

## 12.2　类与对象

面向对象的编程思想力图使程序对事物的描述与该事物在现实中的形态保持一致。为了做到这一点，在面向对象的思想中提出了两个概念，即类和对象。其中，类是对某一类事物的抽象描述，而对象用于表示现实中该类事物的个体。接下来通过图 12-1 来演示类与对象之间的关系。

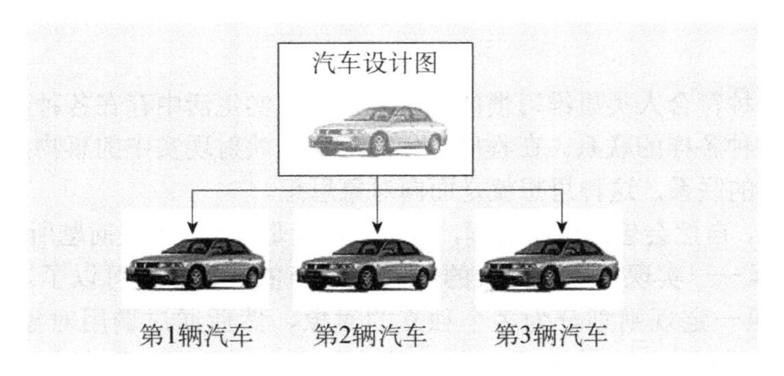


图 12-1　类与对象之间的关系

可以将图 12-1 中的汽车设计图看作一个类，将每一辆汽车看作一个对象，从汽车设计图和汽车之间的关系便可以看出类与对象之间的关系。类用于描述多个对象的共同特征，它是对象的模板。对象用于描述现实中的个体，它是类的实例。从图 12-1 可以明显看出对象是根据类创建的，并且一个类可以对应多个对象。

### 12.2.1　类的定义

在面向对象的思想中，最核心的就是对象。为了能在程序中创建对象，首先需要定义一个类。类是对象的抽象，它用于描述一组对象的共同特征和行为。类中可以定义成员属性和成员方法，其中成员属性用于描述对象的特征，成员方法用于描述对象的行为，定义类的语法格式如下。

```
class  类名 {
成员属性;
成员方法;
}
```

上述语法格式中，class 表示定义类的关键字，通过该关键字可以定义一个类。在类中声明的变量被称为成员属性，主要用于描述对象的特征，如人的姓名、年龄等。在类中声明的函数被称为成员方法，主要用于描述对象的行为，如说话、走路等。

接下来通过一个案例来演示如何定义一个类，如例 12-1 所示。

**【例 12-1】**创建一个类，并定义类的成员属性和成员方法。

```
<?php
    //定义一个 Person 类
    class Person{
        public $name;
        public $age;
        public function speak()
        {
            echo "大家好，我叫".$this->name .", 今年".$this->age ."岁。<br>";
            }
    }
?>
```

其中，Person 是类名；name 和 age 是成员属性；speak()是成员方法。在成员方法 speak()中可以使用$this 访问成员属性 name 和 age。需要注意的是，$this 表示当前对象，这里是指 Person 类实例化后的具体对象。

### 12.2.2　对象的创建

要完成具体的功能，仅有类是远远不够的，还需要根据类创建实例对象。在 PHP 程序中可以使用 new 关键字来创建对象，具体语法格式如下。

```
$对象名=new 类名([参数 1,参数 2,…]);
```

上述语法格式中，“$对象名”表示一个对象的引用名称，通过这个引用就可以访问对象中的成员，其中“$”是固定写法，对象名是自定义的。“new”表示要创建一个新的对象。“类名”表示新对象的类型。“[参数 1,参数 2,…]”中的参数是可选的。对象创建成功后，就可以通过“对象->成员”的方式来访问类中的成员。需要注意的是，如果在创建对象时不需要传递参数，则可以省略类名后面的括号。接下来通过一个案例来演示如何创建 Person 类的实例对象，如例 12-2 所示。

【例 12-2】定义一个类，并为类创建对象，显示出结果。

```
<?php
//定义一个 Person 类
class Person{
    public  $name;
    public  $age;
    public  function speak(){
    echo "大家好！我叫".$this->name .", 今年".$this->age . "岁。<br>";
    }
}
$p1=new Person();
    $p1->name ="张无忌";
    $p1->age = 18;
    $p1->speak();
?>
```

运行结果如图 12-2 所示。

图 12-2　为类创建对象的运行结果

在例 12-2 中，定义了一个 Person 类的对象$p1，然后通过该对象为 name 和 age 成员属性赋值，并调用成员方法 speak()。从运行结果可以看出，程序输出了对象$p1 的姓名和年龄。

## 12.2.3　类的封装

在例 12-2 中定义的 Person 类有两个成员属性，即 name 和 age。在为 age 赋值时，由于没有做限定，因此可以赋予任何值，甚至是一个负数。然而，将年龄赋值为一个负数显然是不符合实际的。为了防止这种情况出现，在定义类时，应该对成员变量的访问做出一些限定，此时就需要实现类的封装。

类的封装是指在定义一个类时，将类中的属性私有化，即使用 private 关键字来修饰。私有化的属性只能在它所在类中被访问，为了能让外界访问私有属性，PHP 提供了两种访问形式，接下来将针对这两种形式进行详细讲解。

### 1. 通过 getXxx()方法和 setXxx()方法访问私有属性

在 PHP 程序中，可以手动编写公有的 getXxx()方法和 setXxx()方法访问私有属性，其中，

getXxx()方法用于获取属性值，setXxx()方法用于设置属性值。接下来通过一个案例来演示如何使用这两种方法，如例 12-3 所示。

**【例 12-3】** 定义一个类，通过 setXxx()方法和 getXxx()方法设置和获取属性值。

```
<?php
class Person {
    private $name;
    private $age;
    //定义 getName()方法和 setName()方法，用于获取和设置$name 属性值
public function getName()
    {
        return $this->name;
    }
public function setName ($value)
    {
        $this->name=$value;
    }
    //定义 getAge()方法和 setAge()方法，用于获取和设置$age 属性值
public function getAge()
    {
        return $this->age;
    }
public function setAge ($value)
    {
    if ($value<0) {
        echo "年龄不合法<br>";
    }else{
        $this->age=$value;
    }
    }
}
$p1=new Person();
$p1->setName ("张无忌") ;
$p1->setAge (10) ;
echo "姓名: " .$p1->getName()."<br>";
echo "年龄".$p1->getAge();
?>
```

运行结果如图 12-3 所示。

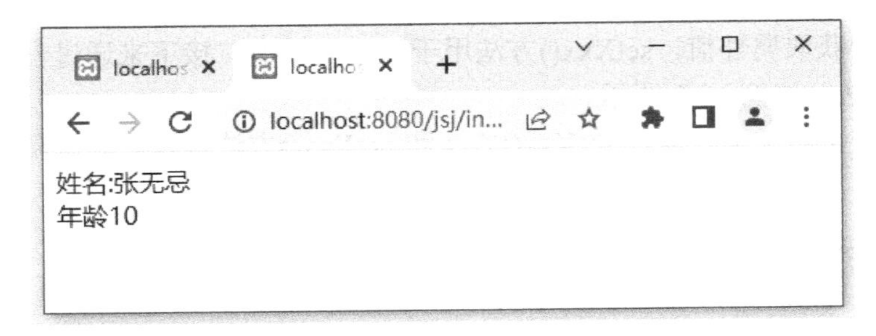


图 12-3　使用 setXxx()方法和 getXxx()方法设置和获取属性值的运行结果

在例 12-3 的 Person 类中，使用 private 关键字将属性 name 和 age 声明为私有属性，并对外界提供了公有的方法。其中 getName()方法用于获取 name 的属性值，setName()方法用于设置 name 的属性值。同理，getAge()方法和 setAge()方法分别用于获取和设置 age 的属性值。在创建 Person 对象时，调用 setAge()方法传入一个负数-10，在 setAge()方法中对参数$value 的值进行了检查，由于当前传入的值小于 0，所以会打印“年龄不合法”，age 属性不会被赋值。

### 2. 通过__get()和__set()方法访问私有属性

在实现封装时，获取属性使用的都是手动编写的 getXxx()方法和 setXxx()方法，当一个类中有多个属性时，使用这种方式就会很麻烦。为此，PHP5 中预定义了__get()方法和__set()方法，其中__get()方法用于获取私有属性的属性值，__set()方法用于为私有属性赋值，这两种方法在获取私有属性值和设置私有属性值时都是自动调用的。接下来通过一个案例来演示这两种方法的使用，如例 12-4 所示。

**【例 12-4】**自动调用__get()方法和__set()方法设置和获取属性值。

```
<?php
    class Person {
    private $name;              //将$name 属性封装
    private $age;               //将$age 属性封装
    //定义__get()方法，用于获取 Person 的属性值
    public function __get ($property_name)
    {
    echo "自动调用__get()方法获取属性值<br>";
    if (isset ($this->$property_name) )
    {
        return ($this->$property_name) ;
        }
    else
    {
        return (NULL) ;
    }
        }
```

```
        //定义_ _set()方法，用于设置Person的属性值
        public  function _ _set ($property_name, $value)
        {
        echo "自动调用_ _set()方法为属性赋值<br>";
        $this->$property_name=$value;
        }
    }
    $p1=new Person();
    $p1->name ="张无忌";
    $p1->age = 10;
    echo "姓名: ".$p1->name ."<br>";
    echo "年龄: ".$p1->age;
?>
```

运行结果如图 12-4 所示。

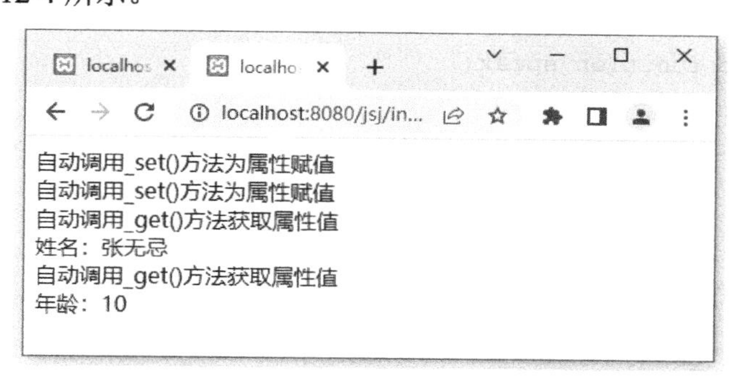


图 12-4　自动调用_ _get()方法和_ _set()方法的运行结果

在例 12-4 的 Person 类中，通过封装的形式定义了两个属性 name 和 age，并提供了_ _get()方法和_ _set()方法进行属性的访问和赋值。从运行结果可以看出，通过_ _get()方法和_ _set()方法实现了对私有属性的访问及赋值功能，并且程序会自动调用_ _get()方法和_ _set()方法。

在 PHP 中，提供了三个访问修饰符，即 public、protected 和 private，它们可以对类中成员的访问做出一些限制，具体如下。

① public：公有修饰符，类的成员没有访问限制，所有的外部成员都可以访问这个类的成员。如果类的成员没有指定访问修饰符，则默认为 public。

② protected：保护成员修饰符，被 protected 修饰的成员不能被该类的外部成员访问，但是该类的子类可以对其访问、读写。

③ private：私有修饰符，被定义为 private 的成员对于同一个类里的所有成员都是可见的，即没有访问限制。但该类外部的代码不允许对其进行改变和访问，该类的子类同样不能访问。

需要注意的是，PHP4 中的所有属性都用关键字 var 声明，它的效果和 public 一样。因为考虑到向下兼容，PHP5 保留了对 var 的支持，但会将 var 自动转换为 public。

### 12.2.4 特殊的$this

对象一旦被创建，则对象的每个成员方法中都会存在一个特殊的对象引用“ $this”，它代表当前对象，用于完成对象内部成员之间的访问，其语法格式如下。

```
$this->属性名;
```

为了更好地理解$this 的用法，接下来通过一个案例来演示如何使用$this 访问对象内部的成员属性，如例 12-5 所示。

**【例 12-5】** 通过$this 访问对象内部的成员属性。

```
<?php
//定义一个 Person 类
    class Person
    {
        public $name;
        public $age;
        public function speak()
        {
            echo "大家好！我叫".$this->name .", 今年".$this->age ."岁。<br>";
        }
    }
    $p1=new Person();
    $p1->name ="张无忌";
    $p1->age = 18;
    $p1->speak();
    $p2=new Person();
    $p2->name ="李四";
    $p2->age = 19;
    $p2->speak();
?>
```

运行结果如图 12-5 所示。

图 12-5　通过$this 访问对象内部的成员属性的运行结果

在例 12-5 中，创建了 Person 类的两个实例对象$p1、$p2，然后通过这两个实例对象分别为 name、age 属性赋值，并且都调用了 speak()方法。从运行结果可以看出，当$p1 对象调用

speak()方法时，会输出$p1 对象的属性值；当$p2 对象调用 speak()方法时，会输出$p2 对象的属性值。因此，可以说明$this 表示的是当前对象。

**注意：**$this 只能在类定义的方法中使用。

## 12.3　构造方法和析构方法

根据前面所学到的知识可以发现，实例化一个类的对象后，如果要为这个对象的属性赋值，则需要直接访问该对象的属性。如果想要在实例化对象的同时为这个对象的属性赋值，则可以通过构造方法来实现。构造方法是类的一个特殊成员，它会在类实例化对象时自动调用，用于对类中的成员进行初始化。与构造方法对应的是析构方法，它会在对象销毁之前被自动调用，用于完成清理工作。本节将针对构造方法和析构方法进行详细地讲解。

### 12.3.1　构造方法

每个类都有一个构造方法，在创建对象时这个构造方法会被自动调用。如果在类中没有显式地声明构造方法，则 PHP 会自动生成一个没有参数、没有任何操作的默认构造方法。当在类中显式声明了构造方法时，默认构造方法将不存在。声明构造方法和声明成员方法类似，其语法格式如下。

```
修饰符 function _ _construct (参数列表)
{
//初始化操作
}
```

在上述语法格式中，需要注意构造方法的名称必须为“_ _construct()”，修饰符可以省略，默认为 public。接下来通过一个案例学习构造方法的使用，如例 12-6 所示。

**【例 12-6】**通过构造方法访问对象的值。

```
<?php
    class Person{
    public $name;           //成员属性$name，用于存储姓名
    public $age;            //成员属性$age，用于存储年龄
    //声明一个构造方法，用来在创建对象时为对象的成员属性赋予初始值
    function _ _construct ($name, $age) {
    $this->name = $name;    //使用传入的参数$name 为成员属性$this->name 赋初值
    $this->age = $age;
    }   //使用传入的参数$age 为成员属性$this->age 赋初值
    function show(){
        echo $this->name .'='.$this->age;
    }
```

```
    };
    $p1 = new Person ("zend", 9) ;
    $p1->show();
?>
```

运行结果如图 12-6 所示。

图 12-6　通过构造方法访问对象的值的运行结果

在例 12-6 中，通过构造方法实现了在创建对象的同时给对象中的属性赋值的功能。代码中声明了 Person 类的构造方法，可用于初始化$name 和$age 属性。在创建 Person 对象$p1 时调用构造函数，从而完成了对象的初始化。最后调用了$p1 的 show()方法输出初始化的结果。

值得一提的是，在 PHP5 之前的版本中，构造方法名和类名可以相同，这种方式在 PHP5 中仍然可以使用，但应该尽量将构造方法命名为“_ _construct()”，其优点是可以使构造方法独立于类名，当类名发生变化时不需要更改相应的构造方法名。为了向下兼容，在创建对象时，如果一个类中没有名为“_ _construct()”的构造方法，PHP 将寻找与类同名的构造方法执行。如果找不到，则执行默认的空构造方法。

**注意：**

① 构造方法没有返回值。

② 构造方法的作用是完成对新对象的初始化，并不是创建对象。

③ 在创建新对象后，系统会自动调用该类的构造方法，不需要手动调用。

④ 一个类有且只有一个构造方法，虽然 PHP5 的构造方法名和类名可以共存，但只能使用一个。

⑤ 构造方法和普通方法一样，可以访问类属性和方法，也有访问、控制修饰符，还可以被其他方法调用。

## 12.3.2　析构方法

析构方法是 PHP5 中新添加的内容，它在对象销毁之前会被自动调用，用于释放内存，其语法格式如下。

```
function _ _destruct(){
 //清理操作
}
```

需要注意的是，析构方法的名称必须为“_ _destruct()”，且析构方法不带任何参数。接下来通过案例来学习析构方法的使用，具体如例 12-7 所示。

【例 12-7】通过析构方法销毁对象。

```
<?php
    class Person{
        public function show(){
        echo "大家好，我是 Person 类的对象<br>";
        }
        //声明析构方法，在对象销毁前自动调用
        function __destruct(){
            echo "对象被销毁";
        }
    }
    $p1 =new Person();
    $p1->show();
?>
```

运行结果如图 12-7 所示。

图 12-7　通过析构方法销毁对象的运行结果

在例 12-7 中，定义了 Person 类的析构方法，在程序结束前会销毁创建的$p1 对象。此时会调用$p1 的析构方法，并在浏览器中输出“对象被销毁”。

在 PHP 中使用了一种“垃圾回收”机制，即自动清理不再使用的对象，释放内存。析构方法也会自动被调用，因此一般情况下不需要手动调用析构方法，只需明确析构方法在何时被调用即可。

## 12.4　类常量和静态成员

通过前面的学习我们了解到，类在实例化对象时，该对象的成员只被当前对象所有。如果希望在类中定义的成员被所有实例共享，可以使用类常量或静态成员来实现，接下来针对类常量和静态成员的相关知识进行详细讲解。

### 12.4.1　类常量

在类中，有些属性的值不能改变，并且希望被所有对象共享，如圆周率是一个数学常数，在数学、物理计算中被广泛使用，此时可以将表示圆周率的成员属性定义为常量。类常量在定义时需要使用关键字 const 来声明，示例代码如下。

```
const PI = 3.1415926;   //定义一个常量属性 PI
```

上述示例代码中，使用关键字 const 来声明常量，常量名前不需要添加“$”，并且在声明的同时必须对其进行初始化。为了更好地理解类常量，接下来通过一个案例来学习类常量的使用和声明，如例 12-8 所示。

【例 12-8】使用关键字 const 声明常量并输出。

```
<?php
    class MathTool{
        const PI = 3.1415926;  //定义一个类常量
        public function show(){
        echo MathTool::PI."<br>";
        }
        public function display(){
        echo self::PI . "<br>";
        }
    }
    echo MathTool::PI ."<br>";  //在类外部直接访问
    $obj=new MathTool ();  //实例化一个对象
    $obj->show();
    $obj->display();
?>
```

运行结果如图 12-8 所示。

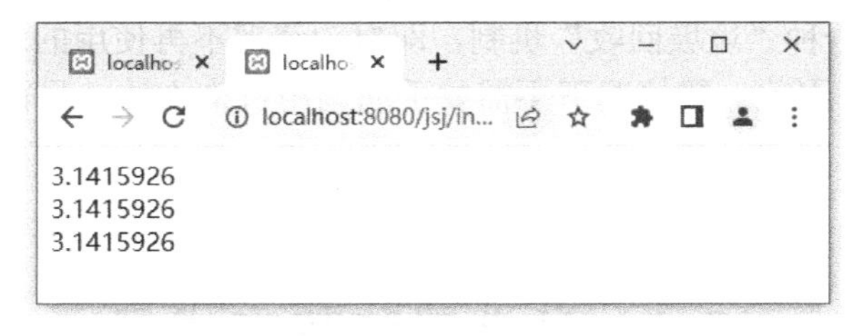


图 12-8　使用关键字 const 声明常量的运行结果

在例 12-8 中，定义了一个类常量 PI，由于在类中声明的常量 PI 属于类而非对象，所以需要使用范围解析操作符（::）来连接类名和类常量进行访问。如果在类的内部访问类常量，还可以使用关键字 self 来代替类名，最后将常量的值输出。

需要注意的是，在类中定义的常量只能是基本数据类型的值，而且必须是一个定值，不能是变量、类的属性、数学运算的结果。类常量一旦设置就不能改变，如果试图在程序中改变它的值，则会出现错误。且在声明类常量时一定要赋初始值，因为后期没有其他方式为其赋值。

### 12.4.2　静态成员

类常量属于类，它可以实现类的所有对象共享一份数据。当然，在类中使用静态成员也可以达到同样的效果。静态成员被关键字 static 修饰，因此它不属于任何对象，只属于类。静态成员包括静态属性和静态方法，接下来分别进行详细讲解。

1. 静态属性

有时候，我们希望某些特定的数据在内存中只有一份，并且可以被类的所有实例对象共享。例如，某个学校的所有学生共享一个学校名称，此时不必在每个学生对象所占用的内存空间里定义一个字段来存储这个学校名称，可使用静态属性来表示学校名称，便于让所有对象共享。

定义静态属性的语法格式如下。

```
访问修饰符 static 变量名
```

在上述语法格式中，关键字 static 写在访问修饰符的后面，访问修饰符可以省略，默认为 public。为了更好地理解静态属性，接下来通过一个案例来演示，如例 12-9 所示。

**【例 12-9】**使用关键字 static 定义静态属性，并输出结果。

```
<?php
    class Student{
    //定义 show()方法，输出学生的学校名称
    public static $SchoolName="中原大学";
    public function show (){
    echo "我的学校是：".self：：$SchoolName."<br>";
    }
    }
    $stu1=new Student();
    $stu2=new Student();
    echo "学生 1：<br>";
    $stu1->show();
    echo "学生 2： <br>";
    $stu2->show();
?>
```

运行结果如图 12-9 所示。

图 12-9　定义静态属性的运行结果

在例 12-9 中，学生 1 和学生 2 的学校都是中原大学，这是由于在 Student 类中定义了一个静态字段 SchoolName，该字段会被所有 Student 类的实例共享，因此在调用学生 1 和学生 2 的 show()方法时，均输出“我的学校是：中原大学”。

需要注意的是，静态属性属于类而非对象，所以不能使用“对象->属性”的方式来访问，而应该通过“类名：：属性”的方式来访问，如果是在类的内部，还可以使用关键字 self 代替类名。

### 2. 静态方法

有时希望在不创建对象的情况下就可以调用某个方法 ，也就是使该方法不必和对象绑在一起。要实现这样的效果，可以使用静态方法。在定义静态方法时只需在方法名前加上关键字 static，其语法格式如下。

```
访问修饰符  static 方法名(){ }
```

静态方法的使用规则和静态属性相同，即通过类名称和范围解析操作符（：：）来访问静态方法。接下来通过一个案例来学习静态方法的使用，如例 12-10 所示。

**【例 12-10】**使用关键字 static 定义静态方法。

```
<?php
class Student{
    //定义 show()方法，输出学生的学校名称
    public static $schoolName="中原大学";
    public static function show (){
    echo "我的学校是：".self：：$schoolName;
    }
}
Student：：show();
?>
```

运行结果如图 12-10 所示。

图 12-10　定义静态方法的运行结果

在例 12-10 中，定义了一个静态属性 schoolName，还定义了一个静态方法用来输出学生所在学校的名称。通过“类名：：方法名”的形式调用了 Student 类的静态方法，在静态方法中访问了静态属性$schoolName，通常情况下静态方法是用来操作静态属性的。

**注意**：在静态方法中不要使用$this。因为静态方法属于类，而$this 则是指对象的引用。在静态方法中，一般只对静态属性进行操作。

# 12.5　面向对象特性——继承

## 12.5.1　extends 关键字

在 PHP 中，可以使用 extends 关键字继承一个类，且不支持多继承。被继承的类被称为父类，继承的类被称为子类。继承可以很好地提高代码的重用性。当子类继承父类以后，子类不仅可以拥有自己的属性和方法，还可以拥有父类所有非私有的属性和方法。使用 extends 关键字继承父类的代码如下。

```
<?php
    class Person
    {
        public $name;
        public $birthday;
        public $sex;
        const MAN=0;
        const WOMAN=1;
        function _ _construct ($name, $birthday)
        {
            $this->name=$name;
            $this->birthday=$birthday;
        }
    }
    class Man extends Person
    {
        function _ _construct ($name, $birthday)
        {
            parent: : _ _construct ($name, $birthday) ;
            $this->sex=$this: : MAN;
        }
    }
    class Woman extends Person
    {
        function _ _construct ($name, $birthday)
        {
            parent: : _ _construct ($name, $birthday) ;
            $this->sex=$this: : WOMAN;
        }
    }
```

```
        $zhang=new Man ("zhang", "19980203") ;
        $li=new Woman ("li", "20000305") ;
        echo "<pre>";
        var_dump ($zhang) ;
        var_dump ($li) ;
?>
```

运行结果如图 12-11 所示。

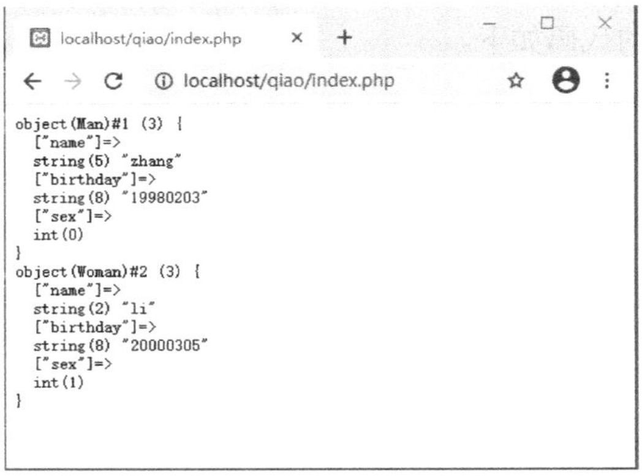
localhost/qiao/index.php
localhost/qiao/index.php
object(Man)#1 (3) {
["name"]=>
string(5) "zhang"
["birthday"]=>
string(8) "19980203"
["sex"]=>
int(0)
}
object(Woman)#2 (3) {
["name"]=>
string(2) "li"
["birthday"]=>
string(8) "20000305"
["sex"]=>
int(1)
}

图 12-11　使用 extends 关键字继承父类的运行结果

### 12.5.2　final 关键字

在 PHP 中，final 表示最终的意思，所以被 final 关键字修饰的类或方法是不能被更改的，换句话说，被 final 关键字修饰的类不能被继承，也不会有子类，且被 final 关键字修改的方法不可以在子类中被重写。需要注意的是，final 关键字不能用来修饰变量。

## 12.6　面向对象特性——多态

多态是指为不同数据类型的对象提供统一的接口的过程。多态主要存在两种形式，具体如下。

① 重写：在子类中重写父类的方法，具有相同的方法名、相同的参数表和相同的返回类型。常见于子类构造方法的重写等。

② 重载：通常是指一个类中的多个方法具有相同的名称，但这些方法具有不同的参数列表。PHP 不支持直接重载，但可以通过可变参数改变参数数量来实现重载。

示例代码如下。

```
<?php
    class Person
    {
```

```
        public $name; 23
        public $birthday;
        //利用可变参数实现重载
        function _ _construct ($name, $birthday=null)
        {
            $this->name=$name;
            $this->birthday=$birthday;
        }
    }
    $zhang=new Person ("zhang") ;
    $li=new Person ("li", "20000305") ;
?>
```

# 12.7 抽 象 类

抽象类是通过 abstract 关键字来声明的，它是一种不能被实例化的类，只能作为其他类的父类来使用。用于定义需要子类来实现的方法被称为抽象方法，抽象方法也是使用 abstract 关键字来声明的。一个抽象类至少有一个抽象方法，抽象方法没有方法体，且抽象方法后面要连接一个分号，示例代码如下。

```
<?php
    abstract class Shape
    {
        abstract function get_area();
    }
    class circle extends Shape
    {
        public $r;
        function __construct ($r)
        {
            $this->r=$r;
        }
        function get_area()
        {
            return pi() * pow ($this->r, 2) ;
        }
    }
?>
```

# 12.8 接　　口

接口用 interface 关键字来定义，它是一种特殊的抽象类，接口中未实现的方法（即使是空方法）必须在子类中实现。一个子类只能继承一个父类，却可以实现多个接口。通过 implements 关键字可以实现接口，示例代码如下。

```
<?php
    interface Person                        //定义 Person 接口
    {
        public function say();              //定义接口方法
    }
    interface Popedom                       //定义 Popedom 接口
    {
        public function money();            //定义接口方法
    }
    class Member implements Person, Popedom    //定义Member继承接口Person和Popedom
    {
        public function say()                   //定义 say()方法
        {
            echo "我只是一名普通工人";             //输出信息
        }
        public function money()                 //定义 money()方法
        {
            echo "我一个月的工资是 3000 元";        //输出信息
        }
    }
    $man=new Member();                          //实例化对象
    $man->say();                                //调用 say()方法
    $man->money();                              //调用 money()方法
?>
```

运行结果如图 12-12 所示。

图 12-12　接口的实现

# 12.9　对象的使用

## 12.9.1　引用对象和克隆对象

在 PHP 中，通常赋值操作是值传递，如果需要引用一个对象，则需要使用“&”来声明，示例代码如下。

```
<?php
    $a="hello";
    $b=$a;
    $c=&$a;
    echo "a=".$a.", b=".$b.", c=".$c;
    echo "<p>修改 a 变量值为 ok 打印 abc 的值 </p>";
    $a="ok";
    echo "a=".$a.", b=".$b.", c=".$c;
?>
```

运行结果如图 12-13 所示。

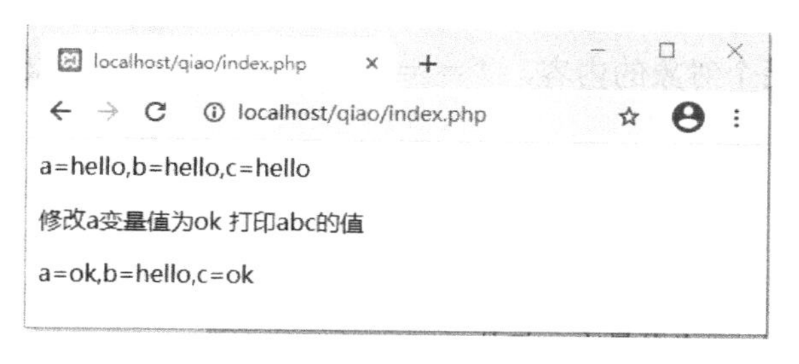


图 12-13　引用对象的运行结果

根据运行结果可以发现，变量 c 引用了变量 a，所以变量 c 的值会随着变量 a 的值的修改而修改。

在 PHP 中，如果需要复制一个对象，也就是克隆一个对象，则需要使用 clone 关键字来实现。在自定义的类里，可以定义该类被克隆后拥有新的属性，这时就需要通过_ _clone()方法来实现，示例代码如下。

```
<?php
    class File
    {
        public $timeForCopy=0;
        function _ _clone()
        {
            $this->timeForCopy+=1;
        }
    }
```

```
    $a=new File();
    $b=clone $a;
    $c=clone $b;
    echo "<p>a 的拷贝的次数：".$a->timeForCopy;
    echo "<p>c 的拷贝的次数：".$c->timeForCopy;
?>
```

运行结果如图 12-14 所示。

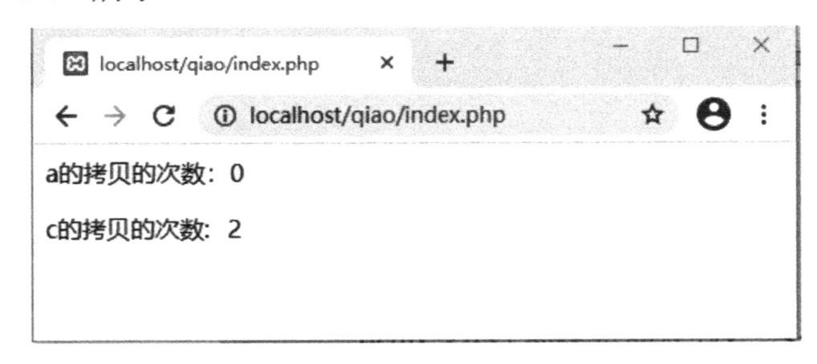


图 12-14　克隆对象的运行结果

### 12.9.2　比较对象

“==”表示比较两个对象的内容，“===”表示比较两个对象的内在地址，示例代码如下。

```
<?php
    class File
    {
        private $path;
        function __construct ($path)
        {
            $this->path=$path;
        }
    }
    $a=new File ("c: \\") ;
    $b=clone $a;
    $c=&$a;
    $d=new File ("c: \\") ;
    echo "<p>克隆的 b 和 a 相比值相等";
    var_dump ($a==$b) ;
    echo "<p>克隆的 b 和 a 相比内存地址一样";
    var_dump ($a==$b) ;
    echo "<p>引用的 c 和 a 相比值相等";
    var_dump ($a==$c) ;
```

```
    echo "<p>引用的 c 和 a 相比内存地址一样";
    var_dump ($a==$c) ;
    echo "<p>d 使用一样的构造方法/参数和 a 相比值相等?";
    var_dump ($a==$d) ;
    echo "<p>d 使用一样的构造方法/参数和 a 相比内存地址一样? ";
    var_dump ($a==$d) ;
?>
```

运行结果如图 12-15 所示。

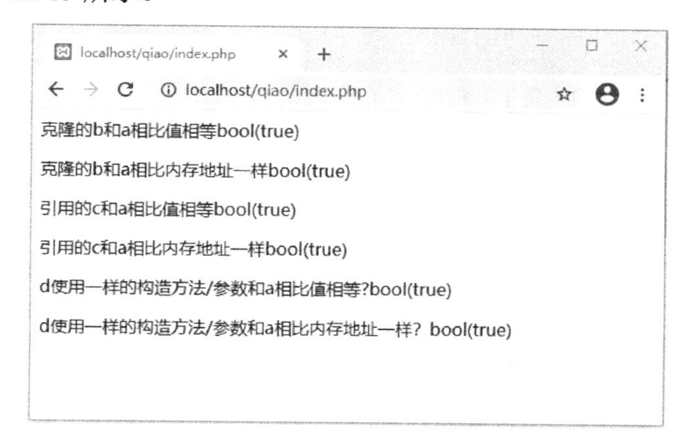


图 12-15　比较对象的运行结果

### 12.9.3　对象的类型

在 PHP 中，可以使用 instanceof 关键字来判断对象的类型。值得注意的是，如果一个对象属于一个类，则这个对象一定属于该类的父类，但一定不属于该类的子类。如果一个类实现了某接口，则这个类的对象也同样属于这个接口，示例代码如下。

```
<?php
class Fruit implements Thing{
}
class Apple extends Fruit{
}
class Car implements Thing{
}
interface Thing{
}
$apple=new Apple();
if ($apple instanceof Fruit)
{
   echo "<p>对象 apple 属于 Fruit";
}else{
```

```
    echo "<p>对象 apple 不属于 Fruit";
}
if ($apple instanceof Apple)
{
    echo "<p>对象 apple 属于 Apple";
}else{
    echo "<p>对象 apple 不属于 Apple";
}
if ($apple instanceof Car)
{
    echo "<p>对象 apple 属于 Car";
}else{
    echo "<p>对象 apple 不属于 Car";
}
if ($apple instanceof Thing)
{
    echo "<p>对象 apple 属于 Thing";
}else{
    echo "<p>对象 apple 不属于 Thing";
}
?>
```

运行结果如图 12-16 所示。

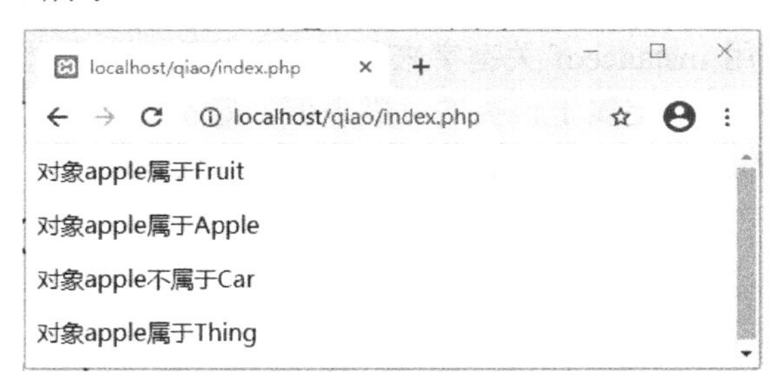


图 12-16　对象的类型的运行结果

## 12.10　魔术方法

在 PHP 中，存在很多以“__”开头的方法，这类方法被称为魔术方法，这些魔术方法不需要显示调用，而由某种条件触发。如果希望使用魔术方法，则需要在类中定义，否则不会执行这些魔术方法。除了之前介绍的__construct()方法、__destruct()方法和__clone()方法，还有以下常用的魔术方法。

### 12.10.1　__set()方法和__get()方法

__set()方法和__get()方法一般用于对私有单元格进行赋值或取值操作。__set()方法需要两个参数，即变量名和变量值，没有返回值；__get()方法需要一个参数，即变量名。通常会在这两个方法前加上 private 修饰符，以避免用户直接调用。

### 12.10.2　__call()方法

__call()方法用于处理程序调用不存在的或私有的方法时导致的错误。PHP 会先调用__call()方法来存储方法名和参数，其中参数是以数组的形式存在的，示例代码如下。

```
<?php
    class Fruit{
        function __call ($method_name, $param)
        {
            echo "您调用的".$method_name."方法不存在，请检验代码";
        }
    }
    $a=new Fruit();
    $a->asdasdasdasda (1, 2, 3, 4, 5);
?>
```

运行结果如图 12-17 所示。

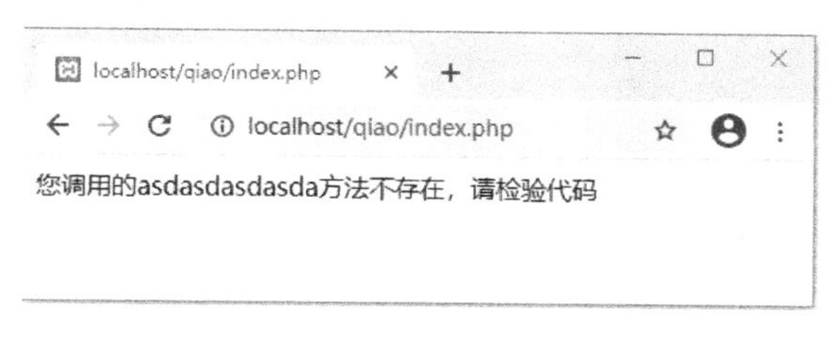


图 12-17　__call()方法的使用

### 12.10.3　__toString()方法

__toString()方法用于使用 echo 和 print 输出对象时，将对象转化成字符串，示例代码如下。

```
<?php
    class Fruit{
        function __toString()
        {
            return "水果";
        }
```

```
    }
    $a=new Fruit();
    echo $a;
?>
```

代码运行结果如图 12-18 所示。

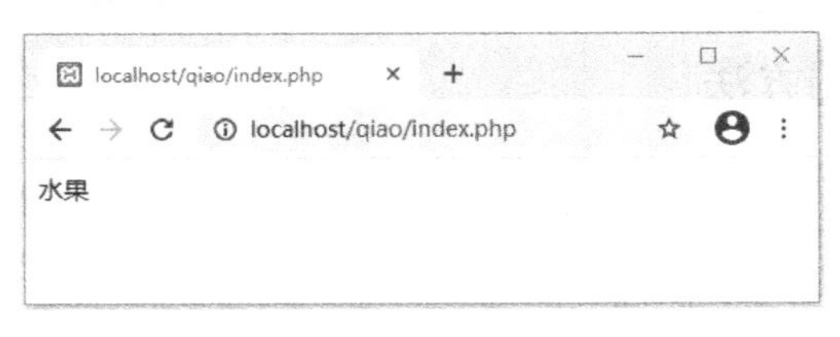


图 12-18　_ _toString()方法的使用

### 12.10.4　_ _autoload()方法

_ _autoload()方法可以自动加载需要实例化的类，如果在脚本中实例化了一个类，但该类没有被 include 或 require，则 PHP 会调用_ _autoload()方法在指定的路径下自动查找与该对象的类名相同的文件。如果找到了与该对象的类名相同的文件，则程序继续执行，否则报错。该方法通常用于一个页面需要大量引入类的场景，与一个个地使用 include 或 require 引入类相比，使用_ _autoload()方法指定目录来自动引入会更加便捷。

然而，在 PHP 7.2 中，_ _autoload()方法已经被弃用了，使用 spl_autoload_register 来注册自动加载模块。

首先，定义一个名叫 fruit.php 的文件，代码如下。

```
<?php
    class Fruit {
        public  $name;
        public function _ _construct ($name)
        {
            $this->name=$name;
        }
        public function _ _toString()
        {
            return $this->name;
        }
    }
?>
```

然后用 index.php 文件调用 fruit.php 文件，并且编写自动加载功能，代码如下。

```
<?php
    function  _ _autoload ($class_name)
```

```
    {
        $class_path=$class_name."/fruit.php";
        if (file_exists ($class_path) )
        {
            include_once ($class_path) ;
        }else
        {
            echo "加载路径错误";
        }
    }
    spl_autoload_register ('_ _autoload') ;
    $banana=new Fruit ("香蕉") ;
    echo $banana;
?>
```

运行结果如图 12-19 所示。

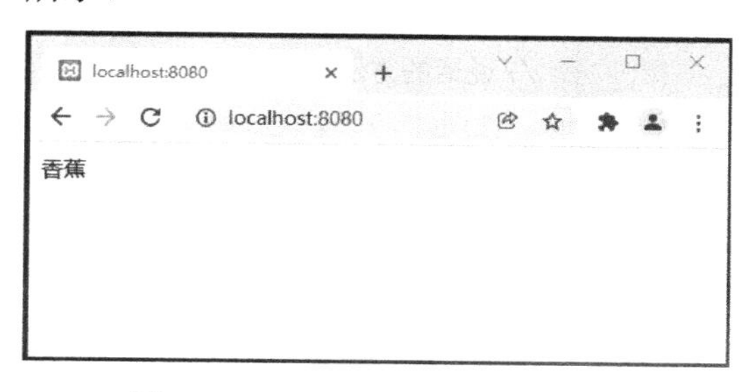


图 12-19　_ _autoload()方法的使用

如果 PHP 的版本高于 PHP 7.2，那么方法名不要使用_ _autoload()，否则会提示_ _autoload()方法已经弃用。

# 小　　结

本章主要介绍了面向对象程序设计的基本特性，包括面向对象概述、类与对象、构造方法和析构方法、类常量和静态成员、继承、多态、抽象类、接口、对象的使用、魔术方法。通过本章的学习，我们培养了 PHP 面向对象的编程思想，具备了编写基本类的能力。

# 上机指导

创建一个对象，通过不同的传输对象获得不同的人物称呼，示例代码如下。

```
<?php
class person{
//下面是person的成员属性
var $name;                    //person的名字
var $sex;                     //person的性别
var $age;                     //person的年龄
//定义一个构造方法，参数为姓名$name、性别$sex和年龄$age
function _ _construct ($name, $sex, $age) {
//通过构造方法将传进来的$name给成员属性$this->name赋初始值
$this->name=$name;
//通过构造方法将传进来的$sex给成员属性$this->sex赋初始值
$this->sex=$sex;
//通过构造方法将传进来的$age给成员属性$this->age赋初始值
$this->age="$age";
}
//下面是person的成员方法
function say()  {                 //说话的方法
echo "我的名字叫:".$this->name."性别;".$this->sex."我的年龄是:".$this->age."<br>";
}
function run()                    //走路的方法
{
echo "这个人在走路";
}
function _ _destruct()            //这是一个析构函数，在对象销毁前调用
{
echo "再见".$this->name."<br>";
}
}
//通过构造方法创建三个对象$p1、$p2、$p3，分别传入三个不同的实参：姓名、性别和年龄
$p1=new person ("小明", "男", 20) ;
$p2=new person ("熊", "女", 30) ;
$p3=new person ("向日葵", "男", 25) ;
//下面访问三个对象的说话方法
$p1->say();
$p2->say();
$p3->say();
?>
```

输出结果如图 12-20 所示。

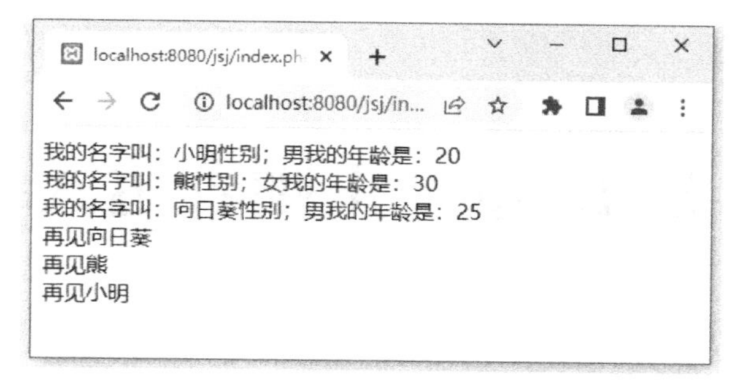


图 12-20　使用对象的输出结果

# 作　　业

1. 如何创建类、对象和方法？
2. 魔术方法有哪些功能？

# 第 13 章　正则表达式

**本章要点**

- *正则表达式语法规则*
- *PCRE 兼容正则表达式函数*
- *正则表达式应用案例*

在开发网页时，经常需要对页面表单中的文本框的输入内容进行限制，比如：手机号、身份证号、电子邮箱等，由于这些内容遵循的规则繁多而复杂，如果要成功匹配，可能需要上百行代码，这种做法明显不可取。这时出现了一种新的语法规则——正则表达式，它是一种描述字符串结构的语法规则，在字符串的查找、匹配、替换、截取等方面具有很强的操作能力，并且支持大多数编程语言，包括 PHP。本章将围绕正则表达式进行详细讲解。

## 13.1　正则表达式概述

正则表达式是一种描述字符串结构的语法规则，是一个特定的格式化模式，它可以查找、匹配、替换、截取字符串。对于用户来说，在 Windows 资源管理器中查找某个目录下所有的 jpg 图像，可以输入“*.jpg”，然后按 Enter 键，所有的 jpg 图像都会被列出来，这里的“.jpg”就可以理解为一个简单的正则表达式。

在学习正则表达式的语法规则之前，我们先来了解一下正则表达式中的几个容易混淆的术语，这对于学习正则表达式有很大的帮助。

grep：最初是 ED 编辑器中的命令，用来显示文件中特定的内容，后来成了一个独立的工具。

egrep：grep 虽然在不断地更新升级，但仍然无法跟上技术的脚步。为此，贝尔实验室推出了 egrep，意为“扩展的 grep”，这大大增强了正则表达式的功能。

POSIX（Portable Operating System Interface of UNIX，可移植操作系统接口）：有的程序支持某个元字符，而有的程序则不支持，因此就有了 POSIX。POSIX 是一系列标准，用于确保操作系统之间的可移植性。但 POSIX 和 SQL 一样，没有成为最终标准，而只能作为参考。

Perl：是一种功能丰富的计算机程序语言，已应用在 100 余种计算机平台上，适用广泛，最初是为文本处理而开发的，现在可用于各种任务，包括系统管理、Web 开发、网络编程、GUI 开发等。

Perl 具有易使用、高效、完整的特点，但是不够美观、简约。它同时支持面向过程和面向对象编程，对文本处理具有强大的内置支持，并且拥有第三方模块集合之一。Perl 采用了 C、 sed、AWK、Shell 及其他程序语言的特性，其中最重要的特性是它内部集成了正则表达式的功能及第三方代码库 CPAN（Comprehensive Perl Archive Network）。

自 1987 年 Larry Wall 发布 Perl1.0 以来，用户数一直急剧增加，越来越多的程序员与软件开发者（开发商）参与到 Perl 的开发中。从最初被当作一种在跨平台环境中书写可移植工具的高级语言开始，Perl 被广泛地认为是一种工业级的强大工具，可以在任何地方工作。Perl 的前身是 UNIX 系统管理的一个工具，被用在无数的小任务里。后逐渐发展成为一种功能强大的程序设计语言，用于 Web 编程、数据库处理、XML 处理及系统管理。在完成这些工作时，Perl 仍能同时处理日常工作，这是它的设计初衷。Perl 特别适合系统管理和 Web 编程。实际上，它已经与 UNIX（包括 Linux）捆绑在一起作为标准部件发布，同时也用于 Microsoft Windows 等操作系统，可见 Perl 的应用非常广泛。

1997 年，Philip Hazel 开发了 PCRE，这是兼容 Perl 正则表达式的一套正则引擎，开发人员可以将 PCRE 整合到自己的语言中，为用户提供丰富的正则功能。许多语言都使用 PCRE，PHP 正是其中之一。

## 13.2　正则表达式语法规则

一个完整的正则表达式由元字符和文本字符两部分构成，其中，元字符是具有特殊含义的字符，如“*”。文本字符是普通的字符，如字母和数字等。接下来将围绕不同的元字符讲解正则表达式的使用。

### 13.2.1　定位符（^、$、\b、\B）

在程序开发时，经常需要确定字符在字符串中的具体位置，例如，使用定位符判断某行文字是否是章节的标题。正则表达式具有定位功能，它可以确定字符在字符串中的具体位置（如字符串的头部、尾部，或者单词的边界），正则表达式中的定位符如表 13-1 所示。

**表 13-1　正则表达式中的定位符**

| 字　符 | 说　明 |
| --- | --- |
| ^ | 匹配字符串开始的位置 |
| $ | 匹配字符串结尾的位置 |
| \b | 匹配单词边界，也就是指单词和空格间的位置 |
| \B | 匹配非单词边界 |

表 13-1 列举了四个定位符，其中“^”和“$”分别用于匹配输入字符串的开始位置和结尾位置，“\b”用于匹配单词边界，“\B”用于匹配非单词边界，具体示例如下。

```
^test //该表达式表示要匹配以“test”开头的字符串，如"test is the best"可以匹配
test$ //该表达式表示要匹配以“test”结尾的字符串，如“welcome to test”可以匹配
er\b  //该表达式表示匹配“er”和空格间的位置，如可以匹配"never"中的"er"，但不能匹配
```

```
"verb"中的"er"
    er\B //该表达式可以匹配不在边界的“er”，如可以匹配"verb"中的"er"，但不能匹配"never"
中的"er"
```

### 13.2.2 字符类（[]）

正则表达式是区分字母大小写的，如果要忽略字母大小写，则可以使用方括号（[]）表达式。一个方括号只能匹配一个字符，并且只要匹配的字符出现在方括号内，就表示匹配成功。例如，匹配字符串“Hi”（不区分大小写），其表达式的格式如下所示。

```
[Hh][Ii]
```

上述的表达式可以匹配字符串“hi”的所有写法，如 hi、Hi、Hi、HI。

POSIX 和 PCRE 都有一些预定义字符类，但表示的方法有所不同。POSIX 风格的预定义字符类如表 13-2 所示。

**表 13-2　POSIX 风格的预定义字符类**

| 预定义字符类 | 说　明 |
| --- | --- |
| [：digit：] | 十进制数字集合，等同于[0-9] |
| [[：alnum：]] | 字母和数字的集合，等同于[a-z A-Z 0-9] |
| [[：alpha]] | 字母集合，等同于[a-z A-Z] |
| [[：blank：]] | 空格和制表符 |
| [[：xdigit：]] | 十六进制数字 |
| [[：punct：]] | 特殊字符集合，包括键盘上的所有特殊字符，如!、@、#、?等 |
| [[：print：]] | 所有可用的打印字符，包括空白字符 |
| [[：space：]] | 空白符（空格、换行符、换页符、回车符、水平制表符） |
| [[：graph：]] | 所有的可打印字符，不包括空白符 |
| [[：upper：]] | 所有大写字母，[A-Z] |
| [[：lower：]] | 所有小写字母，[a-z] |
| [[：cntrl：]] | 控制字符 |

表 13-2 列举了一些 POSIX 风格的预定义字符类，这些字符类都是使用单词来表示的，而 PCRE 的预定义字符类则是使用反斜线表示的，关于 PCRE 预定义字符类的相关知识，将在后面进行详细讲解。

### 13.2.3 选择字符（|）

在正则表达式中，如果要忽略字符串的字母大小写，除了可以使用方括号（[]）实现外，还可以使用选择字符（|），该字符可以理解为“或”，例如，匹配字符串“hi”（不区分字母大小写），使用选择字符的表示方式，如下所示。

```
(H|h) (I|i)
```

上述表达式表示以字母 H 或 h 开头，后面接一个字母 I 或 i，它等同于[Hh][Ii]。

**注意：**“[]”和“”的区别在于，“[]”只能匹配单个字符，而“”可以匹配任意长度的字符串。例如，忽略字母大小写匹配字符串“hi”，可以写成下列的表达方式。

```
HI | Hi | hi | hI
```

### 13.2.4　连字符（-）

在 PHP 中，变量只能以字母和下画线开头，如果使用正则表达式来匹配变量名的第一个字母，就需要写成下面这种形式。

```
[abcdefghijklmnopqrstuvwxyzABCDEFGHIJKLMNOPQRSTUVWXYZ]
```

上面写法将 26 个英文字母的大小写全部都写了一遍，这无疑是非常麻烦的。这时，可以使用正则表达式中的连字符“-”来简化。当使用连字符指定字符列表时，需要指定起始字符和结束字符，例如，匹配所有的大小写字母可以写成下列形式。

```
[a-zA-Z]
```

**注意：**

① 如果要测试的字符将恰好是按照字符编码的顺序排列，就可以使用这种表达式来表示。

② 字符类内部不要有空格，否则会被认为要匹配一个空格，示例如下。

```
[0-9  ]
```

这个正则表达式不仅匹配数字，还会匹配空格。

③ 通常情况下，连字符“-”只表示一个普通字符，只有在表示范围时才作为元字符使用。

### 13.2.5　反义字符（[^]）

有时候需要匹配除某些指定字符外的其他字符，这时可以使用反义字符来实现。反义字符就是除字符类中指定字符以外的任意字符。如果在字符类内部添加“^”前缀，即定义了反义字符类。例如，要匹配除数字以外的任意字符，可以采用下列表达式。

```
[^0123456789]
```

上述表达式匹配的是除数字以外的任意字符。这时，使用反义字符比使用简单字符更方便。

### 13.2.6　限定符（?*+{nm}）

经常使用 Chrome 浏览器的用户可能会发现，在搜索结果页下方的“google”的中间字母“o”的个数会随着搜索页的增加而增加。其实，可以使用限定符来实现这类重复出现的字母或字符串。正则表达式中的限定符有 6 种，具体如表 13-3 所示。

表 13-3　限定符

| 字　符 | 说　　明 | 举　　例 |
|---|---|---|
| ? | 匹配前面的字符零次或一次 | colou?r，该表达式可以匹配 colour 和 color |
| + | 匹配前面的字符一次或多次 | go+gle，该表达式可以匹配从 gogle 到 goo…gle 的字符 |
| * | 匹配前面的字符零次或多次 | go*gle，该表达式可以匹配从 ggle 到 goo…gle 的字符 |
| {n} | 匹配前面的字符 n 次 | go{2}gle，该表达式只匹配 google |
| {n，} | 匹配前面的字符最少 n 次 | go{n，}gle，该表达式可以匹配从 google 到 goo…gle 的字符 |
| {n，m} | 匹配前面的字符最少 n 次，最多 m 次 | employe（0，2），该表达式可以匹配 employ、employe、employee |

在表 13-3 中列举了一些限定符及其用法，这些限定符的用法比较灵活，且语义有一定的重叠性，使用时需要小心，以免混淆。

**注意**：当使用字符“*”和“?”时，可能匹配前面字符零次，所以允许什么都不匹配。

### 13.2.7　点字符（.）

在论坛中，需要对用户发布的帖子进行审核，查看帖子的内容是否包含非法字符，过滤非法字符可以使用点字符来完成。

在正则表达式中，点字符“.”可以匹配除换行符以外的任意一个字符。例如，匹配以 s 开头、以 t 结尾、中间包含一个字母的单词的表达式如下所示。

```
^s.t$
```

上述表达式中，可以匹配的单词有很多，如 sat、set、sit 等。

### 13.2.8　转义符（\）

正则表达式中的转义字符“\”和 PHP 中的大同小异，都是将特殊字符（“.”“？”“\”等）变为普通字符。例如，如果要匹配类似 127.0.01 这样格式的 IP 地址，则可以直接写成下列表达式。

```
[0-9]{1, 3}(.[0-9]{1, 3}){3}
```

上述表达式不仅可以匹配 127.0.0.1，也可以匹配 127101011，所以要将“.”当作一个普通字符，使用转义字符“\”对上述表达式进行修改，得到如下所示的表达式。

```
[0-9]{1, 3}(\.[0-9]{1, 3}){3}
```

### 13.2.9　反斜线（\）

正则表达式中，反斜线“\”除了可做转义符外，还具有其他功能，例如，输出不可打印字符、指定预定义字符集、定义限定符。接下来，通过表 13-4、表 13-5、表 13-6 来列举反斜线的作用。

**表 13-4　反斜线输出不可打印字符**

| 字　　符 | 说　　明 |
|---|---|
| \a | 警报，即 ASCII 中的<BEL>字符 |
| \b | 退格，即 ASCII 中的<BS>字符 |
| \e | Escape，即 ASCII 中的<ESC> |
| \f | 换页符，即 ASCII 中的<FF>字符 |
| \n | 换行符，即 ASCII 中的<LF>字符 |
| \r | 回车符，即 ASCII 中的<CR>字符 |
| \t | 水平制表符，即 ASCII 中的<HT>字符 |
| \xhh | 十六进制代码 |
| \ddd | 八进制代码 |
| \cx | 即 control-x 的缩写，匹配由 x 指明的控制字符，其中 x 是任意字符 |

**表 13-5　反斜线指定预定字符集**

| 字　　符 | 说　　明 |
|---|---|
| \d | 任意一个十进制数字，相当于[0-9] |
| \D | 任意一个非十进制数字 |
| \s | 任意一个空白字符（空格、换行符、换页符、回车符、水平制表符），相当于[\f\n\r\t] |
| \S | 任意一个非空白字符 |
| \w | 任意一个单词字符，相当于[a-Za-z0-9_] |
| \W | 任意一个非单词字符 |

**表 13-6　反斜线定义限定符**

| 字　　符 | 说　　明 |
|---|---|
| \b | 单词分界符，用来匹配字符串中的某些位置 |
| \B | 非单词分界符序列 |
| \A | 总是能够匹配待搜索文本的起始位置 |
| \Z | 表示未指定任何模式匹配的字符，通常是字符串的末尾位置，或者在字符串末尾的换行符之前的位置 |
| \z | 只匹配字符串的末尾，而不考虑任何换行符 |
| \G | 当前匹配的起始位置 |

### 13.2.10　括号字符（()）

在正则表达式中，括号字符“()”有两个作用：一是改变限定符的作用范围；二是分组。下面针对这两者分别进行讲解。

① 改变限定符的作用范围，具体示例如下。

```
(thir|four)th
```

上述表达式用于匹配字符串“thirth”或“fourth”，如果没有用圆括号，就变成了匹配字符串“thir”或“four”。

② 对分组进行重复操作，具体示例如下。

```
(\.[0-9]{1, 3}) {3}
```

上述表达式对分组（\.[0-9]{1，3}）进行 3 次重复操作。

# 13.3 PCRE 兼容正则表达式函数

PHP 提供了两个支持正则表达式的函数库，分别是 PCRE 函数库和 POSIX 函数库。由于 PCRE 函数库在执行效率上优于 POSIX 函数库，而且 POSIX 函数库中的函数已经过时，因此，本节只针对 PCRE 函数库中常见的函数进行详细讲解。

## 13.3.1 preg_grep()函数

在程序开发中，经常需要使用正则表达式对数组中的元素进行匹配，这时可以使用 preg_grep()函数，其声明方式如下。

```
array preg_grep ( string $pattern, array $input )
```

在上述声明中，$pattern 用于表示正则表达式模式，$input 用于表示被匹配的数组。该函数返回一个数组，其中也包括参数$input 与参数$pattern 相匹配的单元，该函数对于数组$input 中的每个元素都只匹配一次。

为了帮助大家更好地理解 preg_grep()函数的作用，接下来用一个案例进行演示，如例 13-1 所示。

**【例 13-1】**使用 preg_grep()函数匹配仅由一个单词组成的科目名。

```
<?php
   $subjects=array (           //创建数组$subjects
   "php 程序设计",
   "java 程序开发",
   "html 脚本语言",
    "javascript",
    "bootstrap",
    "vue"
    ) ;
//匹配仅由一个单词组成的科目名
$alonewords=preg_grep ("/^[a-zA-Z]*$/", $subjects) ;
echo "<pre>";
print_r ($alonewords) ;   //输出结果
```

```
echo "</pre>";
?>
```

运行结果如图 13-1 所示。

```
localhost:8080
localhost:8080
Array
(
    [3] => javascript
    [4] => bootstrap
    [5] => vue
)
```

图 13-1　preg_grep()函数的应用

在例 13-1 中，定义了存放所有科目名称的数组$subjects，并使用了 preg_grep()函数匹配字符串。其中，参数“/^[a-zA-Z]* $/”表示要匹配以字母开头、以字母结尾的字符串；参数$subjects 表示要搜索的字符串。如果匹配成功，则将结果存放到$alonewords 中并输出。从图 13-1 中可以看出，程序成功获取到了数组$subjects 中的由一个单词组成的科目名。

## 13.3.2　preg_match()函数

在程序开发中，经常需要根据正则表达式的模式对指定的字符串进行搜索并匹配，这时可以使用 preg_match()函数，其声明方式如下所示。

```
int preg_match ( string $pattern, string $subject [, array & $matches [, int
$flags]])
```

在上述声明中，参数$pattern 用于表示正则表达式模式；参数$subject 用于指定被搜索的字符串；参数$matches 是可选的，用于存储匹配结果；参数$flags 也是可选的，如果将该参数的值设置为“PREG_OFFSET_CAPTURE”，那么 preg_match()函数将在返回每个出现的匹配结果时，也返回该匹配结果在原字符串中的位置。

为了帮助大家更好地理解 preg_match()函数的用法，接下来通过一个具体的案例来演示如何使用 preg_match()函数搜索字符串中的 3 个连续的数字，如例 13-2 所示。

**【例 13-2】**使用 preg_match()函数搜索字符串中的 3 个连续的数字。

```
<?php
  $str="fabcd123 efgg456";     //定义字符串变量$str
  preg_match ('/ (\d) (\d) (\d) /i', $str, $arr) ;  //匹配字符串中的 3 个连续的数字
  echo "<pre>";
  print_r ($arr)  ;
  echo "</pre>";
?>
```

运行结果如图 13-2 所示。

```
localhost:8080
Array
(
    [0] => 123
    [1] => 1
    [2] => 2
    [3] => 3
)
```

图 13-2　preg_match()函数的应用

在例 13-2 中，preg_match()函数的参数“/(\d)(\d)(\d)/”表示匹配 3 个连续的数字，参数$str 表示待匹配的字符串，参数$arr 表示存放匹配结果的数组。从图 13-2 中可以看出，$arr[0]中存放的是第一个被匹配到的目标，即 3 个连续的数字“123”；$arr[1]中存放的是匹配第 1 个子表达式“(\d)”的结果；$arr[2]中存放的是匹配第 2 个子表达式“(\d)”的结果，以此类推。由于 preg_match()函数会在第一次匹配成功之后就停止匹配，因此在输出结果中不会出现“456”。

## 13.3.3　preg_match_all()函数

preg_match_all()函数与 preg_ match()函数类似，区别在于 preg_match()函数在第一次匹配成功后就停止查找，而 preg_match_all()函数会一直匹配到字符串结尾才停止，最后获取所有匹配的结果。preg_match_all()函数的声明方式如下所示。

```
int preg_match_all (string  $pattern, string $subject , array &matches [, int $flags] )
```

在上述声明中，$pattern 用于表示正则表达式模式；$subject 表示被搜索的字符串；$matches 是可选参数，用于存储匹配结果；$flags 是可选参数，它的值有 PREG _PATTERN_ORDER 和 PREG_SET_ORDER，其中，PREG_PATTERN_ORDER 表示采用默认排序方式。数组$matches 中的$matches[0]保存的是匹配的整体内容，其他数组元素保存的是与正则表达式内的子表达式相匹配的内容。PREG_SET_ORDER 用于确定$matches[0]中存储第一组匹配的数组、$matches[1]中存储第二组匹配的数组，依此类推。

**【例 13-3】**对例 13-2 进行修改，使用 preg_match_all()函数匹配字符串，修改后的代码如下所示。

```
<?php
$str="firstnumber123 secondnumber456";
preg_match_all ('/ (\d)  (\d)  (\d) /i', $str, $arr) ;
echo "<pre>";
print_r  ($arr) ;
echo "</pre>";
```

```
?>
```

运行结果如图 13-3 所示。

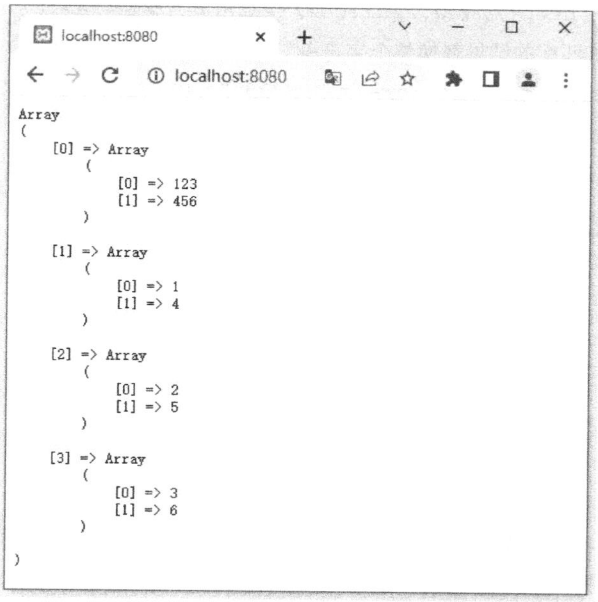

```
Array
(
    [0] => Array
        (
            [0] => 123
            [1] => 456
        )

    [1] => Array
        (
            [0] => 1
            [1] => 4
        )

    [2] => Array
        (
            [0] => 2
            [1] => 5
        )

    [3] => Array
        (
            [0] => 3
            [1] => 6
        )

)
```

图 13-3　preg_match_all()函数的应用

从图 13-3 中可以看出，$arr 变成了二维数组，其中$arr[0]存放匹配到的所有结果，即 3 个连续的数字“123”和“456”；$arr[1]存放每个匹配到的结果中的第一个子表达式的结果，分别是“1”和“4”；$arr[2]存放每个匹配到的结果中的第二个子表达式的结果，分别是“2”和“5”，以此类推。由于 preg _match_all()函数会一直匹配到字符串结尾才停止匹配，因此可以在输出结果中看到“456”也被匹配到了。

### 13.3.4　preg_replace()函数

在程序开发中，如果想通过正则表达式完成字符串的搜索和替换，则可以使用 preg_replace()函数。与字符串处理函数 str_replace()函数相比，preg_replace()函数的功能更加强大。preg_replace()函数的声明方式如下所示。

```
mixed preg_replace ( mixed $pattern mixed $replacement, mixed $subject [,
int $limit=-1 [, int &$count]])
```

上述声明的函数会搜索$subject 匹配$pattern 的部分，并将匹配的部分用$replacement 进行替换。其中参数$pattern 表示正则表达式要搜索的模式；参数$replacement 指定字符串替换内容；$subject 指定需要进行替换的目标字符串；参数$limit 指定在目标字符串上进行替换的最大次数，默认值为-1（即无限次，表示所有的匹配项都会被替换）；参数$count 是可选的，用于返回完成替换的次数。

为了让大家更好地掌握 preg_replace()函数的用法，接下来进行一个案例演示，具体如例 13-4 所示。

【例 13-4】使用 preg_ replace()函数将<a></a>标签中链接地址包含的名称提取出来。

```
<?php
 $str='<a href="http://www.zzdl.com/">郑州电力学院</a>';
//用第二个子表达式匹配的结果替换整个字符串
 $string=preg_replace ('/<a href=" (.*?) "> (.*?) <\\/a>/', '$2', $str) ;
 echo $string;
 ?>
```

运行结果如图 13-4 所示。

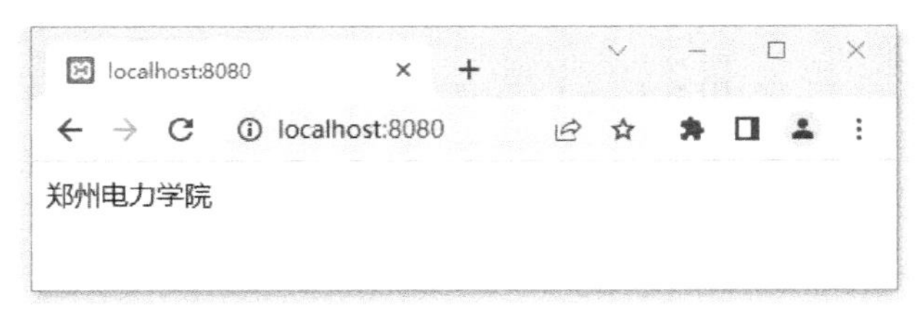


图 13-4　preg_ replace()函数的应用

在例 13-4 中，第 4 行代码使用 preg_replace()函数对字符串进行替换。其中，“$2”指的是第二个子表达式匹配的结果，由于“/<a href=" （.*?） ">”可以匹配“<a href="http://www.zzdl.com"/>”，“（.*?）”可以匹配“郑州电力学院”，“<\\/a>”可以匹配“</a>”，因此，程序将字符串 str 替换成了“郑州电力学院”。

## 13.3.5　preg_split()函数

通过前面章节的学习，我们知道 explode()函数可以将字符串按照指定的字符分割成字符串数组，但是如果希望按照特定的规则对字符串进行分隔，那么使用 explode()函数就会变得很麻烦。PCRE 函数库提供了 preg_split()函数，它可以完成复杂的字符串分割操作，例如，在邮箱字符串中出现“@”和“.”的地方同时进行分割。preg_ split()函数的声明方式如下所示。

```
array preg_split ( string $pattern, string $subject [, int $limit [, int
$flags]])
```

在上述声明中，$pattern 用于表示正则表达式模式；$subject 表示被分割的字符串；$limit 是可选参数，和 explode()函数中的$limit 是一样的作用；$flags 也是可选参数，它的值包括 3 个，具体如下。

- PREG_SPLIT_NO_ EMPTY：如果设定了本标记，则 preg_split()函数只返回非空的部分。
- PREG_SPLIT_DELIM_CAPTURE：如果设定了本标记，定界符模式中的括号表达式也会被捕获并返回。
- PREG_SPLIT_OFFSET_CAPTURE：如果设定了本标记，则会对每个出现的匹配结果同时返回其附属的字符串偏移量。需要注意的是，这改变了返回数组的值，使其中的每个单元也是一个数组，其中第一项为匹配字符串，第二项为其在$subject 中的偏移量。为了让大家更好地掌握 preg_split()函数的用法，接下来通过一个案例来演示如何使用 preg_split()函数对字符串$pizza 进行分割。

【例 13-5】使用 preg_split()函数对字符串$pizza 进行分割。

```
<?php
$pizza="piece1 piece2, piece3 piece4 piece5 piece6";
//分隔字符为空格或者逗号
$pieces=preg_split ('[\s|, ]', $pizza) ;
echo "<pre>";
print_r ($pieces) ;
echo "</pre>";
?>
```

运行结果如图 13-5 所示。

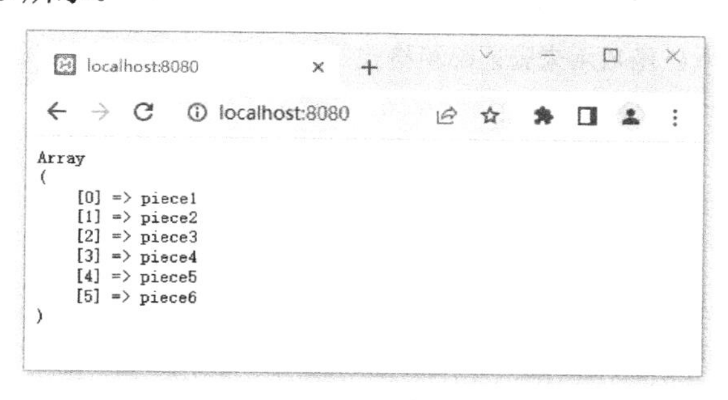


图 13-5　preg_split()函数的应用

在例 13-5 中，字符串$pizza 被分割成了一个字符串数组，它是按照空格和逗号分隔成的，这说明 preg_split()函数可以将字符串按照指定的规则进行分割。

## 13.4　正则表达式应用案例

通过前面的学习，相信大家对正则表达式的基本概念、语法规则及相关函数都有所了解了，但是如果想真正掌握并熟练应用正则表达式，还需要大量的练习。接下来，本节将通过几个正则表达式的应用案例来帮助大家进一步学习、理解和应用正则表达式。

### 13.4.1　验证电子邮箱格式

随着互联网的发展，电子邮箱已经在日常社交中起到了不容忽视的作用。在程序开发过程中，验证电子邮箱是经常遇到的验证方式之一。合法的电子邮箱有其相对固定的格式，一般来说，它包含下列三个部分。

- 用户名：约定电子邮箱用户名的规则，含有大小写字母、数字及下画线。
- 服务器域名：包含小写字母、数字和句点（.）。

■ “@“符号：用于连接用户名和服务器域名。

根据上述规则，可以得出以下正则表达式。

```
^[\w]+ (\. [\w]+) *@[a-z 0-9]+ (\.[a-z 0-9]+) +$
```

在上述表达式中，“^[\w]+”表示匹配至少由一个数字、字母或下画线开头的字符串，“(\.[a-z 0-9]+) +$” 表示以小写字母、数字或句点结尾的字符串。为了验证上述正则表达式是否正确，接下来通过一个具体的案例来验证。

【例 13-6】使用正则表达式验证电子邮箱格式。

```
<?php
    //编写 checkEmail()函数，输出电子邮箱格式的验证结果
    function checkEmail ($email)
     {
      $email_pattern="/^[\w]+ (\.[\w]+) *@[a-z0-9]+ (\.[a-z0-9]+) +/";
      //preg_match()函数用来验证邮箱格式
      if (preg_match ($email_pattern, $email) ==1)
      {
         $result=$email."是合法的邮箱格式.<br>";
      }
      else if (preg_match ($email_pattern, $email) ==0)
       {
         $result=$email."不是合法的邮箱格式.<br>";
         }
    echo $result;
    }
//以下通过 checkEmail()函数来验证 4 个邮箱格式
checkEmail ("testoitcast.cn") ;
checkEmail ("test1230126.com") ;
checkEmail ("test@com.") ;
checkEmail ("123@com.126@com") ;
?>
```

运行结果如图 13-6 所示。

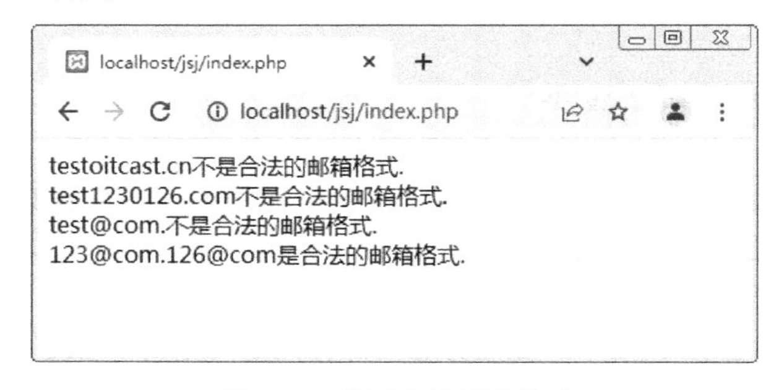


图 13-6　验证电子邮箱格式

从图 13-6 中可以看出，程序对所有的邮箱格式进行了正确地判断。由此可见，自定义的正则表达式可以实现验证电子邮箱格式的功能。

### 13.4.2　验证手机号码格式

互联网用户会经常碰到需要输入手机号码的情况。例如，在淘宝网填写收货地址时，不光需要填写详细的地址信息，同时还需要填写手机号码，以防出现突发情况，方便联系用户，此时在程序中对手机号码格式进行验证是很有必要的。目前中国内地手机号码遵循的规则可以归纳为以下 3 点。

- 手机号共由 11 位数字组成。
- 手机号必须以 1 开头，并且第二位数只能是 3、5 或 8。
- 手机号后 9 位数由 0～9 之间的十进制数随机组成，没有其他限制。

根据上述规则，可以得出以下正则表达式。

```
^[1][358]\d{9}$
```

在上述表达式中，“^[1]”表示字符串以 1 开头；“[358]”表示第二位数字只能是 3、5 或 8；“d{9}”表示 9 个 0～9 之间的数字；“$”表示字符串的结尾。为了验证上述表达式是否正确，接下来通过一个具体的案例来验证，如例 13-7 所示。

**【例 13-7】**使用正则表达式验证手机号码格式。

```
<?php
   //编写 checkMobile()函数，输出手机号码格式的验证结果
   function checkMobile ($mobile)
   {
      $mobile_pattern="/^[1][358]\d{9}$/";
      //preg_match()函数用来验证手机号码格式
   if (preg_match ($mobile_pattern, $mobile) ==1)
   {
      $result=$mobile."是合法的手机号码. <br>";
   }
   else if (preg_match ($mobile_pattern, $mobile) ==0)
    {
     $result=$mobile. "不是合法的手机号码. <br>";
   }
   echo $result;
   }
  //以下通过 checkMobile()函数来验证 4 个手机号码格式
 checkMobile ("1381024571221") ;  //错误号码，不是 11 位
 checkMobile ("18922224544") ;  //正确号码
 checkMobile ("17547893141") ;  //错误号码，没有 17 这个号码段
 checkMobile ("15045000000") ;  //正确号码
```

```
?>
```

运行结果如图 13-7 所示。

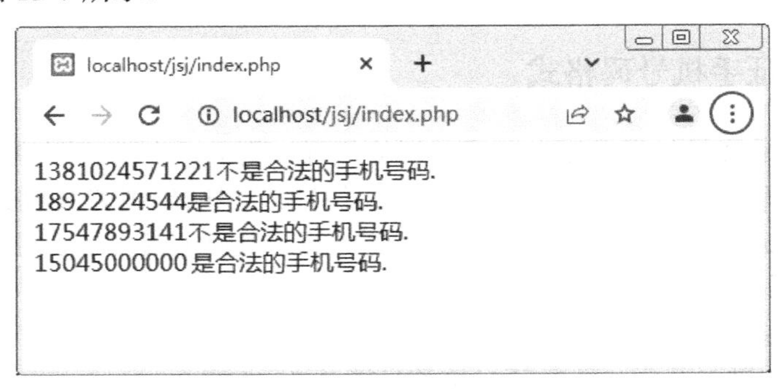


图 13-7　手机号码格式的验证

从图 13-7 中可以看出，程序对所有手机号码的格式进行了正确的判断，由此可见，自定义的正则表达式可以实现验证手机号码格式的功能。

**注意**：随着手机用户的增多，手机号码段也在不断增加。例 13-7 中的验证规则不可能永久使用，因此要掌握验证规则，以后才能根据实际情况随机应变。

### 13.4.3　验证 QQ 号码格式

现在的主流社交网站都提供了 QQ 号码免注册登录的功能。为了避免恶意登录，需要给服务器增加访问压力，此时可以通过正则表达式来验证 QQ 号码格式的正确性。通过分析 QQ 号码的规律，可以总结出以下几条规则。

- 以 1～9 的数字为开头。
- 从第二位开始，后面的数字可以是 0～9 的任意数的组合。
- 长度至少为 5 位（因为使用 QQ 的人数在不断增加，QQ 号码长度也在随之增加）。

根据上述规则，可以得出以下正则表达式。

```
^[1-9][0-9]{4, }$
```

上述表达式中，“^[1-9]”表示第一位数位于 1 到 9 之间，“[0-9]{4，}$”表示至少是 4 位的、由 0～9 之间的数组成的数字。为了验证上述正则表达式是否正确，接下来通过一个具体案例来验证，如例 13-8 所示。

**【例 13-8】**使用正则表达式验证 QQ 号码格式。

```
<?php
//编写函数 checkQQ()来验证 QQ 号码格式
function checkQQ ($qq)
{
    $qq_pattern="/^[1-9][0-9]{4, }$/";
    if (preg_match ($qq_pattern, $qq) ==1)
    {
```

```
        $result=$qq."是合法的 QQ 号码.<br>";
    }
    else if (preg_match ($qq_pattern, $qq) ==0)
    {
        $result=$qq."不是合法的 QQ 号码.<br>";
    }
    echo $result;
}
checkQQ ("helloworld") ;   //错误号码，QQ 号码不能以 0 开始
checkQQ ("1254571") ;   //正确号码
checkQQ ("1200") ;          //错误号码，QQ 号码长度最短是 5 位
checkQQ ("58349058304") ;   //正确号码
?>
```

运行结果如图 13-8 所示。

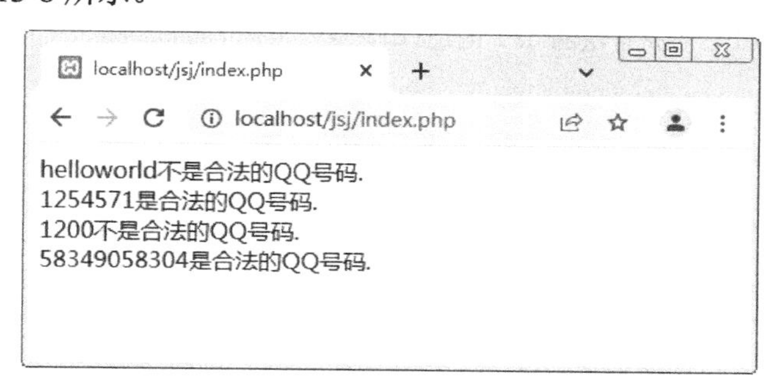


图 13-8　QQ 号码格式的验证

从图 13-8 中可看出，程序对所有 QQ 号码格式进行了正确的判断。由此可见，自定义的正则表达式可以实现验证 QQ 号码格式的功能。

## 13.4.4　验证网址 URL 格式

在这个互联网高度发展的年代，上网浏览网页是生活中不可缺少的一部分。打开网页离不开 URL，URL 是按照一定格式组成的字符串。通过分析 URL 的格式规律，可以总结出以下几条规则。

- 协议名部分：通常以 http://、https://、ftp:/!开头。
- 域名部分：通常以 cn、com、net 等结尾。
- 文件路径部分：通常指的是 cn、com 后面的部分。

URL 表达式如下。

```
/^ (http:\/\/) ?[\w] + (\.[\w.\/]+) +$/i
```

上述表达式中，所有的“/”和“.”都需要使用转义符“\”进行转义。另外，不包含协议名部分的 URL 也是可以进行访问的，因此当该正则表达式的开头部分写成“（http:\/\/）?”

时，表示可以匹配“http://”字符串 0 次或者 1 次。域名部分可以是任意字母、数字或下画线的组合。文件路径部分可以是任意字母、数字、“/”、下画线和“.”的组合。

为了验证上述正则表达式是否正确，接下来通过一个具体案例来验证，如例 13-9 所示。

**【例 13-9】**使用正则表达式验证网址 URL 格式。

```
<?php
  //编写函数 checkUrl()来验证网址 URL 格式
    function checkUrl ($url) {
    $url_pattern="/^ (http:\/\/) ?[\w]+ (\.[\w.\/]+) +$/i";
    if (preg_match ($url_pattern, $url) ==1)
    {
    $result=$url."是合法的 url 网址.<br>";
    }
    else if (preg_match ($url_pattern, $url) ==0)
    {
    $result=$url."不是合法的 url 网址.br>";
    }
    echo $result;
    }
    checkUrl ("www.baidu.com") ;
    checkUrl ("weibo.com") ;
    checkUrl ("weibo\haha") ;
?>
```

运行结果如图 13-9 所示。

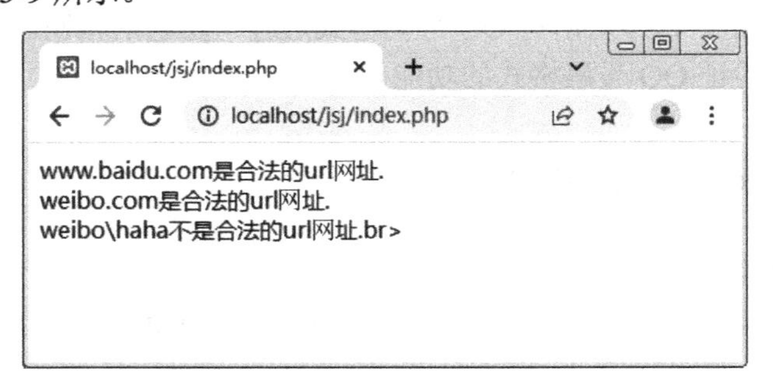


图 13-9　网址 URL 格式的验证

从图 13-9 中可以看出，程序对所有的网址 URL 格式进行了正确的判断。由此可见，自定义的正则表达式可以实现验证网址 URL 格式的功能。

## 13.4.5　验证身份证号码格式

在 12306 网站购买车票时，网站会对用户填写的信息进行验证，主要验证身份证号码格式。一个合法的身份证号码主要包含三部分。

第一部分为户口所在地的地址码，一共有 6 位数字。

第二部分为出生日期码，新版身份证是 4 位年份数字+2 位月份数字+2 位日期数字，一共 8 位数字。老版身份证是 2 位年份数字+2 位月份数字+2 位日期数字，一共 6 位数字。

第三部分为数字顺序码，一共 3 位数字，也就是在同一天出生的人的排序，奇数代表男性，偶数代表女性。

第四部分为数字校验码，只有新版的身份证才有，可以是 0～9 的一位数字或者是字母“X”。

根据上述规则，可以得出以下正则表达式。

```
^(\d{6}) (18|19|20)?(\d{2}) ([01]\d) ([0123]\d) (\d{3}) (\d|X)?$
```

在上述正则表达式中，“^(\d{6})”是对第一部分的校验。“(18 | 19 | 20)?(\d{2})([01]\d)([0123]\d)”是对第二部分的校验。其中，“(18 | 19 | 20)?(\d{2})”是对年份的校验，“([01]\d)”是对月份的校验，“([0123]\d)”是对日期的校验。“(\d{3})”是对第三部分的校验。“(\d|X)?$”是对第四部分的校验。

为了验证上述表达式是否正确，接下来通过一个具体案例来验证，如例 13-10 所示。

**【例 13-10】**使用正则表达式验证身份证号码格式。

```
<?php
//编写函数 checkID()来验证身份证号码格式
function checkID ($id)
{
    $id_pattern="/^(\d{6})(18|19|20)?(\d{2})([01]\d)([0123]\d)(\d{3})
(\d|X)?$/";
    if (preg_match ($id_pattern, $id) ==1)
    {
     $result=$id."是合法的身份证号码";
    }
    else if (preg_match ($id_pattern, $id) ==0)
    {
     $result=$id."不是合法的身份证号码";
    }
    echo $result;
    echo "<br>";
}
checkID ("11010220130101021X");    //是合法身份证号码
checkID ("110102130101021");    //是合法身份证号码
checkID ("11010217130101021");    //不是合法身份证号码
?>
```

运行结果如图 13-10 所示。

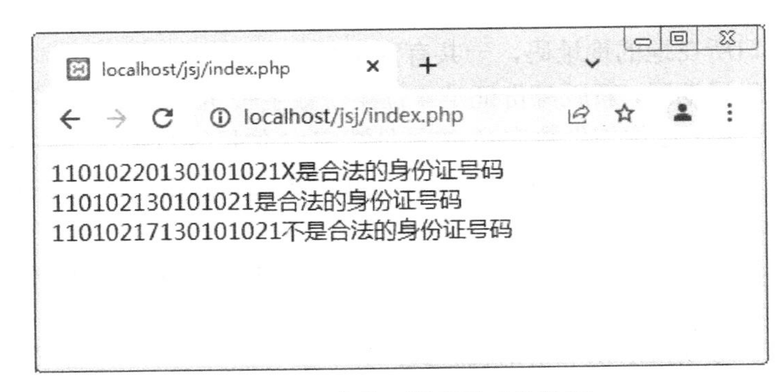


图 13-10　身份证号码格式的验证

从图 13-10 可以看出，程序对身份证号码格式的验证并不严谨，如没有考虑前 6 位的省市编号规范，以及月份与日期的关系等。如果有兴趣，可以自己尝试写出更加严谨的正则表达式。

# 小　　结

本章讲述的主要内容有正则表达式概述、正则表达式语法规则、PCRE 兼容正则表达式函数及正则表达式应用案例。通过对本章的学习，我们熟练掌握了正则表达式的书写规则，正确使用了正则表达式对简单的字符串进行匹配。

# 上机指导

使用 preg_match()函数设计一个正则表达式，用来匹配字符串中是否包含至少 2 位到 4 位的数字，并匹配一个手机号码，代码示例如下。

```
<?php
if (preg_match ("/[0-9]{2, 4}/", "qwe12567rqw9re8qwer", $a) ) { //匹配字符串中是否包含至少 2 位到 4 位的数字
 echo "匹配！";
}else{
 echo "不匹配！";
}
echo $a[0];
echo "<hr/>";
//精确匹配
//if (preg_match ("/^[0-9]{2}$/", "34") ) { //精确匹配两位数字
if (preg_match ("/^[1][35][0-9]{9}$/", "13520319616") ) { //匹配一个手机号码
```

```
 echo "匹配！";
}else{
 echo "不匹配！";
}
?>
```

运行结果如图 13-11 所示。

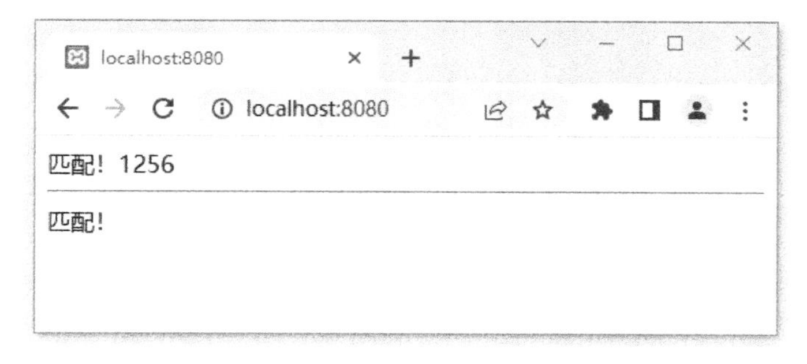


图 13-11　使用 preg_match()函数的运行结果

# 作　业

1. 正则表达式的语法规则有哪些？
2. PCRE 兼容正则表达式的函数有哪些？